实用装潢印刷工艺

杜维兴 张步堂 编著

印刷工业出版社

内容提要

本书主要介绍了装潢印刷所涉及的胶印、凹印、柔印、网印、金银墨印刷、发泡印刷、立体印刷、静电印刷、电化铝烫印、贴塑覆膜、上光压印、上蜡等各种印刷工艺的特点、流程、材料、常见故障与排除等内容。全书内容全面，理论联系实际，实用性较强，适合作为印刷包装中职、高职院校相关课程的教材，也可作为装潢印刷企业职工的技术培训教材。

图书在版编目（CIP）数据

实用装潢印刷工艺／杜维兴，张步堂编著.—北京：印刷工业出版社，2007.7
ISBN 978-7-80000-654-8

Ⅰ.实… Ⅱ.①杜…②叶… Ⅲ.装潢包装印刷－工艺学 Ⅳ.TS851

中国版本图书馆CIP数据核字（2007）第093718号

实用装潢印刷工艺

编　　著：杜维兴　张步堂

责任编辑：陈媛媛
出版发行：印刷工业出版社（北京市翠微路2号 邮编：100036）
网　　址：www.pprint.cn　　www.keyin.cn
经　　销：各地新华书店
印　　刷：河北省高碑店鑫宏源印刷厂
开　　本：880mm×1230mm　1/32

字　　数：280千字　　印　　张：9.5
印　　次：2007年7月第1版 2007年7月第1次印刷　　印　　数：1～3000
定　　价：24.00元　　ISBN：978-7-80000-654-8

如发现印装质量问题请与我社发行部联系 发行部电话：010-88275707　010-88275602

目　　录

第一章　绪论

第一节　装潢印刷工艺特点

印刷是我国古代重大发明之一，对世界文明作出了重要贡献。随着历史发展演变，文化、科学技术不断创新，促进印刷工艺技术不断创新，更加适应社会各个方面需要。因此客观上形成规律，即社会需求增长促进印刷工业发展，而印刷工业发展又促进了社会需求增长。

进入现代社会市场，印刷服务深入社会各个方面，人类精神文明建设离不开印刷服务。随着人们的需要愈来愈多，对印刷工艺的要求也愈来愈细化、精化，这是社会发展的必然。

装潢印刷是综合印刷工业中一个重要门类。从印刷发明开始，就存在装潢印刷，它是艺术和美术的加工综合。任何印刷品都需要装潢加工，只是它接受装潢加工程度深浅程度有别。没有装潢加工的印刷品，不是一件好的印刷品。

随着市场经济发展，商品存在两种价值，一是商品本身的物质价值，也就是商品被消费者接受的使用价值。二是商品经过装潢后产生的附加价值，也就是被消费者接受的观赏价值。两种价值综合产生良好的经济效益和社会效益。

处在新的历史时期，重视研究装潢印刷的发展，具有重要意义。由于装潢印刷的内容广泛，更新较快，选择具有实用价值的装潢印刷工艺探讨研究。我国装潢印刷发展长期以来积累自己民族的经验和特色，发扬传统特色有利于形成具有我国特色的装潢印刷工艺。

我国装潢印刷工艺具有以下特色：

1. 在图案构思上——古为今用，洋为中用。我国民间传统崇尚福禄寿喜，扶正去邪，赞颂祖国美好河山，传扬民间美丽故事等，曾经很多搬上装潢平台，为人们喜爱。改革开放引进国外有益元素，充实装潢构思，也是一种新的补充。

2. 在表达体裁上——图影结合，书画结合。我国习惯采用多种装潢工艺综合方法，采用摄影艺术与绘画、文字结合形式，也可以运用中国民族文化传统国画和书法，使苍劲与秀雅融合一体，别具风格。

3. 在外观造型上——简洁朴实，工艺细致。采用多种技艺手法，不同形状平面与立体造型，方圆椎角，凹凸曲面，形体独特，灵活多变，丰富多彩。采用多种色彩，莹艺、闪艺、亚艺、平艺、各显神通。

4. 在印刷材料选用上——美观适用，量体取材。注重美观与表现内容相结合，较多选用薄纸、厚纸、纸板、铝箔、塑料薄膜等材料，随着科技水平提高，新材料、新工艺不断涌现，更多采用特种印刷材料。

第二节　装潢印刷应用及工艺分类

走进社会大千世界，美化装潢五彩缤纷，琳琅满目。装潢印刷广泛应用于各个方面：

1. 包装类。用于装潢包装外盒和标贴。
2. 书刊类。用于装潢书籍期刊封面及内页特殊需要。
3. 年历类。用于装潢挂历、年历卡表面及特殊需要。
4. 柬签类。用于装潢各种商情和人情请柬及标签、书签等。
5. 标牌类。用于装潢各种标志标牌、纪念牌等。
6. 证件类。用于装潢各种证件及有价证券。
7. 食品类。用于装潢各种商用、民用艺术饰品。
8. 其他。

装潢印刷是印刷工艺中涉及面广，工艺复杂，是具有特殊格调的印刷工艺，它既有一般印刷方法相同的技术工艺，又有与一般印刷方法不同的特殊工艺。

装潢印刷常用技术工艺：

1. 平版印刷。在装潢印刷占有首要地位，普及面广，具有更多的技术上和应用上的优越性。主要由于：

（1）现代化印刷品设计制版，大量采用彩照图像和数字式电子计算机系统制版，具有真实美观的良好艺术效果。

（2）广泛采用化学、物理及数学式电子计算机系统等现代科技手段，体现当代高科技水平。

（3）平版印刷机采用圆压圆压印结构，运转速率可达 15000～18000r/h，具有多元化、多品种、多功能较强适应性，生产效率达到较高水平。

2. 柔性版印刷。它是凸版改革引出一个重要印刷技术工艺，既有凸版印刷工艺优越性，又有平版、凹版式的优越性，兼用性强，具有发展潜力。主要由于：

（1）应用范围广。既可印刷书刊报纸，又可印刷包装产品和装潢产品，可以配合后道加工一次成型。

（2）生产周期短。选择合适原稿，制版可在 1 小时内完成，印刷速度高，生产工艺实现短、平、快。

（3）符合环保要求。采用无污染水性墨、醇性墨印刷，适合环保印刷件。

（4）录印材料广泛。适用纸张、纸板、铝箔、塑料薄膜、不干胶、瓦楞纸等。

3. 凹版印刷。它的印版特征是图文部分凹下，空白部分凸出并位于同一圆面上，凹版印刷优越性主要由于：

（1）适合卷筒轮转印刷产品，批量大，品种及印刷量相对固定。

（2）凹印机圆压圆压印结构简单，印速可达 400m/min 以上，稳定性好，效率高。

（3）印刷质量墨层厚实鲜艳，电子雕刻版网点图像层次清晰，可与平版印刷质量媲美。

（4）凹印联合生产线使印刷与烫金、上艺、模切分切等多种工艺一次成型。

4. 特种印刷。除了平版、柔性凸版、凹版等印刷工艺，成为装潢印刷使用较多的印刷工艺外，还有很多使用不多，也很实用的特种印刷工艺，成为装潢印刷的重要组成部分，百花齐放，五彩缤纷。特种印刷常用工艺主要有：丝网印刷、金属印刷、金银墨印刷、发泡印刷、立体印刷、静电印刷、喷墨印刷、热转移印刷、电化铝烫印、凹凸压印、贴塑覆膜、吸塑、上光压光、模切压痕等。随着今后科学技术不断发展以及市场经济发展的需要，可能还有更多的特种印刷工艺得到应用。

无论采用何种装潢印刷工艺，为了取得良好的印刷效果，都需要处理好印刷效果与设计制版的关系。

1. 装潢设计是图案、色彩、文字相互综合合成的立体。在总体合成中各个组成部分，既有合理的、科学的分工，又有紧密的、完整的结合。一件好的装潢设计，是图案、色彩、文字三者分工与结合的最佳表现。反之，如果图案、色彩、文字三者分工与结合表现不好，弄巧成拙，就不是成功的创作。

2. 制版是实现装潢设计和印刷的中间环节。根据设计原稿的要求，制订合理的制版工艺，它的任务是既要反映原稿的合理要求，符合印刷生产工艺，又要纠正设计原稿不符合印刷生产工艺的不合理部分。确定制版色数、色序、尺寸位置，拼版翻版要求，使印刷制作达到完善程度。

3. 印刷是实现装潢设计、制版效果的后道工序，是最后反映成果的关键阶段。必须高度重视印刷生产和技术质量工艺，严格按照审定设计原稿和制版打样稿进行生产，正确掌握色相色序，努力实现多色版套印准确，防止印刷过程中质量差错发生。

第二章　平版印刷

第一节　平版印刷的特点与作用

平版印刷属于传统印刷方式之一，是采用印刷上的图文，通过橡皮布滚筒转印到承印物上的印刷过程，通常又将平版印刷称为胶印。

平版印刷是利用油水不相混溶的原理，在印迹转移中的应用，印版对水墨选择性吸附过程中的应用，间接印刷过程中的应用以及网点呈色原理在图画复制的应用。

平版印刷版材质轻、制版简单、印刷速度较快、尤其适合彩色图文并茂的彩色连续调原稿印刷。平版印刷套印精度高、阶调再现性好、价格适中。归纳起来具有如下特点：

1. 平版印刷是间接印刷，转移印迹效果好、还原性好；

2. 印刷压力小，由于印刷时具有弹性的橡皮布作为中间体，所以能大大减轻印刷压力；

3. 适应性好，印刷时依靠橡皮布转印，所以不仅能在比较光滑的纸上印刷，也能在比较粗糙的纸上印刷；

4. 由于纸张不直接与印版接触，使纸张的吸水性大大降低，从而保证了套印的准确性。

随着新技术、新光源、新材料、新设备的应用，制版质量和印刷质量有了很大的提高。在胶印有代表性新技术包括数字印刷与 CTP 技术、FM 加网技术、印刷色彩管理技术、无水胶印技术的发展以及新设备的优化设计，胶印机的速度不断提高。采用模块式的机组设计方案是现代胶印机发展的方向，根据用户的需求任意安排机组的个数和上光、模切、干燥、冷却等装置，它可以按具有个性化选择的数据库信息进行印刷，不仅在书刊装潢方面，而且在包装装潢方面发挥了显著的作用。为书刊封面、书刊插页、商品包装，为纸袋、纸盒和瓦楞纸箱提供了实现个性化包装印刷的选择，能够按地区或产品要求实用装潢印刷适应市场的需求。

第二节　平版印刷印版

平版印版从结构上区分，大致有两种类型，平凹型印版和平凸型印版。

1. 平凹型印版

这种印版的图文部分微低于空白部分，低凹的深度约为3～8μm。一般用化学腐蚀的方法制得。在腐蚀的低凹处，用基漆以化学吸附的原理建立图文基础层。印刷时，油墨不直接滚涂在印版上而是吸附在基础层上。由于图文低凹量甚微，故称平凹版。

属于平凹型的印版有锌版腐蚀平凹版和多层金属腐蚀平凹版，一般用阳图底片晒版。

2. 平凸型印版

这种印版的图文部分微高于空白部分。它是以感光药膜的交联或聚合直接在印版表面，以化学吸附的原理形成图文基础层。一般图文药膜高于空白部分3μm。印刷时，以凸出版面的化学感光药膜为支撑体吸附油墨。

属于平凸型的印版有石印版、手工浆糊版、蛋白版、PS版等。

平版印版从制版方法来分有蛋白版、平凹版、多层金属版、PS版、CTP版、无水胶印版等。

(1) 蛋白版

蛋白版也称平凸版，以锌版或铝版为版基。感光液使用蛋白、重铬酸铵、氨水等组成，把它涂布在金属版基上经烘干后，用阴图底片晒版，通过显影而制得。

蛋白版的结构如图2－1所示。在锌版基1上，经感光硬化的铬酸蛋白2，吸附在印版的砂眼上作为图文的基础层，约高出版面为3～5μm，印刷时承受油墨层4。

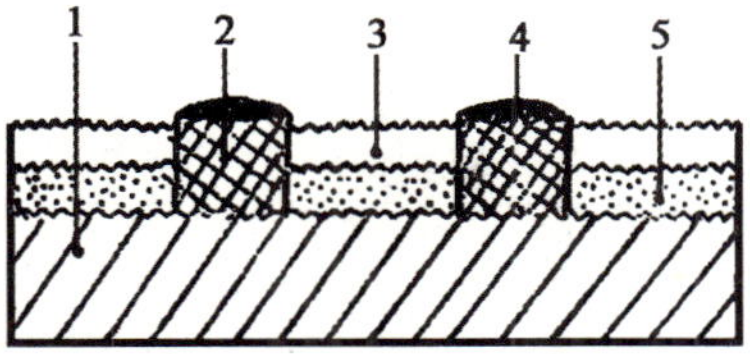

图 2－1　蛋白版结构示意图

1—锌版基；2—硬化蛋白膜；3—亲水胶体层；

4—油墨层；5—无机盐层

空白部分，水不与锌版直接接触，而是锌版表面生成的无机盐层作为空间层，该层具有吸附胶体 3 的特性，并在亲水胶体的凝结和吸附作用下形成亲水膜层。

蛋白版是最简便的制版方法，成本低、制作周期短，但是由于版面上高起的硬化蛋白膜耐磨性和耐酸性较差，造成耐印力低、印刷质量差，目前蛋白版已基本上被淘汰。

（2）平凹版

平凹版又被称为阳图版，以锌版或铝版为版基。感光液由聚乙烯醇、重铬酸铵、阿拉伯树胶组成，把它涂布在金属版基上烘干后，用阳图底片晒版，通过显形和腐蚀后而制成。

平凹版的结构如图 2－2 所示。其制版工艺过程如图 2－3 所示。

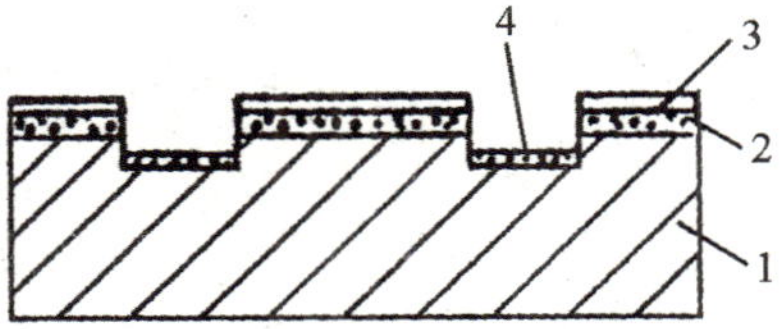

图 2－2　平凹版的结构

1—版基（锌）；2—磷酸锌层；3—亲水胶体层；4—腊克层

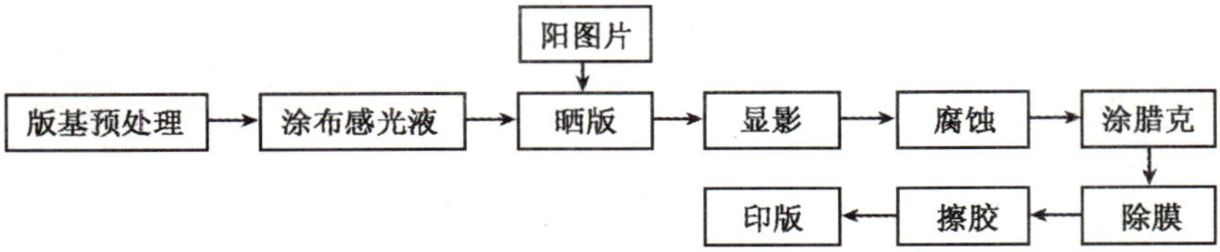

图 2－3　平凹版制版工艺过程

（3）多层金属版

多层金属版一般选用两种或两种以上不同金属，通过电镀或热压的方法叠合在一起，然后进行制版。

多层金属版有二层及三层两种，可以制成平凹型和平凸型，也可以先电镀后制版及先制版后电镀等制版方法。目前均采用先电镀后制版的二层及三层金属平凹版。二层金属版一般用铜版镀铬后制版、铝版镀铜后制版，三层金属版一般用铁版镀铜后再镀铬制版、铝版镀铜后再镀铬制版、锌版镀铜后再镀铬制版。

多层金属版的版材在电镀前必须进行研磨使其形成砂目。制版的过程与平凹版制版过程基本相同。其结构如图2－4所示。

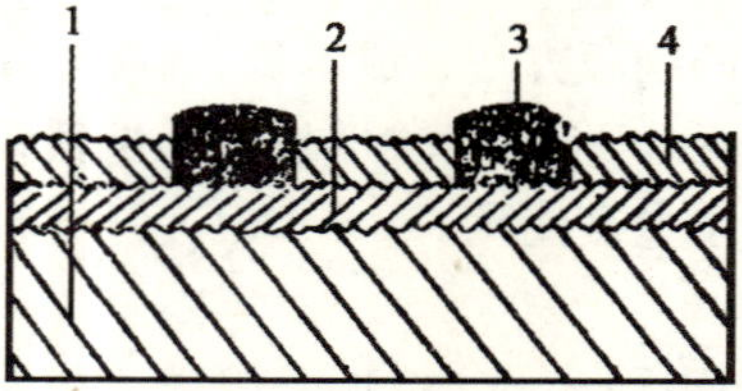

图2－4　多层金属版的表面结构示意图

1—铁版基；2—铜层；3—铬层；4—油墨层

多层金属版图文部分是利用亲油的铜作基础层，并用乙基黄原酸钾对铜表面处理，以增强铜的感脂力，印刷时由铜面直接吸附油墨。

空白部分用亲水性较强的金属铬，利用金属铬的亲水、耐磨、耐化学稳定等特性来提高空白区的亲水稳定性。

多层金属版耐印力高、耐化学性稳定，同时版面用水量少，致使纸张的伸缩性和油墨的乳化值小。但是制版工艺复杂、电镀产生污染、图像分辨率差、造价昂贵，因此影响了它的发展。

（4）PS版

在经过电介、氧化处理的铝版上，预涂感光液，干燥后贮存起来，需用时经过晒版和显影等处理即成印版，这种版材称为PS版，也称为预涂感光版。

①PS版的特性

a. 制版工艺简单、速度快、质量好；

b. 图文分辨率高、层次丰富、网点光洁整齐、吸墨性和传墨性能好；

c. 印版耐化学性稳定、耐磨性强、耐印力高，经烤版处理后印数达到40万~50万印。

②PS版制版工艺

PS版的感光液可分为光分介型和光聚合型两种。光分介型用阳图原底片晒版称为阳图PS版，非图文部分经曝光后感光层分介，未感光部分仍保持原状形成硬化亲油图文部分。光聚合型用阴图原底片晒版称为阴图PS版，图文部分经感光聚合硬化与印版牢固地吸附成为图文基础，而未感光胶膜被除去为空白部分。当前我国使用的阳图PS版较多。PS版结构如图2-5所示。其制版工艺过程如图2-6所示。

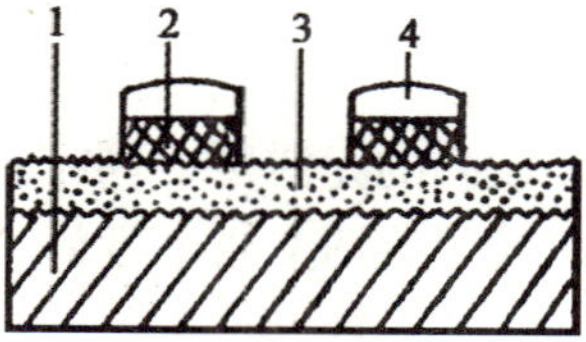

图2-5 PS版表面结构示意图

1—铝版基；2—氧化铝层；3—感光层；4—油墨层

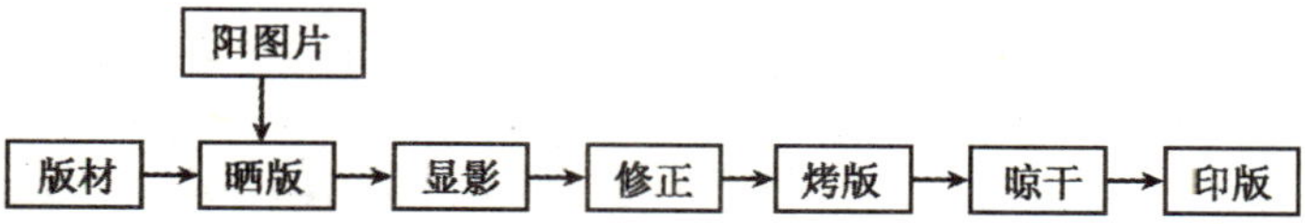

图2-6 阳图型PS版制版工艺过程

(5) CTP版

CTP版制版是数字直接制版，将计算机处理好的图文，通过计算机控制的激光直接输出到印版上，省去了分色胶片及晒版工艺。计算机直接制版技术在实现了数字化制版的同时，又保持了传统胶印的特性，既能满足高质量、高速度的要求，又能实现大幅面、大批量印刷。

CTP版材按制版成像原理分类主要有四种类型，即感光体系CTP版材、感热体系CTP版材、紫激光体系CTP版材和其他体系CTP版材。

直接制版有两种类型：第一种是直接制版机与印版机一体化的直接制版系统，称为在机直接制版系统，如海德堡的快霸DI；第二种是直接制版机与印刷机分离的直接制版系统，称为脱机直接制版系统。前者的优点是在制版的同时完成套印功能以及版面墨量的设定，制版完毕即可开机印刷，省去了上版及套印等工序。在机直接制版的周期短，但只能为该系统配套的印刷机制作印版，印刷机也只能使用该系统的制版机制作印版。脱机直接制版的最大优点是“开放式”，即一台直接制版机可以为数台印刷机供应印版，可以做到直接制版机和印刷机最大限度的使用，当然所制作的印版必须通过上版、套准、墨量调节等操作才能正常印刷。

（6）无水胶印版

无水胶印版是在感光层上再涂一层硅橡胶层，曝光前感光层与硅橡胶层牢固地黏附在一起，感光后感光处的非图文部分产生光聚交合反应，使上层的硅橡胶层黏附而固定下来，对油墨具有排斥作用。

无水胶印版是一种平凹版，印版采用阳图型无水胶印版或阴图型无水胶印版，不仅提高了印刷品的光泽度，同时有利于墨层的干燥。

无水胶印版具有操作简单、图文再现性好、色彩绚丽、印刷质量好等优点。

使用阳图底片晒版的阳图型无水胶印版，版材的结构如图 2－7（a）所示，由铝版基、底涂层、感光树脂层、硅橡胶层、覆盖膜等组成。曝光时，见光的硅橡胶层发生架桥反应，进行交联、未见光的硅橡胶层被显影液除去，版面结构如图 2－7（b）所示。

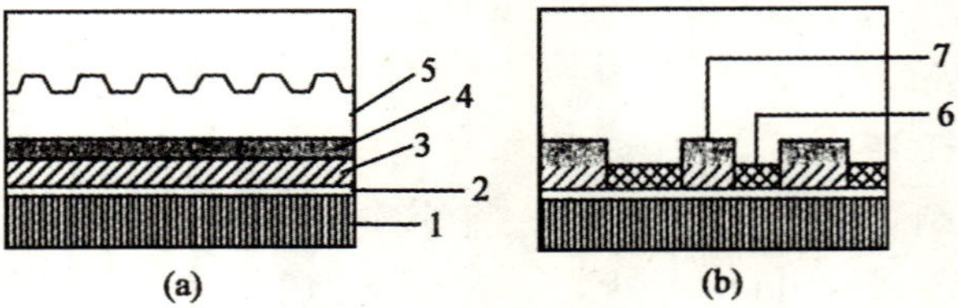

图 2－7　印版的结构

1—铝版基；2—底涂层；3—感光树脂层；4—硅橡胶层；5—覆盖膜；6—图文部分；7—非图文部分

阳图型无水胶印版的图文部分微微下凹，着墨后油墨不易扩散，空白部分的硅橡胶层对油墨有排斥作用，因此，印刷时可以不用润版液，从而避免了由润版液引起的许多故障。无水胶印版的制版工艺包括：曝光、显影、水洗、干燥等流程。

第三节　平版印刷工艺

平版印刷不同于凸版印刷，也不同于凹版印刷。平版印刷是利用油、水不相溶的规律进行印刷，在印版的同一平面上先水后墨，达到水墨平衡，使用图文墨迹转移，印制出图文清晰完整的印刷品。

平版印刷工艺流程：印刷前的准备、安装印版、试印刷、正式印刷、印后处理。

一、印刷前的准备

1．纸张准备

纸张是印刷生产中的主要材料之一，管理好纸张是一项十分重要的工作。纸张从造纸厂出厂，通过运输、仓库堆放，由于周围环境气候的频繁变化，地区之间温度的差异，刚拆包的纸张，其含水量不可能与印刷车间的温湿度相平衡，而且纸张本身的含水量往往也不可能是均匀的。如果用这样的纸张立即投入印刷生产，不仅因纸张变形产生套印不准，还会使纸张产生皱褶，不利于输纸等印刷操作。因此，印刷前必须对纸张进行调湿处理。其目的是降低纸张对水分的敏感程度，提高纸张尺寸的稳定性。另外，调湿处理还可以解决纸张在印刷过程中的静电现象，避免双张输纸。目前，胶印纸张的调湿处理一般有两种方法：

（1）自然调湿法。将纸张吊晾在印刷车间，使纸张的含水量与印刷车间的温度相平衡。

（2）强迫调湿法。该方法又分为吸湿处理和脱湿处理，然后再放入车间或与印刷车间温湿度相同的场所使纸张的含水量均匀。

2．油墨准备

在印刷之前，要根据印刷样张调配油墨。油墨的三原色是黄、品红、青。从理论上讲，三原色按不同比例和方式混合，可以得到各种不同的颜色。但在实际中，无论怎样拼配也不能配出纯黑色。因此，在彩色印刷中，大都采用黄、品红、青、黑四色版油墨印刷。而对于有特殊色相商标及彩色包装纸盒的印刷，往往需要一些专色油墨来解决。专色油墨按照颜色分为浅色墨和深色墨两类，浅色墨一般以冲淡剂为主，其他颜色为辅，先在墨盘中放入冲淡剂，然后逐渐加入辅助色油墨调配均匀而成；深色墨是用原色油墨或间色油墨调配而成，先将主色油墨放入墨盘，然后逐渐加入辅助色油墨，调配制成。

平版胶印是一种间接印刷，不同类型的胶印机，虽然输纸形式或所用纸张类型不同，但一般都必须通过供墨、匀墨、着墨等过程，使油墨最终固化结膜于纸张表面，形成图文。因此，油墨调配过程必须满足三方面的要求：

（1）油墨的调配色相符合原稿的色样标准、油墨的黏度和流动性要根据纸张质量、机器速度、图文类别等进行调整。

（2）无论使用何种类型的纸张和机型，所用的油墨都不应有凝聚、胶化、分层、表面结膜等现象，也不能混入杂质等。

（3）油墨的调配量要准确，油墨调配需视产品数量、图文面积、墨层厚度和纸张性质来确定。小批量产品必须一次将用量调准，大批量的产品可分期分批调配，但每批油墨调配的用料要有记录，并要统一色相。

3. 润版液的准备

平版胶印的印版图文部分和空白部分几乎处于同一平面上。因此，在印刷过程中必须使用润版液。在决定润版液用量时，应考虑版面图文面积的大小及分布情况、印迹墨层厚度、承印物的性质、油墨的性质、印版的类别、印刷的速度、车间温度、湿度等因素。一般来说，当纸张平滑度较高、机器转印快、生产环境温度低时，印刷润版液可以控制稍小一些；当承印材料粗糙、机器运转速度低、环境温度高时，应该加大印刷润版液用量。另外从供水量和供墨量的大小来控制水量平衡外，还必须对润版液的 pH 值和墨量中的催干剂等用量加以控制，否则也将导致印刷过程中的水墨不平衡现象发生。

目前平版胶印中常用的润版液分为普通润版液、酒精润版液、非离子表面活性剂润版液。

（1）普通润版液

普通润版液是在水中加入某些化学成分，配制成的原液，使用时加水稀释，或制成固体粉剂，使用时溶于水中而成。

（2）酒精润版液

酒精润版液的主要成分是乙醇或异丙醇，它是一种表面活性物质，可以降低溶液表面张力，能改变润版液的铺展性能，减少润版液的用量。

（3）非离子表面活性剂润版液

非离子表面活性剂加入含有电介质的润版液中配制而成，成本低、无毒性。

4. 印版准备

上版前，首先要对印版的色别进行复核，以免发生版色和印刷单元油墨色相不符的差错。同时，要仔细检查印版上的网点质量。晒版梯尺、布鲁纳尔信号条在印版上晒版和显影的变化情况、网点扩大或缩小的差异，一般控制在3格至4格。此外，还要检查印版上的规线、切口线、咬口尺寸等。

5. 包衬准备

滚筒包衬是指滚筒壳体以外包裹在滚筒表面各种包覆物。除了印版和橡皮以外，常用的包衬材料还有绝缘纸、牛皮纸、橡皮垫、毡呢以及其他纸张等。印刷机使用包衬作为衬垫的目的：第一是利用衬垫材料的弹性变形来产生印刷压力；第二是弥补机器制造的精度误差和各印刷面之间存在的缺陷；第三是减少冲击和载负，避免滚筒体的“硬碰硬”接触，保护机械设备。

在印刷机设计和印刷工艺中，一般包衬根据硬度不同可分为硬性、中性、软性三种。在印刷前，必须了解印刷机的机型、印刷承印的材料、印刷产品的要求来选择合适的包衬。硬性包衬一般用于多色高速胶印机，软性包衬用于精复低的胶印机，中性包衬的性能介于硬性和软性之间。

6. 印刷色序

印刷品的色彩是由不同色相的油墨叠印而成的，叠印中的印色次序称为色序。在印刷过程中，有干印和湿印的问题、有油墨性质的问题、有产品不同要求的问题等。因此用不同的色序会产生各种不同的印刷效果，所以在印刷之前，安排印刷色序是一个重要的工艺问题。

单色机的印刷是一个颜色印好之后，在油墨基本干了以后再印第二个颜色，因此普遍采用的色序是黄—品红—青—黑。先印黄色主要是黄墨的透明度差，见光后容易褪色。另外，因纸张质量差先印黄墨可以起到打底作用。也由于长期以来的工艺习惯，因此先印黄墨能够普遍采用。

双色机的色序，1 - 2 色，3 - 4 色是在湿印的情况下印刷的，它的色序就比单色机要复杂，考虑变化的因素也比较多，根据长期的经验，双色机的色序以下面几种印法为适宜。

（1）黑—黄、品红—青或青—品红；

（2）品红（青）—黄、黑—青（品红）或青（品红）—黑；

（3）品红—青或青—品红、黑—黄。

以上的色序的基本印法各有特点，可根据产品要求合理安排。但无论哪种印法，基本上是遵照主要色调的网点不糊，画面力求套印准确，墨量大的放在第二色印，减少上下套色混色，有利清洗墨辊等原则来安排。

四色机通常采用色序是黑—青—品红—黄或黑—品红—青—黄两种。

四色机印刷，黑色一般是作为补色，占有画面的面积比较少，黑色放在第一色印刷是由于墨量少，对以后的颜色印刷网点影响不大。

由于一次印四色，对墨色的掌握和套印的准确性控制提供了有利的条件。

二、安装印版

1. 确定装版线及印版厚度

单色机、双色机在安装印版过程中，先将印版放在比较平的台面上，用直尺在校版十字线上放齐，轻轻地在印版表面划上校版线。在拉纸端一侧，划上轴向方向的侧规线。随后测印版厚度，用千分尺测量印版四角，取一个平均值，估算印版衬垫厚度，保证一定的印刷压力。现代先进的胶印机，可以按照控制系统的工艺进行调节。

2. 按色序装版

印版色别的识别非常重要，晒制黄、品红、青、黑四色印版时，要在印版的非印刷部分标出印版的版色。新晒的印版上机前要对印版的版色进行复核，以免发生印版版色和油墨墨色不相符合的印刷差错。

（1）利用印版的网点角度来识别印版版色。黄版的版色最好识别，90°网点角度的印版就是黄版。其他版色的印版，可以根据各个印刷厂的工艺要求不同所确定的网点角度来识别。

（2）利用印版网点面积覆盖率来识别印版的版色，具体的方法是把印版与样张相对照，利用网点面积覆盖率大小来识别印版的版色。例如，人物图像，唇部网点面积覆盖率大的印版是品红版；头发、眉毛处网点面积覆盖率大的印版是黑版。

（3）混合法识别印版的色别，由于印刷工艺的改进，单一用网点角度或网点面积覆盖率不能准确地识别出印版的版色，所以，要把上述两种方法结合起来。就是先用90°的网点角度识别出黄版，再用45°的网点角度识别出主色版，其余两块印版的版色，用印版图像上的网点面积覆盖率对照样图上的网点面积覆盖率来识别。

三、试印刷

印版安装完毕后，就可以进行试印刷，主要操作工艺是检查印刷机的输纸、传纸、放纸的运转情况，并进行适当的调整以保证纸张传输顺畅、定位准确。以印版的规矩线为标准，校正印版位置，达到套印精度的要求。校正压力，调节油墨、润版液的供应量，使墨色符合样张。一般印到1000张左右，墨色达到样张要求后，就鉴定付印样张，经确认后，即正式印刷。

1. 润湿装置操作工艺

平版胶印是先给印版上水，使空白部分着水，再给印版上墨，使图文部分着墨。因此，胶印机上除了设置输墨装置外，还必须有润湿装置。

胶印用水，要求含杂质少，水质不能太硬，润版液的pH值为5～6为宜。

平版胶印润湿装置分为接触式和非接触式两大类。接触式润湿是水斗中的润版液经过各种水辊接触传递给印版进行润湿，它又分为间歇式、连续式和酒精式三种类型。非接触式润湿装置是水斗中的水不经过各种水辊直接传递给印版进行润湿，如刷辊式和喷水式润湿装置。

（1）接触式润湿装置

①间歇式润湿装置

间歇式润湿装置就是指水斗辊不是连续旋转，而是依靠斗辊间歇转动，断续地将润版液传送给印版的一种润湿方式。如图2-8所示。

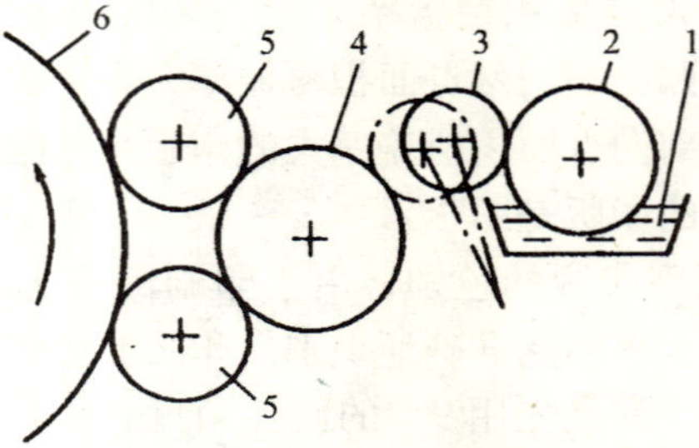

图2-8　间歇式润湿装置

1—水斗；2—水斗辊；3—传水辊；4—串水辊；5—着水辊；6—印版滚筒

②连续式润湿装置

连续式润湿装置就是把间歇式运动的水斗辊改为连续旋转，再去掉往复摆动的传水辊，使润版液连续地、均匀地供给印刷机润湿。连续式润湿装置可由着水辊直接给印版润湿，也可以将润版液传给第一根着墨辊，然后，再由第一根着墨辊将润版液传送给印版。如图2-9所示。

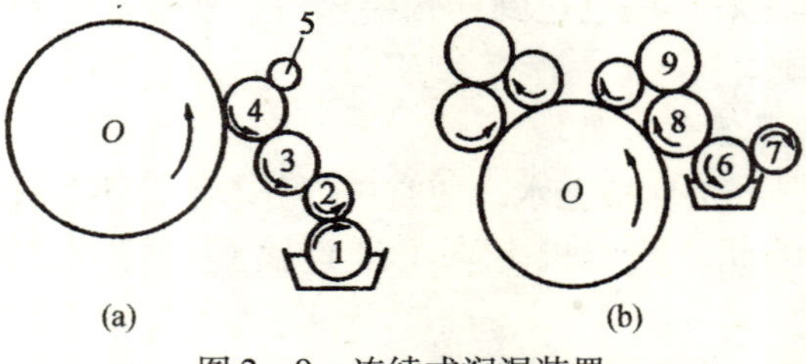

图2-9　连续式润湿装置

1，6—水斗辊；2，7—计量辊；3—串水辊；4—着水辊；5—重辊；8—着墨辊；9—串墨辊

③酒精式润湿装置

这种装置中加入乙醇或异丙醇作为润版液。酒精润版液的作用主要有两个方面：一是可以大幅度降低润版液的表面张力，提高对印版表面

的润湿性能；二是减少给水量，降低油墨的乳化值，减少纸张变形，提高产品质量。但是酒精润湿也存在两个方面的问题：一是酒精的挥发速度快，润版液的酒精浓度不稳定；二是酒精挥发，造成环境污染，也会引起燃爆现象。

酒精式润湿装置的自动控制在海德堡 CP2000 系统中有应用，印刷过程中，中间辊既可实现与着墨辊接触，也可实现与着墨辊分离，从而既可实现水墨齐下的印刷方式，也可实现水墨分离的印刷方式。

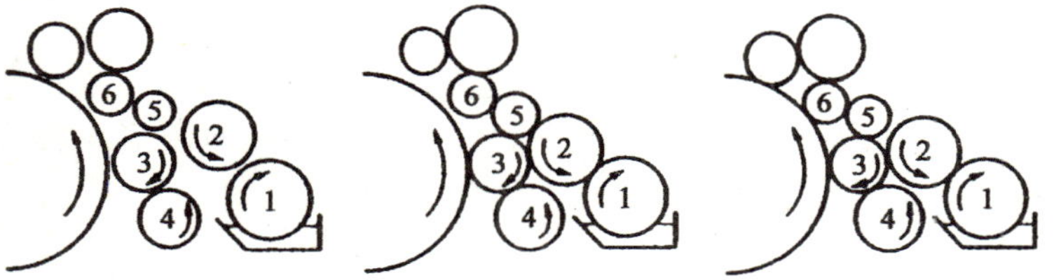

图 2－10　酒精式润湿装置

1—水斗辊；2—计量辊；3—着水辊；4—串水辊；
5—中间辊；6—第一根着墨辊

酒精式润湿装置的自动控制过程分为三个位置。第一，非工作位置如图 2－10（a）所示，计量辊 2 与着水辊 3 脱开，水、墨辊都与印版脱离，中间辊 5 也与着墨辊 6、着水辊 3 脱开。第二，预润湿位置如图 2－10（b）所示，使计量辊 2 与着水辊 3 接触传水，中间辊 5 与着墨辊 6 接触，着水辊 3 与印版接触。因此，开始预润湿印版和着墨辊，使润湿薄膜通过水辊进入印版，并经中间辊使水在着墨辊上达到水墨平衡。第三，正式印刷位置如图 2－10（c）所示。在预润湿位置的基础上，着墨辊与印版着墨，由于经过预润湿阶段，水、墨在印版上很快达到平衡状态，在墨辊上还设有吹风杆，会使过量的润版液挥发掉。

（2）非接触式润湿装置

①喷水润湿装置

在机器上安装气流喷雾润湿系统，这种气流喷雾给印版着水均匀。供水部分和着水部分不能直接接触，润版液不会倒流，供水量可以通过调节水斗辊转速来空制。如图 2－11 所示。

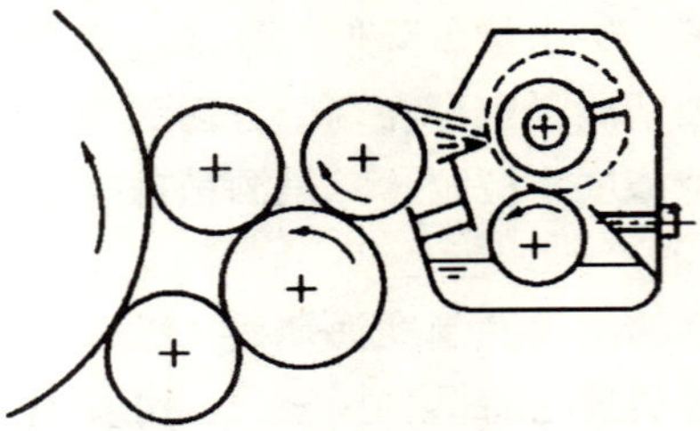

图 2－11　喷水润湿装置

②毛刷辊润湿装置

在印刷机上安装尼龙毛刷辊润湿装置，毛刷辊作为水斗辊，放在水斗中，依靠金属拨片把水分弹到传水辊上，通过串水辊和着水辊再将水分均匀地传到印版表面。如图 2－12 所示。

图 2－12　毛刷辊润湿装置

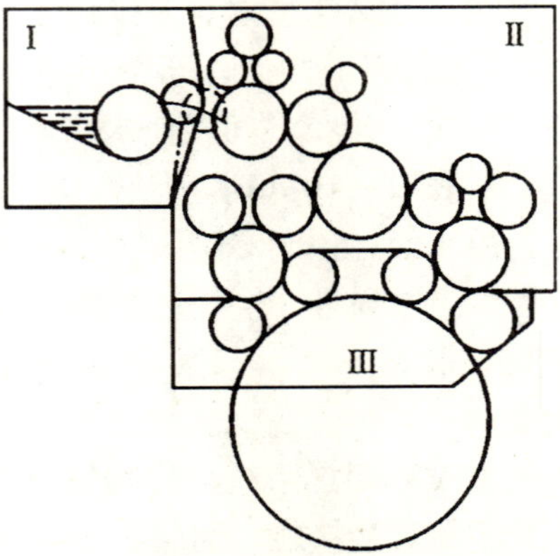

图 2－13　输墨装置

2. 输墨装置操作工艺

将墨斗中的油墨供给版面的装置称为输墨装置。印刷过程是油墨的传递转移的过程，要使油墨按胶印印刷工艺的需要进行传递和转移，达到印迹的准确复制。输墨装置如图 2－13 所示。

为了墨辊在印刷过程中，使油墨均匀、适量地传给印版表面，必须设置输墨装置将墨斗辊输出的油墨从包括圆周和轴的两个方向迅速打匀、适量地上墨。供墨部分的供墨量、着墨部分的着墨压力等都要按操作工艺进行调节。

传统的手工调整输墨，劳动强度大、预调时间长，易造成油墨和纸张的大量浪费，印品的质量也不稳定。

近年来，在一些先进的印刷机上，采用了各种型号的自动调整输墨的机构，尽管各厂家设计和生产的形式不一样，但其原理和主要控制手段基本上相似。

油墨控制装置可在收纸部位遥控墨斗和墨刀的开合。功能多的装置既可以测定胶片底版、晒版或打样的图案面积及印刷密度，也可在印刷前对墨斗部位进行预调节。如图 2－14 所示。

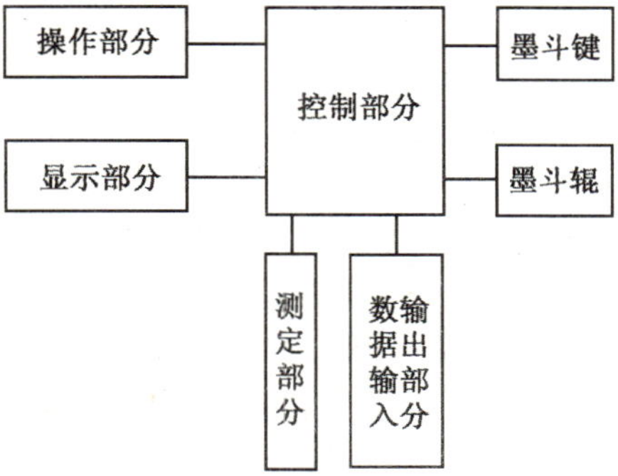

图 2－14 油墨控制装置示意图

油墨控制装置通常由操作部分、显示部分、数据输入输出部分、控制部分及检样台等组成，设置在收纸端附近。墨斗辊、墨斗键都由小电机来控制。根据其输入方式分为遥控式、预调式、印刷密度测定式三种。

(1) 遥控式

操作者按操作工艺将打样样张和试印样张进行比较，判断墨色的深浅，操纵操作部分的按钮开关，指示墨斗辊的旋转量和墨斗键开合度。控制部分完成各种处理后，向墨斗辊和墨斗键的小电机发出指令，控制墨量。

（2）预调式

用测定装置测取胶片底片或晒版的图案面积，将此数据输入油墨控制装置，成为在印刷前预先调节墨斗部分的一种方式，可以缩短配色程序的时间。

（3）印刷密度测定式（CPC2、CCI）

在印刷品的拖梢部位，印上各色的质量控制条。用密度计测定打样样张的质量控制条的实地密度值，或用“+”位按键等输入密度值，以此作为基准。接着用同样方法测定试印张的控制条，与基准密度相比较，以指示灯显示它们之间的差值，操作者按工艺要求按钮开关进行调节，或自动调节。

3. 印刷装置操作工艺

胶印机的印刷装置主要由三个不同特性的滚筒组成。其一，印版滚筒上安装印版；其二，橡皮滚筒表面包裹一层橡皮布及衬垫；其三，压印滚筒上装有叼纸牙。各滚筒的滚筒体均包括轴颈、轴头、筒体、肩铁四个部分。

（1）理想的压力工艺

理想的压力就是在一定的印刷面变形的条件下，在印迹足够结实的基础上，均匀地使用最小的压力。

调节压力的要求是使三个滚筒齿轮节圆相切、轴线平分、半径包衬力求相等、线速度一致。目的是使三个滚筒之间的齿轮传动，印刷面摩擦传动和滚枕摩擦传动三者保持严格同步，使三滚筒之间的线速度一致，两个压印带的压力相等或相近，力求滚筒在滚压过程中具有滚动作用而尽可能减少滑动摩擦。

（2）调节压力的方法

①滚筒中心距调节法。通过调节两个滚筒之内的中心距离，来增加或减少印刷压力，这是一种最常见和最主要的调节方法。

②包衬厚度调节法。通过增加或减少滚筒包衬的厚度，来增加或减少印刷压力，这是一种只有在万不得已的情况下，才允许采用的方法。

4．校版

校版就是印版位置的调整，即印版校正。一般是指通过改变印版图文与纸张的相对位置，来达到准确套印所采用的方法。为了使滚筒上所装印版的图文能正确地转印到纸张的预定位置上，要求在校版时，不仅能对版位进行校正，而且也可以校正纸张的位置。

校正版面的依据可以是规线（十字线），也可以参照图文的套准程度，它的校正量应当是先大后小，基本准确时，更应当微量调节，直到规矩重合为好。校版时，还要根据版次先后，分别对待。如系双面印刷的产品，在校版过程中必须对照背面的图文位置和规矩，使正反两面准确协调。

第一印色的印版校正是十分重要的，它既要使图文转移到印张上的位置符合印件要求，又要为以后各版的套色校正提供一个基准。

印版位置调整机构分为拉版机构、印版滚筒周向位置调节机构、多色机各个印版滚筒的周向和轴向位置微调机构以及斜向微调机构。

近几年来，在国外所设计与生产的新型胶印机上，采用了一种利用遥控来调节印版滚筒的套准装置。这装置是通过电机来进行调节的。把印版滚筒中心的某一位置作为“零”位，“+”位及“-”位所表示的数值表明滚筒的位置。其前后、左右的调节动量，都以0．01mm为表示单位。前后最大调节量为±2mm，左右最大的调节量为±3mm。

当一批印品印刷完毕，只要按一下复位按钮，印版滚筒将自动回到中心位置，显示器也重新恢复到“零”位。

四、正式印刷

试印刷操作工艺完后，即进入正式印刷操作工艺阶段。在正式印刷用纸的上面，摆放20～30张校版纸，收纸时将其与正式印刷用纸交接之处，夹上间隔纸条，打开计数器，从“零”开始计数。

1．定时抽样检查

进入正式印刷后，在开印时确定的供墨量、上水量多少会有些变化，应经常抽样检查，进行调整。在印刷速度保持不变，供墨量和上水量多少在稳定状态时，按客户提供的样张，正式签订印刷品的样张。并定时按样张要求，严格进行抽样检查，建立“自检、互检、专检”质量检查制度，确保印刷产品的质量。

2. 胶印产品质量标准

印刷是一种复制技术，是对原稿的大量复制和再现。因此，印刷产品质量相对于原稿，又具有工艺精美的艺术要求。就是要求用相同的晒版底片、相同的印刷油墨和相同的纸张，不管是打样，还是正式印刷，不管在哪个印刷厂、哪个时间印刷，都能使每个印张始终达到相同的彩色复制的质量标准。目前胶印产品的质量一般分为经验定性质量标准和科学定量标准。

（1）经验定性质量标准

这种经验定性质量标准是人们在无检验仪器设备的情况下，根据实践经验的积累，凭主观目测来认定胶印产品的一个标准。其内容如下：

①墨色鲜艳，画面深浅程度均匀一致；

②墨层厚实，具有光泽；

③网点光洁、清晰、无毛刺；

④符合原稿，色调层次清晰；

⑤套色准确；

⑥文字不缺笔断画；

⑦印张外观无褶皱、油迹、脏污和指印、产品整洁；

⑧背面清洁、无脏迹；

⑨裁切尺寸符合要求。

依靠这种无数据为依据的经验来判定胶印产品的质量，由于观察的判断的误差和随意性较大，因而不能准确客观地反映出产品质量状况，而且也不能有效地为控制产品质量提供依据。

（2）科学定量标准

科学定量标准是根据仪器设备来检测胶印产品，用定量数据来反映质量。可将产品分为精细印刷品和一般印刷品两类。精细印刷品是使用高质量原辅材料经精细制版和印刷的印刷品，一般印刷品是除精细产品以外的完全符合相应质量要求的印刷品。

①质量标准要求

a. 阶调值。暗调是以测定密度方法来鉴定质量，如表 2－1 所示。

表 2－1　暗调密度范围

色　别	精细印刷品实地密度	一般印刷品实地密度
黄（Y）	0.85～1.10	0.80～1.05
品红（M）	1.25～1.50	1.15～1.40
青（C）	1.30～1.55	1.25～1.50
黑（BK）	1.40～1.70	1.20～1.50

亮调。用网点面积表示。精细产品的印刷品亮调再现为 2%～4% 网点面积，一般产品的印刷品亮调再现为 3%～5% 网点面积。

b. 层次。亮、中、暗分明、层次清楚。

c. 套印。多色版图像轮廓及位置应准确套合，精细印刷品的套印误差≤0.10mm，一般印刷品的套印允许误差≤0.21mm。

d. 网点。角度清晰、角度准确、不出重形，精细印刷品 50% 网点增大值范围为 10%～20%，一般印刷品 50% 网点的增大值为 10%～25%。

e. 相对反差（K）值。K 值应符合表 2－2。

表 2－2　相对反差值范围

色　别	精细印刷品 K 值	一般印刷品 K 值
黄	0.25～0.35	0.20～0.30
品红、青、黑	0.35～0.45	0.30～0.40

f. 颜色。符合原稿，复制真实、自然、协调。同批产品不同印张的实地密度允许误差为青、品红小于 0.15；黑小于 0.20；黄小于 0.10。

g. 外观。版面干净，无细小墨斑、脏迹；印刷接版色调基本一致，精细产品的尺寸允许误差小于 0.5mm，一般产品的尺寸允许误差小于 1mm；文字完整、清楚、位置准确；图像位置准确。

h. 产品尺寸。符合标准；开切尺寸由委印方和承印单位定。

②检验内容

光学密度测定数据定量标准、色度值测定数学定量标准、轮廓清晰度光学密度测定数据定量标准、套印精度测定、图文尺寸测量标准、高调网点再现率和龟纹。

a. 光学密度值测定。用光学仪器如密度计来测量油墨实地密度的数据，求得正确的给墨量和网点面积的变化关系。

b. 色度值测定。在一定墨层厚度的条件下，测量油墨的色相、饱和度及密度，检查油墨的技术指标等。色度值可利用分光光度计来进行测量。

c. 轮廓清晰度测定。轮廓清晰度指网点、图文、线条等印在纸张上应具有的物理形态。这些物理形态在印刷时油墨转移过程中，会受到纸张表面性质、墨层厚度、印刷压力以及印刷材料等影响而产生形态偏差。通过轮廓清晰度测定，使变化值控制在允许误差范围内，使之符合质量数据定量要求。

d. 套印精度测定。在同一个印张颜色不同而图文相同的位置上，用规定的套准精度数据测量仪器，来确定允许套准误差值，鉴定印刷品套准程度。

e. 图文尺寸测量。在印刷中用精密的量尺来准确测量图文尺寸，与原版图文尺寸进行对比，将其误差控制在规定的范围内。

f. 高调网点再现率。主要指画面保持层次丰富的2%～5%细小网点不丢失而再现的程度，确定产品质量的一个重要指标。

g. 龟纹。在多色印刷中，各色重叠时，由于网线角度错位或角度变化而产生的一种网纹叫做龟纹。它的出现破坏了画面艺术结构和复制效果。

由于有了检测数据，不但可以客观地评价产品质量变化的规律，从而采用相应的控制手段和预防措施，才能保证产品质量的稳定。

在胶印生产过程中，从电分—拼修—晒版—打样—印刷—成品检查—裁切加工等，都要按照一定的程序的操作工艺标准。操作工艺标准化即在一切可用数据表达的地方，通过测试手段、测量、记录各种条件下的数据，将它们总结归纳出能够指导生产规律的公式、曲线、图表等。用这些数据、曲线制定出各工序的操作工艺标准。然后，把全过程中的各个工序间的相互依赖关系、相互作用等，有机地连成一个统一的整体，用相应的数据和规范把工艺关系确定或相对稳定下来，做到有据可循，用科学的方法指导生产实践。

3. 观察上水的变化

(1) 观察正式印刷初期上水的变化。试印刷时的上水量和进入正式印刷后的上水量，会有些变化，一定要一边注意观察样张有无重影、水杠，一边注意调节印版的给水量。

(2) 注意正式印刷过程中上水的变化。要密切注意机器主体发热和车间的通风状况给上水带来的影响，酒精润版要注意润湿系统冷却装置，控制好润版液的温度。

4. 观察油墨的变化

(1) 墨斗的油墨从墨斗辊和墨斗刮刀之间的缝隙传出来，是由油墨的自重而自然被挤压出来。因此，墨斗中油墨量的多少，直接影响油墨的输出量。所以，要注意墨斗中保持一定量的油墨，还要经常用墨刀在墨斗中搅拌或安装油墨搅拌器。

(2) 防止油墨在印刷机器上的干燥。长时间待机，如吃饭、休息时，墨辊上的油墨和墨斗中的油墨表面就会干燥，可使用干燥抑制剂喷在墨辊上。

(3) 注意墨色的均匀，印刷品的密度视上水量、室温、印刷机速度不同而发生变化。应经常与标准样张进行对比检查，防止出现墨色不匀现象。

(4) 保持润版液的 pH 值。油墨中添加了辅助剂后，容易影响润版液的 pH 值。因此要时刻注意，及时调整。

(5) 清洗橡皮布。当橡皮布上堆积油墨、纸粉、喷粉粉末，影响油墨的运转时，必须待机清洗橡皮布，确保产品质量。

5. 注意印刷机运转状况

在印刷机运转时要时常注意运转声音、热度、振动、气味等，如果发觉异常，必须仔细检查原因，如确实认为没有妨碍，才可继续运转。

6. 确认印数

印刷将结束时，应确认总印数是否与生产施工单相符，如有缺数需补印的应立即补办手续，及时安排补印。

五、印后处理

印后处理的主要内容有印刷机的清洗、印张的整理、印刷机的保养以及作业环境的清理工作。

（1）机器的清洗

清洗墨辊，水辊，橡皮布以及印刷滚筒。

（2）印版的处理

印版的处理有保存版和不保存版处置。老使用过的 PS 版有保存的必要，就必须对版面小心拆版，然后对版面进行清洗、涂胶、干燥处理，放置版库。若使用过的 PS 版不需要保存，清洗后，可以先不折版，直接进行墨组清洗，印版可保护印版滚筒亮体，待装新版时再拆除旧印版。

（3）整理印张

印张从收纸板取出后，填写报表，标明产品名称、印刷机台编号、印刷日期等，在半成品区静置 2～4h，待油墨干燥后，才能进行处理。为了防止印张因室内温湿度的变化，造成变形，可用乙烯薄膜将整个印张遮盖。

（4）机器设备保养及环境清理

检查机器设备是否有异物，检查油孔是否堵塞，检查主要转动零件是否损坏，螺钉是否松动，还必须根据三级保养的条例认真执行以及做到环境清理工作。

第四节 平版印刷常见故障及排除

近些年来，印刷技术的发展突飞猛进，印刷正向信息化、高速化、多色化、自动化的方向发展。这些新工艺、新设备、新技术的广泛应用，由于操作人员的技术水平和判断能力的差异，都将会造成印刷质量的故障。

一、套印不准

1. 操作工艺原因

（1）印版制作

原稿摄制正片或负片的失误，电分过程中菲林误差、菲林受温湿变影响伸缩变化、PS 版晒版误差。四个颜色不在同一个条件下晒版，都可能造成印刷套印不准，有时在同一块原版上拼排若干个图案，由于操作不当，各块印版之间十字线是准的，但内图却不准，也会造成印刷过程套印不准。

排除方法：为了排除类似发生的套印不准故障，必须认真地、仔细地制作精确的印版。

（2）印刷压力

胶印机印刷压力过大，造成纸张变形，产生套印不准。

排除方法：胶印机三个滚筒，印版滚筒、橡皮滚筒、压印滚筒之间的压力的调节等都要严格按照标准化、数据化操作。

（3）水量过大

单色机、双色机在印刷过程中，由于润版液的作用，每印一色，纸张的含水量就增加一次。相应地，每印一色，纸张尺寸都会伸长。印刷时，版面水量越大，必然引起纸张纤维润湿膨胀越大，并引起纸张伸长更大，造成套印不准。

排除方法：润版液的水量一般控制在版面空白部分上不黏油墨的前提下，用量最小的范围内，才能减少纸张伸缩，套印不准现象。

（4）印版变形

装版时，拉版和校正规矩中心线时操作不当，也会产生一些不正常的拉伸变形，引起图文形状和尺寸的改变，造成套印不准。

排除方法：装版和校版时，一定要掌握技巧，避免不正常的拉伸变形。

（5）橡皮布变形

橡皮布绷紧度不当引起套印不准，对于单色机而言，如果调换印版时，橡皮布重新绷紧过，就有可能产生各色版橡皮布变形的不同，从而导致套印不准。对于多色机而言，不同色相的橡皮布改变不同，同样会造成套印不准。

排除方法：选用伸长率较小的橡皮布；各色版要保证橡皮布的绷紧度不能过松过紧，要保持恒定不变；还要防止橡皮布有局部松紧不均匀的现象，从而导致图文局部套印不准。

（6）包衬

衬垫物增减变化，相应滚筒半径的等值要失去平衡，在单位时间内，承印物就要通过不相等的弧长和圆心角，从而造成图文径向尺寸的改变，造成套印不准。

排除方法：重新调整包衬的增减量，包衬必须数据化、合理化。

2. 纸张因素

纸张是印刷材料之一，对套印有直接的关系。纸张在周围环境温湿度的影响下，纸张会发生伸缩变形。当环境相对湿度增高时，纸张四周吸收水分而伸长，但纸张的中间仍保持原有水分，纸边呈波浪形，称为“荷叶边”现象。当环境空气干燥时，纸边向外散发水分而收缩，使纸边的水分低于纸张中间的水分，就产生了“紧边”现象。

纸张的“荷叶边”或“紧边”现象，在印刷过程中，纸张通过压印滚筒与橡皮滚筒之间时，被碾压而使纸张尾部发生套印不准，而且可能产生皱褶。

排除方法：如果“荷叶边”较轻，一般在机器堆纸台的两侧装上远红外线干燥装置，使纸张四边失水。如果“荷叶边”较重，要严格控制烘烤时间，防止烘烤时间过长，四边失水过多，又会出现紧边。

“紧边”纸张可采用将纸张放在比印刷车间相对湿度高 5% ~8% 的晾纸间加湿，或把纸放在较潮湿的地方，然后再把纸放在印刷车间平衡，逐渐使纸张含水量达到均匀。

3. 设备因素

主要是对机器各部件调节和使用不当，一般是由输纸、进纸、规矩部件、递纸牙装置、印刷机滚筒之间的位置等方面引起套印不准。

其次由于部件间配合失调或机械磨损造成的，一般是由传动齿轮、轴套、叼牙、递纸牙机构、印刷机滚筒磨损引起套印不准。

排除方法：按操作工艺制度，重新调节装置并更换磨损部件。

二、印刷发花

1. 操作工艺原因

（1）印版制作

PS 版在晒版、显影过程中操作不当以及晒版机抽气不当等原因造成网点严重丢失，引起印刷发花。

排除方法：在晒版、显影过程中必须使用印刷信号条，有效地控制印刷质量特性和数据的一系列手段，防止网点扩大和丢失。

（2）印刷压力

印刷压力造成印刷发花，主要由三个方面的因素引起。

第一，印版滚筒与橡皮滚筒压力过大。在挤压力的作用下，图文墨层挤铺，网点变形拉长，图文、线条并糊，层次不清，版面糊版，引起印刷发花。另外，印版与橡皮布表面摩擦力过大，表面摩擦增大，印面图文及空白部分砂眼磨损，细点子不断丢失，印版表面磨光，引起印刷发花。

排除方法：按标准调整包衬、调整压力，在图文印迹足够结实的基础上，均匀地使用最小压力。

第二，着水辊与印版滚筒压力调节不当。压力过重时，使着水辊接触印版时产生跳动和摩擦，印版图文基础及亲水层遭到磨损引起花版；压力过轻时，造成供水困难，版面得不到足够的水分，失去水油平衡引起花糊版，导致印刷发花。

排除方法：按标准调制着水辊和印版之间的压力，清洗水辊绒，清除残存油污，必要时应更换新的水辊。

第三，着墨辊与印版压力不当或墨辊老化。着墨辊与印版滚筒之间的压力过重时，印版砂眼磨损，亲水基础受到破坏，版面糊版；压力过轻时，则减少供墨，油墨传递不良，印刷图文部分得到的油墨就少，图文部分网点容易受到磨损，时间一长造成印版花版。同样，墨辊老化，也失去良好的传墨性能，使版面受墨不足而花版，这些因素造成印刷发花。

排除方法：调整墨辊压力，使其保持良好的传墨作用。墨辊表面老化时，应将表面老化层擦去，一般用汽油、煤油拌浮石粉擦老化层，若墨辊老化严重并龟裂时，应放在磨床上磨去一层或更换。

2. 润版液

润版液酸性太强，版面图文部分及砂眼遭到腐蚀，在挤压力的作用下，版面亲油基础被破坏，失去水油平衡而花版。酸性太强，版面表面无法形成无机盐层，破坏了水油平衡而糊版，造成印刷发花。若润版液酸性太弱，印版表面也无法形成磷酸盐沉淀物，无机盐层得不到及时补充，溶液缺乏应有的抗油性，版面不能达到水油平衡状态，图文部分向空白部分扩散而引起花糊版，造成印刷发花。

排除方法：适当调整润版液的 pH 值，使版面达到水油平衡状态。

3. 油墨

(1) 油墨稀

油墨过稀，质地疏松，内聚力差，分子之间的吸附力就小，在滚筒挤压力下，墨层印迹容易向外铺展，使网点、线条无限扩大而糊版，造成印刷发花。

排除方法：油墨中加放适量的 0 号调墨油，增强油墨黏度和黏附力。

(2) 油墨黏性太大

油墨黏度太大。当墨层在版面和橡皮布表面之间转印后分离时，版面对油墨的吸附力不能克服油墨的内聚力和惯性力，使匀墨发生困难，墨层必然在吸附力较小的一面断裂。若墨层在印版表现断裂，则会造成印版表面墨层不足而花版，导致印刷发花。

排除方法：适当加入撤黏剂，用量控制在 3% 以内，减少油墨的黏性。

(3) 油墨黏性太小

油墨黏性太小，其内聚力也小，分子间的黏附力也就小，在墨转移过程中，供油墨中的颜料颗粒不能正常转移而堆积在版面，在挤压力下图文网点铺展，印迹模糊，层次不清，引起花糊版，导致印刷发花。

排除方法：适当加入增黏剂，调整油墨黏度。

(4) 供墨量

供墨量太大，造成版面墨量过多，墨层过厚。在挤压下，图文网点铺展，引起花糊版，导致印刷发花。供墨量太小，版面图文部分失去剩余墨层的保护，直接与润版液接触，感脂性减弱而引起花版，导致印刷发花。

排除方法：根据不同产品调整供墨量。

4. 橡皮布

橡皮布使用时间太长，表面弹性和平整度发生变化，造成印刷发花。

排除方法：更换新的橡皮布。

5. 干燥剂

油墨中干燥剂过量，会使油墨干燥加快，黏度和极性增加，油墨颗粒变粗堆积在版面。在挤压力下，墨层印迹发生铺展而引起糊版，导致印刷发花。

排除方法：减少油墨中的干燥剂比例，并经常清洗墨辊。

6. 纸张

（1）纸张的匀度

纸张中发现有发亮和发暗的地方，说明纸张中纤维不够均匀，并且纸张的厚度也不均匀，纸张较厚的部分比较深，而薄的地方染色较浅，在印刷过程中吸墨性不均匀，造成印刷发花。

排除方法：若整批纸张的均匀度都很差，必须更换纸张。

（2）纸张的纤维排列

由于纤维的性能不同，搅拌不匀时，纤维横、纵向排列不规则，吸水时横向膨胀，纵向不变，造成纸张对油墨的吸收性的差异，也会导致印刷发花。

排除方法：更换纸张。

三、印刷脱粉、拉毛

1. 印刷压力

纸张脱粉、拉毛的故障是受力影响的作用。纸张在油墨被转印的极短的一瞬间，在印刷速度惯性力的作用下，油墨黏附力、剥离力、印版及橡皮布的吸附力，若大于纸张表面强度时，纸面就会产生脱粉、拉毛等故障。

排除方法：适当调节印刷压力，使橡皮滚筒和压力滚筒之间的压印力得以减轻，或者选择合适的印刷速度，以适当降低速度为准。这样在压印后，橡皮布与纸张之间的剥离拉力就大大减小，可以避免脱粉、拉毛故障。

2. 油墨黏性太大

油墨黏性太大造成油墨对纸张面的黏附力增大，促使油墨在纸张表面处发生分离，导致印刷脱粉、拉毛故障。

排除方法：适当降低油墨的黏度和黏性并减少墨层的厚度，来减轻油墨对纸面的黏附作用，一般在油墨中加适量的去黏剂和稀释剂。

3．橡皮布

橡皮布磨损老化，产生发黏现象而造成脱粉、拉毛故障。

排除方法：可以在橡皮布表面涂一层硫黄粉，并经常清洗橡皮布。如若不行，就必须更换新的橡皮布。

4．纸张

加入填料过多，在纸页中结合不牢，造成纤维结合力差，容易脱落，导致印刷脱粉、拉毛故障。

排除方法：在印刷过程中可以采取空压过水方法，也就是上墨印刷之前套印一道清水，将纸面上的纸毛去除掉，然后再进行印刷。如若不行，就必须更换纸张。

四、印刷脏点、墨皮

1．印版制作

胶印主要采用PS版晒版、显影制版工艺。PS版晒版时，由于菲林片上或晒版机玻璃上的细小脏点都被晒成印刷版上的“网点”，经过显影后在印版上出现脏点，若不及时修除掉，就可能在印刷品上出现脏点。

排除方法：晒版前，必须清除菲林片上和晒版机玻璃上的脏点。晒版、显影后，要仔细检查，并及时修除掉版面上的脏点。

2．油墨墨皮

造成油墨墨皮的因素很多，油墨开罐前已经有一层表面油墨结皮，调墨后隔天又出现表面结皮。使用时，一起带入印刷墨斗中去，产生墨皮。油墨调配过程中，使用不同的厂家生产的油墨混合调配，相互产生反应，也会产成墨皮现象。油墨调配时，燥油太多，也会造成墨皮现象。

排除方法：根据印品的实际需要，参照“实用调墨手册”选择色样，按照科学配合比例，调配油墨。

3．墨辊

墨辊中橡胶老化，表面粗糙，油墨吸附在表面，在印刷过程中产生墨皮。

印刷机中途发生故障，待机时间过长，墨辊表面的油墨结膜，产生墨皮。

排除方法：墨辊老化必须更换，若待机时间太长，必须清洗传墨系统。

4. 纸张

纸张的纤维、填料及施胶等结合疏松、不紧密、表面强度差。在印刷过程中容易产生脱粉、拉毛现象。这些杂质在橡皮布表面堆积，并经橡皮布传入墨辊、水辊到印版上。时间一长，就会产生墨皮。

排除方法：适当将油墨调薄一点，加入适量的6号调墨油或去黏剂，以减轻剥离张力，避免墨皮产生。

五、印刷前深后淡故障

1. 印版制作

PS版晒版机光源老化、曝光强度不均匀会影响印版质量。其次，显影过程显影液没有完全溶解或手工显影中摇摆不均匀等问题，造成印版制作带来前深后淡的后果，导致印刷前深后淡故障。

另外，印版版材厚薄不均，在印刷时受力不均，版厚处压力大、墨深，版薄处压力小、墨淡，造成印刷前深后淡故障。

排除方法：更换晒版机光源，晒版、显影必需规范化、数据化。测量版材厚度，若版材各处厚度相差太大，须更换新印版。

2. 墨辊老化

着墨辊表面老化后，其表面吸附着的油墨被转移时，不能均匀地从串墨辊上吸附足量的油墨来满足图文印迹的需要，而引起墨色前后不一致。

排除方法：拆下墨辊，清除其老化层。若墨辊出现干结墨层，并有龟裂，可在磨床上磨去老化层。若墨辊老化严重，就必须更新墨辊。

3. 墨辊脱墨

版面水分过大，水斗溶液酸性过强或油墨油性差，往往会使墨辊脱墨，尤其是串墨辊脱墨后，墨辊表面吸附了新水层，传墨不畅，油墨不能均匀地传到版面，引起墨色前深后淡故障。

排除方法：减淡水斗溶液酸性，减少版面水分。脱墨严重时应彻底清洗全部墨辊。

4. 油墨黏度大

黏度大、流动性小，在墨辊上油墨分布不均匀，不能保证版面图文印迹的受墨量均匀一致，而导致印刷前深后淡的故障。

排除方法：根据车间温湿度的变化情况，适当降低油墨黏度、增加其流动性。

5. 压力太轻

印版墨辊与串墨辊之间压力太轻，两者之间接触不良，影响墨量的正常传布，使输墨部分各墨辊之间墨量不匀。输墨系统的上半部分往往墨量堆足，而下半部分则墨量过少，尤其是印版墨辊与串墨辊压力过轻时，就会出现印刷前深后淡故障。

排除方法：按规范化调节墨辊与串墨辊之间压力。

6. 设备因素

（1）串墨辊或印版墨辊轴承严重磨损

串墨辊或印版墨辊轴承严重磨损时，不但引起墨辊运转不稳、相互间接触不良、墨辊与版面接触不匀，而且使版面受墨量不均匀，导致橡皮布转移图文墨层厚薄不一而引起印刷前深后淡故障。

排除方法：拆下磨损轴承，调换新轴承。

（2）滚筒齿轮或轴承磨损

滚筒的齿轮或轴承磨损后，合压时离让值大，增大了滚筒的中心距，影响滚筒转动的平稳性，橡皮滚筒和压印滚筒接触，受压面受力不均而引起印刷前深后淡故障。

排除方法：若磨损较轻，可采用适当减少滚筒中心距的方法。若磨损较重时，只能进行大修理。

（3）滚筒轴颈与壳体不同心

机器使用期较长，使滚筒轴颈被磨损不圆，造成滚筒轴颈和轴承配合接触不良，两端轴颈与壳体不同心，滚筒在印刷面和空当面的循环运转变化时，滚筒中心距发生振荡而引起印刷前深后淡故障。

排除方法：待大修理时，对滚筒轴颈加工修复。

（4）滚筒静平衡破坏

滚筒的静平衡和动平衡是保证滚筒均匀平稳运转的重要条件。机器经过大修理或配重块失落达不到静平衡时会影响滚筒匀速平稳运转，导致印刷前深后淡的故障。

排除方法：有时根据产品质量要求，采取临时救急措施，在墨色淡的部位适当垫纸增加压力，以弥补深淡一致。根本方法是机器大修、重新配重、测试平衡。

六、墨杠故障

1. 工艺操作原因

(1) 滚筒之间压力过大

由于包衬过厚或调整压力过大，造成滚筒之间压力过大，在印版滚筒与橡皮滚筒合压产生撞击，则在着墨辊与印版之间产生墨杠。而当橡皮滚筒与压印滚筒合压时产生的撞击，则在印版滚筒和橡皮滚筒接触区域产生墨杠。

排除方法：重新计算和调整滚筒包衬厚度和滚筒中心距。

(2) 滚筒之间表面摩擦力过大

印版滚筒或橡皮滚筒包衬过大，使滚筒表面圆周长不等，运转时线速度不一致产生速差，尤其是橡皮布互挤压作用下，会产生较大程度的滑移，增大了滚筒表面之间摩擦量。由于印版表面受到的滑动摩擦力不一，便产生了墨杠。

排除方法：应正确计算调整包衬厚度和滚枕间隙，在印迹足够结实的前提下，尽可能减少印刷压力，并使滚筒之间线速度一致，以减少摩擦。

(3) 着墨辊与印版滚筒之间压力过大

在印刷品上出现位置固定不变，轻重不一样的“墨杠”，主要是着墨辊与印版的接触压力过大，当着墨辊遇到印版咬口边缘时，产生冲击跳跃现象，在咬口处产生墨杠。

排除方法：重新调整着墨辊与印版之间的接触压力，最好使前后四根着墨辊与印版的接触宽度为6mm、5mm、5mm、4mm（旧机器）。若是新机器其接触宽度为5mm、5mm、4mm、3mm为适宜。

(4) 着墨辊与串墨辊之间压力过大

在印刷品上出现位置不固定，有时是单边出现墨杠，主要是着墨辊与串墨辊之间的压力调节过大，使得着墨辊与串墨辊之间的滚动不灵活，造成与印版之间的摩擦转动变成摩擦滑动，这种滑动在印版表面上形成墨杠。

排除方法：重新调整着墨辊与串墨辊之间的压力，其大小一般与着墨辊与印版之间的压力相同即可。

（5）着墨辊偏硬

印刷品上出现一条或几条黑色的墨杠，主要是着墨辊和串墨辊接触不良，引起在印版版面匀墨过程中，发生打滑和跳动现象而造成墨杠故障。

排除方法：应更换较软的墨辊，着墨辊的肖氏硬度在25°～30°之间。

（6）油墨调配不当

油墨调得过薄过松，不仅会产生糊版，而且内聚力小，影响油墨转移。墨辊、印版及橡皮布上逐渐堆积了油墨颜料颗粒，增大了表面摩擦力和压力而引起墨杠。

排除方法：在油墨中适当加入0号调墨油，提高油墨的黏度和转移性。

2. 橡皮布

橡皮布松散而引起的墨杠。若橡皮布刚换不久，印刷过程中因拉伸而变得松散，如果没有及时进行绷紧，滚压时就容易出现滑动摩擦，导致产生印刷墨杠痕迹。

排除方法：当橡皮布有松弛情况时，应及时采取措施进行绷紧，以防止产生印刷墨杠。

3. 纸张

纸张纤维组织不紧密、粗糙、表面强度差，易脱粉、拉毛，并堆积在印版、墨辊、橡皮布上，造成摩擦力和压力增大而引起墨杠。

排除方法：遇到质地疏松易脱粉、拉毛的纸张时，应勤洗橡皮布，并在油墨中加入适量的去黏剂或6号调墨油，以减轻脱粉、拉毛而造成印刷墨杠故障。

4. 设备因素

（1）滚筒齿轮磨损

印刷机的齿轮不仅起传动作用，而且还要保证滚筒之间运转时线速度一致。若滚筒齿轮磨损、齿轮间隙过大或齿轮间有污物黏结，则滚筒齿轮在运转时易产生振动引起墨杠。

排除方法：清除污物，如齿轮间隙过大，必须重新调整中心距来减少齿轮间隙。若磨损严重，需更换新齿轮。

（2）轴承磨损

滚筒轴承长年使用，产生自然磨损造成滚筒轴颈与轴承之间间隙过大，套合松动，咬口受压后离让值大，机器运转时发生抖动而引起印刷墨杠故障。

排除方法：若轴承磨损严重，必须更换新的轴承。

（3）墨辊表面凹凸不平或轴芯弯曲

墨辊运转时，引起跳动与版面局部发生摩擦，引起印刷墨杠故障。

排除方法：应拆下墨辊进行表面修磨或更换新墨辊。

（4）着墨辊轴端与轴承座间隙过大

着墨辊的轴端间隙过大，被串墨辊带动一起沿轴向产生移动，当串墨辊反向串动时，与印版接触的着墨辊就沿轴向滑动转动，因此形成了墨杠。

排除方法：调整着墨辊的轴承座，消除轴端间隙。如果两轴承座距离大于着墨辊两轴之距离，可以加垫垫圈，使着墨辊两端与轴承座固定，消除着墨辊左右移动的间隙。另外，可以调整串墨辊换向串动的时间，即当着墨辊对着印版滚筒空当时，让串墨辊换向串动可以避免因着墨辊轴端间隙出现的墨杠。

七、白杠故障

1. 压力调节

（1）着墨辊与串墨辊压力太小

印刷过程中出现前轻后重的“白杠”，有时在单边，位置不固定，主要是着墨辊与串墨辊之间压力调节器过轻所致。当着墨辊表面得不到足够的油墨来补充时，着墨辊表面的墨层由于不断受到润版液乳化或表面出现脱墨，而失去了上墨作用，产生白杠，特别是在最后两根着墨辊压力太轻时，印品上更容易出现白杠。

排除方法：重新调整着墨辊压力，使前后四根着墨辊之间的接触宽度为5mm、5mm、4mm和3mm。若二手机或机器使用时间较长，轴承有磨损时，可调为6mm、5mm、5mm和4mm为宜。着墨辊与串墨辊之间的接触宽度比着墨辊与印版之间的接触宽度稍大一些即可。

（2）水辊与印版或串水辊压力过大

在调节水辊压力时，由于水辊与印版或串水辊之间压力过大，使水辊与印版接触时产生跳动，产生摩擦而引起白杠。

排除方法：校正水辊与印版或串水辊之间压力，减小水辊跳动，避免产生白杠。

2. 印版水辊表面积墨过多

因操作不当，使水辊先接触油墨或水辊长期使用未及时清洗净，表面堆积油墨污物，甚至干结成固体，逐渐失去亲水性而影响传水性能，同时易与版面产生摩擦，轻者使水辊产生轻微跳动，重者则损坏图文基础和印版砂目，两者均会引起白杠。

排除方法：积墨轻时，拆下并清洗水辊；积墨重、表面有干结物时，可更换新水辊。

3. 版面水分过大

供水量大，使版面水分过大，引起墨辊间、墨辊与印版图文间产生水层隔离，阻碍了油墨的正常传递。在压力作用下，使油墨乳化严重、黏性减弱，油墨的颜料颗粒堆积在版面、橡皮布和墨辊上，增大了彼此间的压力和摩擦力而引起白杠。

排除方法：减少供水量，清洗橡皮布和墨辊。

4. 润版液

润版液酸性太强，版面原有的无机盐层不断溶解，新的无机盐层也无法生存，失去了润版液的作用。同时，酸性太强还会破坏版面砂目，网点损失，油墨乳化加速，版面失去水墨平衡而引起白杠。

排除方法：冲淡润版液酸性，适当提高油墨黏性，必要时应铲除墨辊上的油墨或清洗墨辊。严重时，更换新的印版。

5. 设备因素

水辊轴头和轴承的磨损、松动，产生跳动而引起白杠。当水辊使用时间久了或因润滑不良使水辊轴头、轴承发生了磨损情况时，使水辊产生明显轴向窜动、传动时跳动，与印版接触产生摩擦引起白杠。

排除方法：检查水辊轴头和轴承的磨损情况，从而采取相应的措施进行修复，以清除间隙松动现象，避免产生白杠故障。

八、印刷纸张褶皱

1．印刷压力

印刷过程中，当印刷滚筒合压后，由于印刷压力过大的原因，叼纸牙处的纸张相对引起滑动，从而纸张出现不平整，纸张在印刷过程中产生褶皱。

排除方法：减少印刷压力或增大压印滚筒叼纸牙部位的摩擦力。

2．双面印的墨迹没有完全干燥

有些产品需要正反双面印刷，当一面印刷结束，翻身印另一面时，由于正面墨迹没有完全干燥，在挤压力的作用下，墨迹逐渐转印堆积在压印滚筒表面，堆积厚度高低不平。纸张在印刷过程中产生褶皱故障。

排除方法：印刷过程中，加入适量的燥油或采取喷粉措施，使墨迹迅速干燥。

3．印刷油墨太黏

在印刷过程中，由于油墨调配太黏，造成纸张向前传递的阻力增大，从而使印刷部位的纸张向后滑移，纸张表面变得不平整，导致褶皱产生。

排除方法：在油墨中加入调墨油或去黏剂，降低油墨黏度。另外尽量减少版面供水量，不仅可以减少用墨量，同时也可以减少橡皮滚筒空白处水分子对纸张的吸附作用。

4．压印滚筒叼牙叼力不均匀

一种情况是压印滚筒叼牙叼住纸张时，若一排叼牙上的某些叼牙叼力过松，在滚筒合压时，纸张受滚筒的挤压力和剥离力的作用下，由于这一位置的叼牙叼力小于挤压力和剥离力被拉出，长度大于没有被拉出部分的纸张。因此，整张纸不能完全平服地贴住压印滚筒表面，在滚筒挤压力的作用下，产生褶皱。

排除方法：调整叼牙。

5．压印滚筒叼牙与牙垫接触不平

前后叼牙不均匀，合压后，尤其是油墨黏性过大，在滚筒挤压和剥离力的作用下，产生褶皱。

排除方法：校正叼牙的叼力，力求均匀一致。

6. 压印滚筒叼牙或递纸牙开牙太小

牙轴上每只叼牙不能同时叼住纸边，纸张印刷部位的纸边落在叼牙的牙背上，导致印刷纸张褶皱。

排除方法：按标准校正开牙的角度。

7. 侧规定位位置不当

侧规定位位置不当，使纸张到达前规定位时，纸角边传递牙牙垫和牙台铁板叼口稍碰，或纸张本身纸角边向上翘，造成纸张不平，另外，若侧规抬起时间稍慢时，都会导致印刷褶皱。

排除方法：校正侧规定位位置

8. 纸张

（1）纸张荷叶边

当车间湿度随外界气候变化，纸张四边因吸收空气中的水分而发生变形伸长，呈现波浪形的荷叶边。印刷合压时，在较大的印刷压力下，由于纸张的不平整，导致印刷纸张褶皱。

排除方法：如果“荷叶边”较轻，一般采用在机器堆纸台的两侧装上远红线干燥装置，使纸张四边失水。如果纸张“荷叶边”较重，将纸张放在烘房中烘烤处理。但是，要防止烘烤时间过长，四边失去过多，又会出现紧边。

（2）纸张紧边

当车间湿度下降时，纸张四边散失水分而收缩变形，纸张中间仍保持原有含水量和湿度，使纸张四边产生紧边，中间湿度高而凸起，在压力作用下使凸起部位发生不规则的褶皱故障。

排除方法：紧边纸张可采取把纸张放在比车间相对湿度高5%～80%的晾纸间加湿或把纸张放在较湿的地方，然后再把纸张放在车间适应平衡，逐渐使纸张含水量达到均匀。

九、背面粘脏

1. 润版液

（1）润版液酸性太大

润版液酸性太大，油墨干燥受到破坏，印刷品的干燥时间就要延慢，容易出现印刷品背面粘脏故障。

排除方法：适当减少润版液的酸性，利用喷粉装置对印刷品进行喷粉。

（2）润版液用量太多

印刷过程是动态的，水和油墨都受到水辊、墨辊的挤压。在机械力的作用下，水和油墨必然产生互相浸润，分散或两者融合在一起。若水墨失去平衡，水分过大引起油墨乳化，影响印刷干燥速度，造成背面粘脏故障。

排除方法：正确控制版面水分，严防水大和油大的故障。

2. 油墨的黏度

油墨黏度是产生油墨乳化的主要因素，油墨黏度太小，滚动性强，分子间的内聚力小，抗水性差，容易乳化，造成纸张背面粘脏故障。

排除方法：在油墨中加入适量的0号调墨油，以提高油墨黏性，增强内聚力和黏附力。

3. 冲淡剂和干燥剂过多

在油墨中添加过多的冲淡剂，就会加快油墨乳化现象。同样在油墨中过多加入白燥油、红燥油等催干剂反而降低油墨的干燥速度，使油墨乳化，造成背面粘脏。

排除方法：油墨中尽量减少使用冲淡剂和干燥剂的比例。

4. 温湿度因素

车间温度越高，水辊、墨辊表面温度也越高，油墨越稀，抗水性就减弱，油墨容易乳化。若车间湿度越大，油墨干燥也越慢，同样会引起油乳化，造成背面粘脏故障。

排除方法：严格控制车间的温湿度，一般温度控制在18～20℃之间，相对湿度55%～65%较适宜。

5. 纸堆太高

胶印纸堆太高，印刷品受压太大，中途又不透松，也会产生背面粘脏故障。

排除方法：印刷品墨量面积较大时，可用搁板分批堆叠。

6. 纸张

纸张的施胶度不好，纸质疏松，纸面填料、胶料质量差，就会造成印刷吸墨性差，导致印刷背面粘脏故障。

排除方法：在油墨中填加防黏剂并使用喷粉，若背面粘脏现象严重，需要更换纸张。

十、印刷网点变形

1. 印版制作

(1) 菲林片

晒版菲林片的实地密度过低，则图像的小网点在晒版时，就容易缩小和丢失，由于菲林片的因素就会随着曝光量和显影条件发生变化，造成网点变形。

排除方法：晒版、显影时，操作人员首先要观察菲林片上的实地密度、网点大小等因素，再确定晒版、显影时间、显影浓度。首先要抓好制作菲林片的质量，分色四色菲林片通过晒版、显影将图文网点转移到印版上，要求网点扩大值尽量小，3%～5%网点不丢失，5%的网点不扩大，95%～98%的网点不糊版。

(2) PS版

PS版由于晒版曝光过度、显影浓度过大或显影时间过长都会造成网点缩小或边缘变细，甚至造成网点丢失。

排除方法：晒版、显影采用信号条控制，实施数据化操作，利用信号条测试，使操作者通过观察信号条的变化检查和控制印刷品质量在允许的范围内。

2. 橡皮布

橡皮布使用久了，橡皮布表面的复原性变差，就会引起网点变形故障。另一方面由于橡皮布安装歪斜或绷得不够紧，也会引起橡皮布滑移，造成网点变形。

排除方法：更换气垫橡皮布，因为气垫橡皮布的压缩系数小，具有较好的瞬时复原性，其转印图文网点饱满，清晰。另外，安装橡皮布必须位置正确，不得歪斜。离压待机后，再次转动四方杆，进一步张紧橡皮布。

3. 油墨黏度

油墨的黏度过大、屈服值太高而向中心收缩。在墨斗里和油墨接触的墨辊转动很慢，常常会出现不下墨的现象，造成网点缩小变形。另外油墨太稀，在印刷压力作用下，印刷网点发生铺展现象，也会产生网点变形。

排除方法：调整油墨的黏度和厚薄的配比，确保着墨辊对印版的供墨，以达到传印版图文吸收墨量的均匀性。

4. 润版液酸性太大

润版液酸性太大，PS 版上的砂目受到腐蚀，网点遭到破坏，造成网点变形。

排除方法：减少润版液的酸性，保护 PS 版上的砂目不受腐蚀。

5. 纸张

印刷纸张若平滑度差，如果采用加大压力或增加油墨来弥补油墨转移不足的缺陷，就会造成非凹陷部纸面的网点变大，达不到按原稿复制的图文质量。

排除方法：平滑度太差的纸张，必须调换。

6. 设备因素

设备精度差，轴承、齿轮等部件间隙过大，合压时产生振动，造成网点变形。

排除方法：设备必须进行修理，更换轴承、齿轮等磨损的部件。

十一、墨色不均匀

1. 印版

PS 版的晒版灯管老化，曝光的照度不均匀以及显影粉没有完全溶解，造成 PS 版版面上的局部图文部分的实地、网点损失，导致印刷墨色不均匀的故障。

排除方法：更换灯管以及更换完全溶解的显影粉，在晒版、显影过程中使用信号条来控制晒版、显影的质量。

2. 压力

(1) 印刷压力

印刷压力太小，造成墨量传递过程中，达不到足够的墨量满足图文印迹的需要，导致印刷墨色不均匀故障。

排除方法：调整印刷压力，确保足够的墨量转移，使印迹结实、均匀。

（2）墨辊压力

着墨辊两侧的压力调整不当、轻重不一致，造成墨色不均匀。

排除方法：用墨辊压力宽度尺检查其黑痕宽度是否为4mm，左、中、右都应一致，若宽度不合适，必须重新调整。

3. 油墨调配

油墨调配太稀或太稠，都会引起花版，绷版，导致印刷墨色不均匀。

排除方法：参照“实用调墨手册”，按比例调配油墨。

4. 供墨量

印版上的供墨量不合适，墨量调节不科学、不合理，造成印刷墨色不均匀。

排除方法：按印版上图文面积的分布重新调节墨斗间隙，尽量使供墨量分布合理。

5. 供水量

供水量太大或太小，造成水墨失去平衡，导致印刷墨色不均匀故障。

排除方法：调节输水系统，从供水部分到匀水部分，要求输水顺畅，确保水墨平衡。

6. 印版与橡皮布厚度

印版厚度与橡皮布厚度不均匀，误差太大，合压后，造成印刷墨色不均匀。

排除方法：更换印版或更换橡皮布。

7. 包衬材料

印版滚筒或橡皮滚筒的包衬材料不均匀，合压后，造成印刷墨色不均匀。

排除方法：更换包衬材料。

8. 纸张

纸张平滑度差，版面所需要的墨膜增加较厚。由于纸张平滑度差也就是纸张的粗糙度状况的差别明显，使油墨的遮盖力出现明显的差别，导致印刷墨色不均匀。

排除方法：平滑度差的纸张，在印刷时，可适当增大印刷压力，并使用流动性较大、润湿性较强的油墨，这样可以弥补因纸张平滑度差而出现印迹空虚、墨色不均匀的故障，但是增加压力有一定的限度，若不行必须更换纸张。

十二、晶化

印刷时油墨中加入燥油太多、印刷底墨面积过大、印刷品放置时间太长等因素，都会使墨层表面过于干燥，结成玻璃化的光滑薄膜，失去吸附能力，造成印刷品表面晶化。

排除方法：若产品数量少，可以用软布蘸碳酸镁粉，在印张表面轻擦；如果数量较大，可套印一次烧碱水，也可以用原黄版套印维利油和磷苯二丁酯数量混合物。若印刷品需要上光，一般在上光油中加入5%乳酸，经搅拌后即可使用。

十三、粉化

印刷品表面粉化，就是印刷品上的油墨干燥后，墨层就会像干粉一样被擦去的现象。其原因是油墨中采用的连结料太稀或采用过多的非挥发性、非混溶性溶剂，造成纸张吸收性太快，使连结料渗入太深。因此，油墨中大于纸张毛细管孔径的颜料颗粒大量积存在纸张表面上，使油墨失去黏结作用，导致印刷表面粉化。

排除方法：调换优良的连结料和溶剂，若解决不了问题，只有调换纸张。

第三章　柔性版印刷

第一节　柔性版印刷的特点与作用

柔性版印刷发展至今已有百年历史，原名安尼林（Ani－line printing），是以其使用苯胺染料制成挥发性液体色墨进行印刷而得名。第一台苯胺印刷机是1890年在英国制成，经过大约30年时间试用，到20世纪30年代由于包装印刷需要量逐渐增加，特别是卷筒纸、玻璃纸包装印刷品用于生产，开始有了发展。由于苯胺印刷的材料采用橡皮胶版，故也称“橡皮版印刷”。当时橡皮版的制版技术较差，不能承印质量要求较高的产品，以后大约在30～50年代期间，苯胺印刷技术设备和工艺有了改进，油墨结构起了变化，实际上印刷生产已经不使用苯胺染料作为油墨的主要组成成分，也由于印刷版材采用柔性感光合成橡胶，因此于1952年10月第十届世界包装会议专题讨论通过，把原名苯胺印刷改名为“柔性版印刷”（Flexographic printing）。50年代以后，由于感光柔性版材和网纹墨辊技术改进有了重大突破，新型印刷机不断更新对提高印刷速度和印刷质量起了很大作用，这样就使柔性版印刷得到了更广泛的应用和发展。

我国的柔性版印刷发展较为缓慢，主要是在20世纪80年代开始发展，目前全国约有柔性版印刷机2000多台，因此，可以说柔性版印刷已在我国初具规模。

柔性版印刷是用于包装装潢产品才逐步发展起来的，它适用于各种卷筒纸、金属箔纸、塑料薄膜等包装材料。今后随着科技水平的提高，将会有更大的发展。柔性版印刷工艺具有较强的生命力，这是由于：

1．柔性版印刷工艺具有凸版印刷、平版印刷和凹版印刷的共性，适用范围较广。从印刷结构来说，它具有凸版印刷特性；从印刷适性来说，它是柔性橡胶版与印刷纸张接触，具有胶版印刷特性；从印刷对象来说，它是圆压圆轮转卷筒印刷，凡是凹印能承印的产品，基本上都能替代。所以说柔性版印刷是介于一般凸印、平印、凹印之间的一种特殊印刷方法。柔性版印刷每平方厘米的印刷压力约1kg，是一种轻压力印刷。由于压力摩擦系数较低，运转的损耗和阻力达到较小程度，因此它的运转速度较高，每分钟可达到100～250m。柔性版印刷可以承印范围较广的包装装潢印件，由于运转稳定、性能较好，材料损耗率较一般凸印、平印、凹印为低。

2. 柔性版印刷工艺相对简便，生产周期短。柔性版印刷采用感光合成橡胶柔性凸版，采用高分子聚酯为主要材料，由保护膜、感光层、黏合层、底基四层组成（图3－1）。

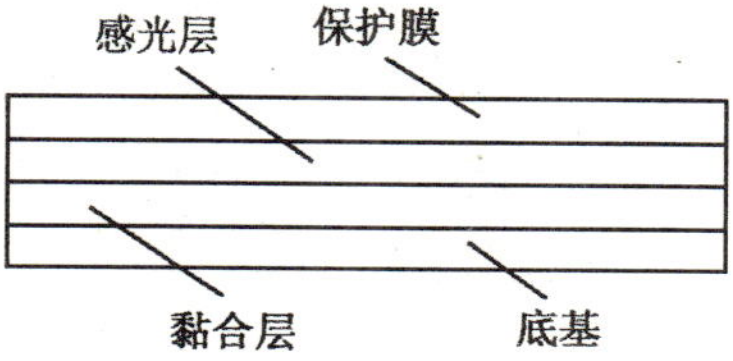

图3－1　柔性版版材结构

制版工艺程序包括照相、拷贝、背面预曝光、正面曝光、冲洗腐蚀、烘版干燥、后处理和后曝光等。通常情况下，制版时间可在1h内完成，是高速轮转机中选版制版时间较短的一种。同时由于装版定位可以预装，上机调节压力和套印位置都较一般印刷工艺简便。当取得合理的印刷压力后，调整油墨与纸张的印刷适性，可以取得较好的印刷质量。轮转卷筒包装材料，可在印前或印后按照成品规格要求进行分切，完成这些生产任务，相当部分是在自动化操作下完成，效率较高。

3. 柔性版印刷的经济效益明显。一般情况下，柔性版印刷的设备投资与投资后年产值为1∶4或1∶5，较其他印刷方法有明显的经济效益，设备投资创造利润税收，可在近几年左右收回。它的材料耗用相对较少，例如制版材料费用仅占凹制版的10%～20%；油墨耗用量较凹版印刷减少30%～40%；纸张材料损耗率在0.1%以下，较其他印刷方法有明显的效益。在经营管理正常的情况下，一般利润率可达到20%

左右。由于柔性版印刷机械运转是在高速情况下，所以生产稳定、性能良好，这些都为正常批量生产创造良好的前提。随着生产发展的需要，我国柔性版印刷将会有一定的发展，可以代替相当部分凹版承印的产品，也可以部分代替原来由凸版或平版承印的产品。

鉴于上述种种因素，柔性版印刷在包装装潢产品的应用上具有广阔的前途。

（1）包装装潢印件大量采用纸张作为材料，不少自动化程度较高的商品包装，采用卷筒纸印刷为包装成品后，配合商品连续流水线生产，对提高生产效率具有重大意义。卷筒纸包装印刷除了纸张，还较多采用铝箔材料，铝箔的表面色彩闪光夺目，对商品具有良好保护性能。铝箔材料表面是金属硬质，应用柔性版印刷的质量效果也是较好的。

（2）塑料薄膜包装装潢材料应用也较为广泛，采用柔性版印刷有它明显的优越性。由于塑料薄膜印件的品种多、印数少，通常采用凹版印刷成本高、交货期长。相反，柔性版印刷的成本低、交货期短。而且，塑料薄膜印刷要求印迹墨层厚实、干燥性能良好，采用醇溶性油墨，选择是无毒性的低分子量聚酰胺树脂，适合食品包装应用。

（3）压敏胶纸包装装潢标贴的印刷工序较多，采用卷筒压敏胶纸进行表面印刷，又能将模切、去废、成型等工序一次连续完成，效率较高。由于柔性版印刷能够承印较小的七号文字，柔性版版材具有较好的转移性能，可以适应不同材料取得较好的印刷质量。承印压敏胶纸连续生产的柔性版印刷机，必须在后道工序装有模切、去废、成型的配套装置。

（4）多色网纹印刷是采用图像天然片分色直接挂网、拼晒制成柔性版，它是一种质量要求较高的精细网纹印件，网纹柔性版可以达到120~150线，具有层次丰富、色彩鲜艳的良好效果，印刷质量可与平版印刷媲美，适合高级塑料薄膜或纸张印刷。由于多色网纹的套版准确度较高，必须采用精度较好的卫星式柔性版印刷机来完成套印任务。

第二节　柔性版印刷制版工艺

柔性版印刷采用高分子合成橡胶版，是一种介于平印与凸印之间的轮转印刷方式。它具有高速、高效、快干、多用的特点，除了能用于文字及块面的印刷外，还可进行网点多色套印。

柔性版的版材规格，厚度一般为1.5～6mm，宽度为70cm以上，平整误差为±0.02mm，角度坡70°，弯曲度为180°。其分辨率用120～175线，耐印力达100万印次。柔性版成本低、制版时间短、有较好的经济效益。一些原来用凹版印刷的产品，现已能用柔性版来印刷，国外有些国家已将柔性版印刷应用于包装、书刊、报纸、零件等方面。

柔性版印刷需具备设备、版材、油墨、纸张四个条件。其中版材是一个难度较大、且又必须解决的问题。目前，我国使用的版材主要靠进口。国内一些单位试制的版材虽然可以应用，但其质量尚须进一步提高。希望国内有关部门重视柔性版材的开发研究，保证供应，以推动我国柔性版材印刷的发展。

柔性版制版工艺一般需经过照相—拷贝—背面预曝光—正面曝光—冲洗腐蚀—烘版干燥—后处理—后曝光等工序。

一、照相

用于一般的线条块面印刷的柔性版，其照相工艺与平、凸照相版制作工艺相同，但用于网线版印刷的就有所不同。柔性版的胶片虽然可以应用电分或照相蒙版来制作，也可采用数码制版，但其蒙片的阶调要大压缩，控制在10%～85%之间。网线应用控制在120～175线，网点太细会使10%～15%的网点立不住。

二、拷贝

直接拍摄的四色或单色阴图胶片不能应用于柔性版制版，这是因为：密度达不到制版要求；用它制成的版子是正像，印出的是反像，因此还要进行拷贝。

柔性版的拷贝最佳采用阴拷阴胶片，目的有三点：1. 增加不透明处的密度，提高图文处的透明度；2. 使胶片图像成正像；3. 阴拷阴不会使图文缩小，能保持原样。阴拷阴胶片的密度，暗调（不透明处）要求在3.5~4.0间，透明处为0.3左右，最高不得超过0.5。

三、背面预曝光

版材背面预曝光的目的，主要是为了增加版基厚度，提高耐印力。版基的厚度与曝光时间成正比，即曝光时间越长，版基越厚。

曝光时间应由版材的型号种类及图像的繁简来确定。如果不能确定背面的正确曝光时间，要做一次预测试验，方可正确地进行背面曝光（图3-2）。

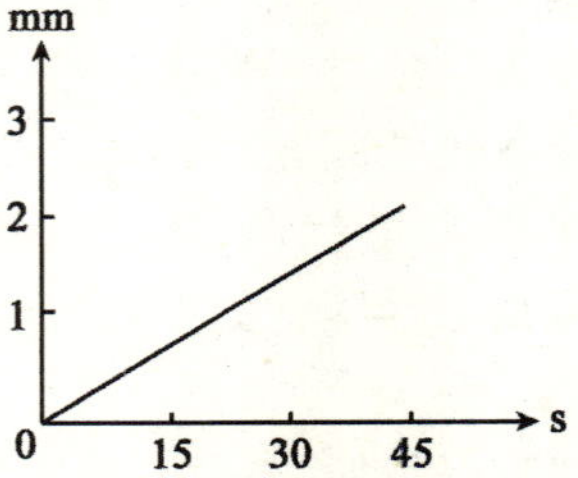

图3-2　背面预曝光

四、正面曝光

正面曝光即主曝光，由它来确定柔性版印刷图像的清晰度和坡度，以达到最佳的印刷效果（图3-3）。

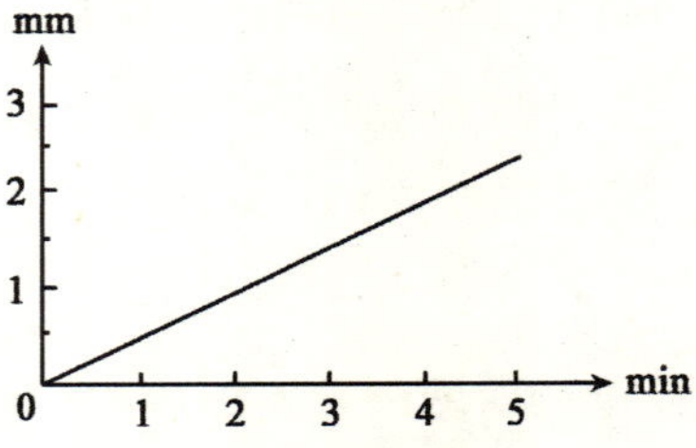

图3-3　正面曝光

主曝光的时间与印版凸像面的深度和坡度成反比，即主曝光时间越长，深度越浅，坡度越小。

曝光过度，会使印版凸像面的深度浅、坡度小，造成印刷时印迹不清晰，容易糊版，给印刷带来困难。主曝光的正确时间应根据版材型号、图像来掌握（图3－4）。一般来说，主曝光时间与图像面积（受光面）成正比。

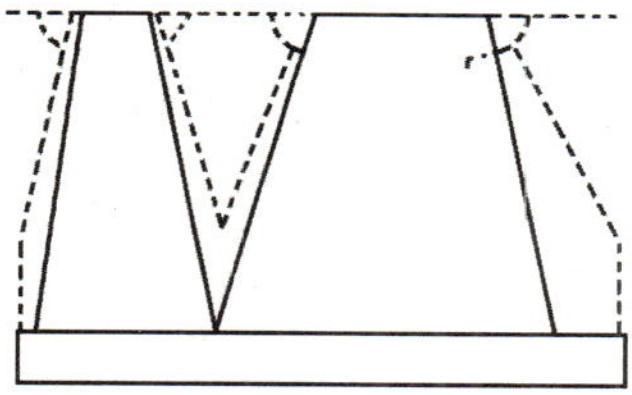

图3－4　曝光时间与版型关系

五、冲洗腐蚀

冲洗腐蚀的目的是将未感光的胶体冲去，感过光的保留在版面上，同时保持一定厚度的版基，使柔性版表面呈现凹凸图像面。冲洗后的凸面高度应与正面曝光时间、字迹表面宽度成正比。冲洗时间与凸面高度也成正比，时间越长、冲洗的越深，凸像面就越高。冲洗印版的溶剂浓淡，应根据版材型号、印版图文来选择配比。只有使主、预曝光的时间与冲洗腐蚀相互配合恰到好处，才能制出一块理想的、上车后印迹清晰、耐印力高的印版。

六、烘版干燥

经过冲洗的印版，因受溶剂的侵蚀而膨胀，为使印版恢复原有的特性，必须使版材内的溶剂彻底挥发。如依靠自然挥发需要很长时间，因此要靠热量来烘干。烘箱内的温度应保持在80°C左右，温度过高会使版材软化变形，而不能恢复原状。

七、后处理

版材冲洗腐蚀后表面发黏。把它放入由漂白粉组成的强氯化剂中进行氯化处理，能增加印版的滑度和硬度。一般在后处理液中放置时间为3~4min。

八、后曝光

后曝光即印版的最后的彻底曝光，目的是使版材内部没有硬化的合成橡胶彻底交联，不因油墨和溶剂的影响而变形。后曝光时间一般在10min左右。

经过以上各工序后，一块理想的柔性印版即告完工，可以上机印刷。

第三节 柔性版印刷工艺

一、柔性版印刷设备材料

1. 柔性版印刷机

(1) 柔性版印刷机与凸版、平版、凹版印刷机比较，结构简单、精确度高。主要由接墨辊、网纹传墨辊、印版滚筒、压印滚筒四个部分组成（图3-5）。

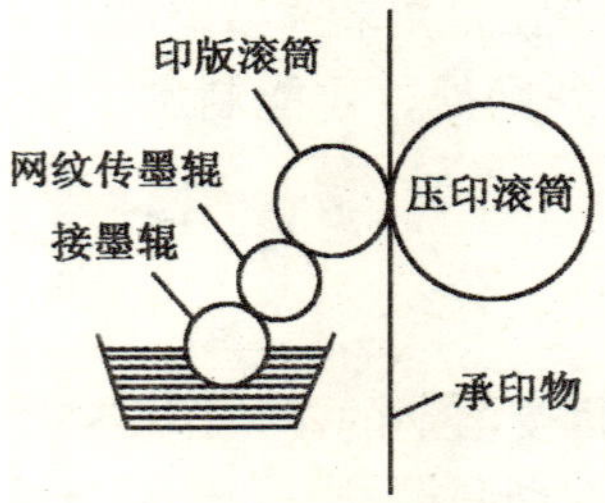

图3-5 柔性版印刷机结构

①接墨辊。由特殊的橡胶与金属轴套铸合而成，起着将墨斗油墨接上的作用。接墨辊圆周的一半浸在墨斗中，它对油墨中的腐蚀性有较强的抗力。接墨辊的圆度和柔韧性都有很高的要求，否则就不能将油墨从墨斗中均匀接上，并且均匀传给网纹传墨辊。

②网纹传墨辊。早期柔性版印刷机的传墨辊是由橡胶铸成，与一般通用印刷机一样，利用多个传墨辊串动起到匀墨作用，而采用单个橡胶传墨辊是无法达到匀墨作用的。为了使单个传墨辊达到匀墨作用，采用金属网纹辊是一个重大技术改进。网纹辊的线数是以每平方英寸雕刻多少小穴来表示，常用200～500穴。网纹形状主要有两种：第一，棱锥形（图3－6）日常采用最多，供墨量少，不适用于刮墨刀；第二，棱台形与凹版墨眼相似，供墨量比锥型多30%～50%，适用于刮墨刀。

图3－6　棱锥形结构示意图

③印版滚筒。由轻质合金铸成，圆周表面平整度要求很高，一般误差低于0.2mm。将制成的柔性凸版，采用双面胶布作媒介粘贴在印版滚筒表面，达到与压印滚筒接触，可以印刷产品。

④压印滚筒。由金属合金铸成，圆周表面平整度也有较高要求。印刷过程中纸张通过压印滚筒与印版滚筒接触，发生印迹转移，质量符合一定要求。

（2）柔性版印刷机常用规格

①层积式或称对滚式。这类印刷机由4～6色单组组成，可以正反面同时印刷，适宜承印一般卷筒纸张、塑料薄膜（图3－7）。

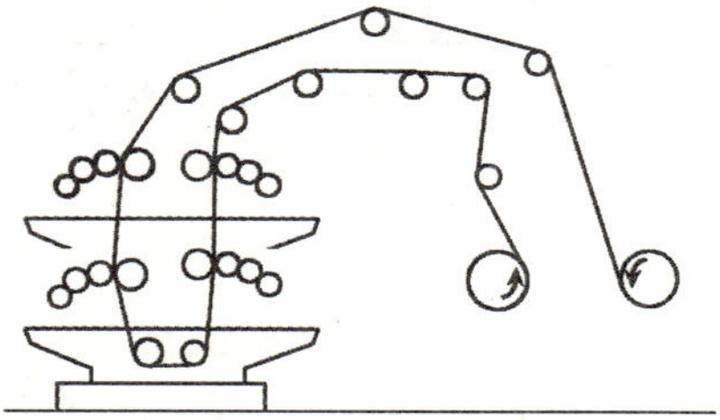

图3－7　层积式柔性版印刷机

②卫星式。这类印刷机由4色单组围绕同一轴心运转，多色套印准

确度较高（图3－8）。

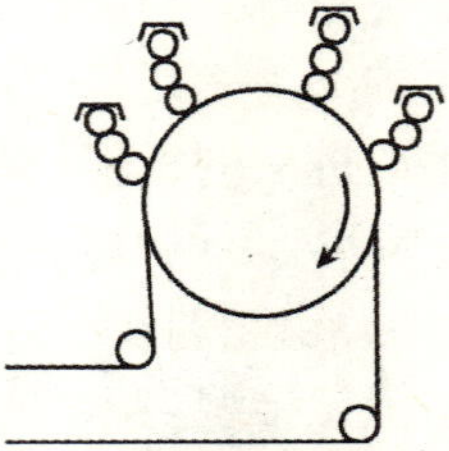

图3－8　卫星式柔性版印刷机

③三滚筒式。这类印刷机由多色单组组成，每一单组结构仅三个滚筒，在金属网纹辊上装置刮墨刀调整墨量，由于刮墨刀与金属网纹辊接触，易损网纹辊，这种结构已采用不多（图3－9）。

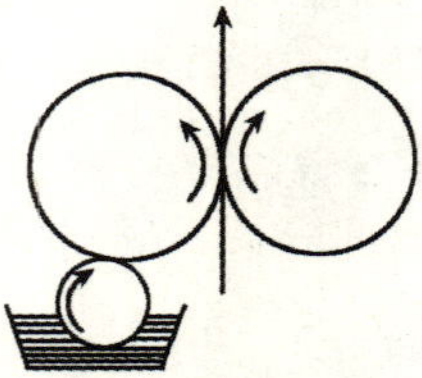

图3－9　三滚筒式柔性版印刷机

④排列式。这类印刷机由多色单组组成，最多可达6色，每一色组之间的纸张运转是处于平面状态，可以保持拉力比较均匀，适宜承印硬质薄纸、厚纸印件，并且可以与配套加工机组联动运转生产（图3－10）。

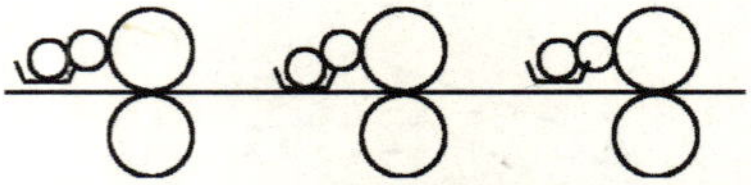

图3－10　排列式柔性版印刷机

2. 柔性版印刷油墨

柔性版印刷的油墨，原以其使用苯胺染料制成的挥发性液体色墨印刷得名。经过不断改进，油墨结构起了变化，现在用作柔性版印刷油墨主要由两部分组成。

（1）色料。通常用染料或颜料。使用染料是可溶于水、油、醇的色料。使用有机颜料有：偶氮颜料、色淀颜料、酞菁颜料等。使用无机颜料有：钛白粉、炭黑、氧化铁等。

（2）调和剂。通常用溶剂、树脂。调和剂的作用是调和颜料粒子，便于油墨转移适应印刷性能。同时起着保持油墨印刷前流动性，而印刷后迅速干燥结膜。

柔性版油墨按印刷需要和油墨调和剂不同，通常分为三种：

（1）醇溶性油墨。以乙醇、异丙醇、正丁醇、乙二醇等为溶剂，并与树脂、硝化棉、虫胶、聚酰胺等溶合。这类油墨具有快干特点，适用于承印一般纸张、塑料薄膜。

（2）水溶性油墨。以水作为溶剂，加入适量氨、碱物质，并与可溶性树脂、虫胶、玉米、蛋白溶合，并加入适量醇溶性物质。这类油墨在印刷过程中转移到纸张上，碱性成分消失，形成不溶性干燥结膜，适用于承印易于表面吸收的纸张。

（3）混合溶剂油墨。在醇溶性油墨基础上加入一定量的酯（醋酸乙酯等）或碳氢化合物，使油墨的快速干燥和黏牢度得到加强，但必须防止对印版和接墨辊发生强烈腐蚀溶胀。这类油墨适用于金属箔和质量要求较高的塑料薄膜。

3. 柔性版印刷纸张、塑料薄膜材料

柔性版印刷的材料适性，必须符合印刷要求：

（1）渗透性。一般情况下渗透性强的纸张材料，较渗透性差的塑料薄膜材料，对油墨的吸收和干燥速度要求不同。印刷过程中必须注意控制油墨的流动性和干燥性，以适应纸张的适性。

（2）平整度。一般情况下，不同平整度的材料，对油墨的需要量和印刷压力的需要量要求不同。印刷过程中对平整度差的材料，必须适当增加油墨的需要量和印刷压力的需要量。

（3）抗拉强度。一般情况下具有不同抗拉强度的材料，对印刷压力和机械运转速度的要求不同。印刷过程中，对抗拉强度差的材料，必须适当减低印刷压力和机械运转速度。

二、柔性版印刷工艺

经过装料、装版及印版内容的检查，印版位置的确定，印刷压力的调整，图文套印准确度的调节，油墨的色相和适性的调配等工序后，即可进入试印阶段。试印的样张，再经过印版图文内容的校对、承印材料和图文规格的检查、套色色相的核对、质量的分析，确认各个数据或实样符合施工要求，就可以签字付印。柔性版印刷机的印刷速度比较高，可变因素又较多，印刷机的运转是否正常，油墨的黏度是否合适，色相是否符合原稿或色样要求，墨层是否黏着牢固，图文墨层的干燥效果，版面是否有墨污出现，收卷是否平稳等，在生产过程中，都必须密切注意。

柔性版印版和印版上液体墨层的变形阻力所引起的各种压力之和称为印刷压力。柔性印版变形后产生的压力 = 柔性印版的变形 × 柔性参数。

柔性版印刷的印刷压力取决于下列条件：

1．印刷压力值大小与柔性印版的柔性参数大小有关，柔性参数愈大，印刷压力值也愈大。

2．印刷压力与印版的松弹和吸附能力以及印版变形程度有关。

3．印刷压力与印刷机械运转速度有关，运转速度愈快，印刷压力愈小。

柔性版印刷的合理印刷压力，对取得较好的印刷质量有极大关系。

1．容许印刷压力是最大合理压力，在该压力作用下，油墨挤出印迹边缘不会超出图文失真的容许值。

2．由于印刷压力过大，而油墨的黏度与压力又不相适应，或油墨印墨量过大，发生印刷接触面图文的油墨被挤压扩散，边缘扩大，造成图文失真。

3．在相同条件下，合理降低柔性参数，印刷压力由 70 肖氏硬度降为 40 肖氏硬度，印迹失真可减少 50% ~75%。

4．印版变形降为最小值所产生的印刷压力是较好的，这种印版变形由承印材料和印版厚度的总偏差最大值以及印刷机械误差决定。

5．努力降低印刷压力，使印版的柔性和变形程度与印版的墨层厚度协调一致，符合原稿的要求。柔性参数小（硬度低）、变形小的印版和高黏度油墨，能使墨层减薄、提高印刷质量。

第四节　柔性版印刷常见故障及排除

一、图面清晰度差

1. 接墨辊和传墨网纹辊传递的墨量过多，造成印版表面的墨层过厚，影响图文的清晰度。

2. 油墨黏度过高，增加适量稀释溶剂。

3. 刮墨刀与传墨辊之间的间隙过大，或接墨辊与传墨网纹辊之间的压力调整不妥。

二、套印版迹不准

1. 柔性版有展延性能，套印几色版尺寸计算不准。

2. 套印几色的装版压力不一致，引起展延性不一致。

3. 印版滚筒的套印规矩未调准。

三、粘脏

1. 墨层传墨量偏大，未干相叠。

2. 油墨中干燥性能较差，适当增加干燥剂。

3. 干燥条件如车间温度、通道长度、热风冷风等条件需要改善。

4. 机器运转速度偏快，适当调整。

四、印迹墨层脱落

1. 油墨本身固着性能差。

2. 辅助材料使用不当，油墨过于稀薄。

3. 印前进行测试，适量增加固化干燥剂。

第四章　凹版印刷

第一节　凹版印刷的特点与作用

凹版印刷从其名称上就可以得知，它的文字图文是凹入版面的，也就是说，凹版的空白部分都在同一个圆版面上，而图文部分以不同的深度凹入版面来表现原稿图文的深淡层次，这样的印版称为凹版，用凹版复制图文的印刷技术称为凹版印刷术。

凹版印刷属于直接印刷方式。凹版印刷产品墨层厚实、线条明朗、层次表现力极强、清晰度高、色泽经久不变、不易伪造，可以实现大批量、高速度的多色与专色精细美观的印刷效果。尤其是凹版印刷四色与专色叠印的多色印刷品色彩饱满绚丽，弥补了胶印不足。

凹版印刷主要特点如下：

1. 优越的色彩复制

凹版可复制色调的范围宽，整批产品的色彩一致性好。印版滚筒与承印材料的直接接触，使油墨更切实的附着，从而更好的完成色彩再现。

2. 灵活性大、适用性强

凹版印刷灵活性大，适用纸张、纸板、塑料薄膜等不同承印材料。凹版印刷机可分为单张凹印机、卷筒凹印机，也可分为单色凹印机、多色凹印机。可广泛使用溶剂性油墨、水溶性油墨以及有关涂料。

3. 生产效率高

凹版印刷机以高速生产著称，目前最大宽度已达4m多，最高速度已达到1000m/min。

4. 印刷耐印率高

凹版滚筒使用寿命长、耐印力高，适用于长版活印刷，平均耐印力可达到 100 万 ~300 万次。对于许多大批量印刷产品，凹印的相对成本较低。

凹版印刷技术在世界范围内主要应用于画册，更广泛应用包装装潢产品。

包装装潢纸盒生产采用凹版印刷方法有利于实现大面积实地印刷和印金产品。目前凹版印刷与胶印相结合、凹版印刷与丝印相结合、凹版印刷与柔性版印刷相结合的印刷方式越来越多，应用的范围较广。

1. 包装装潢

在纸包装领域，凹版印刷主要作用是针对折叠纸盒、软包装、标贴、包装纸以及复合罐，印刷墨层厚实，色彩鲜艳效果较好。

2. 书刊装潢

在出版领域，凹版印刷主要用于书刊和内插页的印刷，其印刷效果是其他印刷方式无法替代的。在欧美和日本等发达国家，一些世界级出版商和印刷公司，较多采用凹版印刷。

3. 烟包印刷

香烟包装一般批量较大，从印刷、印金、模切、分切在一条生产线上完成，有利于凹版印刷发挥独特的作用。

4. 特殊包装

除了包装、烟包和出版领域外，凹版印刷的作用在礼品包装纸、木纹纸、壁纸、乙烯基材、装饰复合板材、地板、薄棉纸、有价证券、香烟过滤纸、热转移纸、云石纸衬页、涂布封面等方面更加独特。

第二节　凹版印刷印版

凹版主要有照相凹版和雕刻凹版两大类。照相凹版又分为传统照相凹版和照相加网凹版。雕刻凹版分为手工雕刻凹版、机械雕刻凹版、电子雕刻凹版、激光雕刻凹版、电子束雕刻凹版等。目前在包装装潢印刷领域普通采用的是照相加网凹版制版法，也称直接腐蚀凹版制版法、电子雕刻凹版制版法和激光雕刻凹版制版法。

一、照相加网凹版

照相加网凹版制版法是在凹版滚筒表面喷涂感光胶。喷枪涂布机原理如图 4－1 所示。控制感光液的喷射速度或印版滚筒的转速可调节滚筒上感光层的厚度。涂布后应快速干燥，一般采用远红外线加热装置进行烘干，然后采用加网阳图进行晒版、显形、水洗、腐蚀、镀铬等工艺，从而制得凹版。其工艺流程如图 4－2 所示。

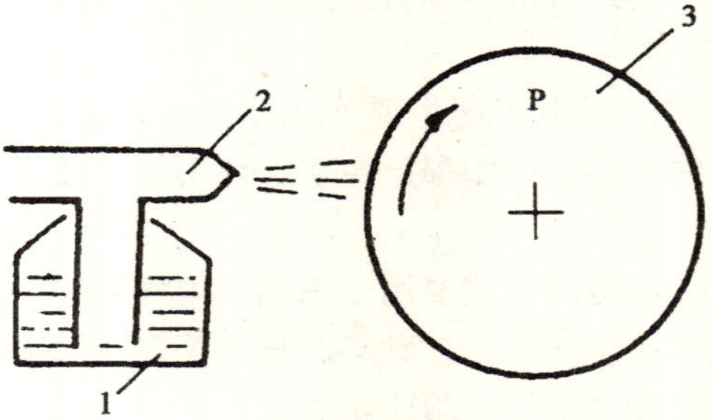

图 4－1　喷枪涂布机原理

1—感光液容器；2—喷枪口；3—印版滚筒

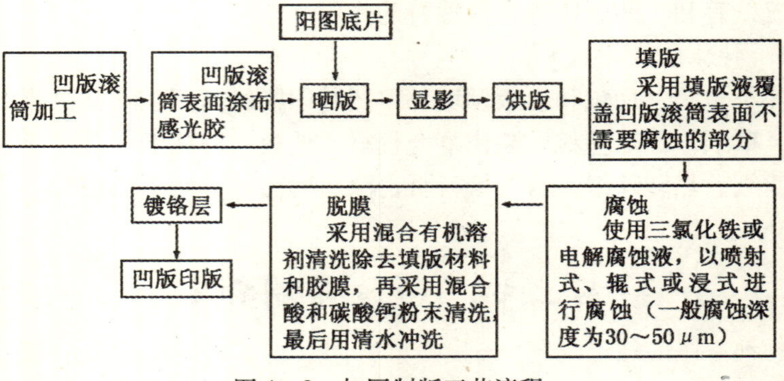

图 4－2　加网制版工艺流程

照相加网凹版制版法的凹版网点深度一致，仅网点面积发生变化，用网点的大小来表示不同的阶调和层次，如图 4－3 所示。

这种凹版印刷的产品，由于油墨墨层厚度不变，所以显得质感不够强、反差小。

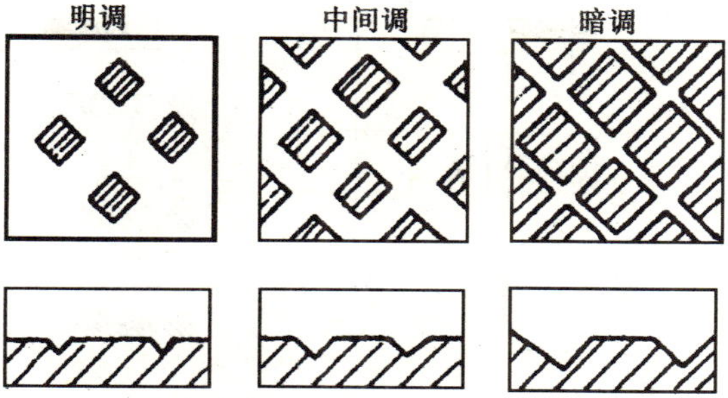

图 4－3　网点照相凹版

二、电子雕刻凹版

电子雕刻凹版是利用电信号驱动，将电能转化为机械能在铜滚筒表面直接雕刻出网点，制成凹版。

电子雕刻凹版包括有胶片和无胶片电子雕刻两种方法，目前以无胶片电子雕刻为主要发展方向。无胶片电子雕刻制版过程中，以电子数据文件形式取代了胶片，大大提高了生产效率和质量。

电子雕刻机由原稿滚筒或称扫描滚筒、印版滚筒、扫描头、雕刻头、使动系统、电子控制系统等组成。

电子雕刻机的工作原理：扫描头对原稿进行扫描，从原稿上反射回来的强弱不同的光信号，经过光电转换器使光信号转换成电信号，再通过放大器和数据处理，使光的强弱转换为电流的大小，控制雕刻头在铜滚筒上进行雕刻。

电子雕刻机工作时，原稿滚筒和雕刻滚筒同步运转，同时，雕刻系统控制着滚筒轴向移动，用尖锐的钻石刀在雕刻滚筒上按信号雕出网穴，如图 4－4 所示。

雕刻系统由扫描系统通过计算机来控制，铜滚筒上形成的网穴，是计算机中附加信号生成的，此信号能使刻刀连续有规则的振动，网穴的大小及深度由原稿的密度来决定，被扫描原稿的密度和被刻出的网穴深度之间的数量关系，可以在计算机上进行调整。

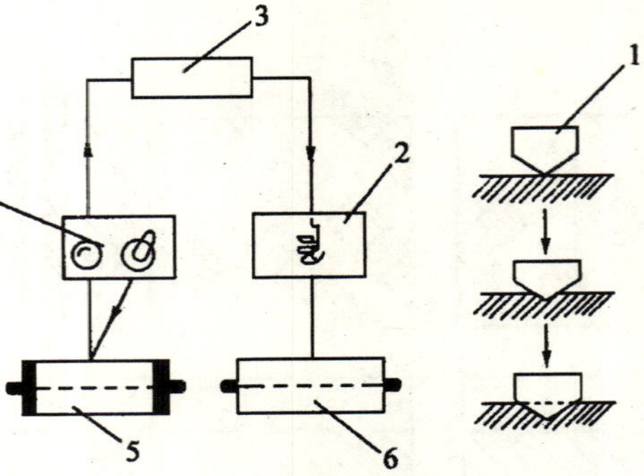

图 4－4　电子雕刻机工作原理图

1—刻针；2—雕刻机；3—计算机；4—扫描头；
5—扫描滚筒；6—凹版滚筒

三、激光雕刻凹版

激光雕刻凹版的制版法是利用激光雕刻机雕刻凹版滚筒，其工艺流程如图 4－5 所示。

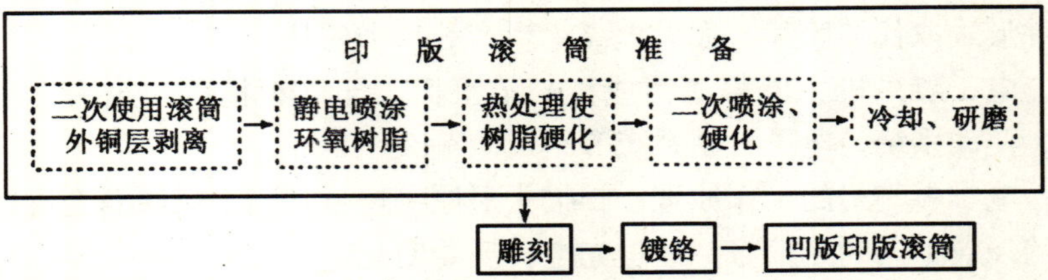

图 4－5　激光雕刻制凹版工艺流程示意图

激光雕刻制版生产效率高，制得凹版质量好。其印版上网点呈“U”形，网点深度和大小根据印刷图文要求而变化，解像力能够达到 120 线/厘米。

雕刻时，滚筒以 1000r/min 速度旋转，采用大功率的二氧化碳激光束以 75mm/min 的速度横向扫射滚筒表面，使表面的环氧树脂汽化，调整激光束的聚焦程度，使着墨孔光滑清晰，形成凹版网穴。

第三节　凹版印刷工艺

凹版印刷采用网穴结构，即依靠着墨量体积不同来实现原稿图文层次的表达，其印刷原理如图 4－6 所示。

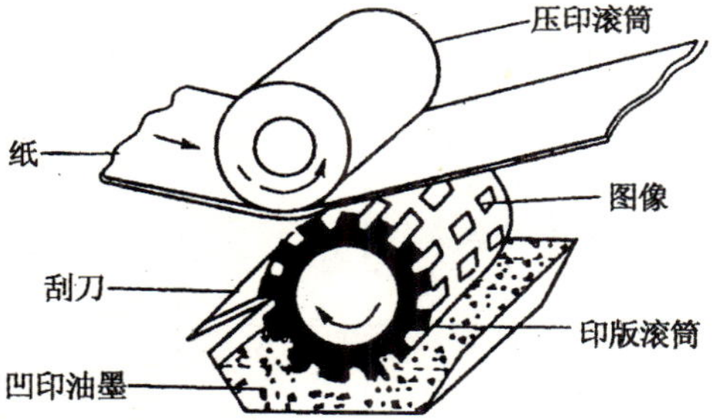

图 4－6　凹版印刷原理示意图

凹版印刷工艺流程包括：印刷前准备、安装印版、印刷调试、正式印刷。

一、印刷前准备

1．承印材料

凹版印刷承印材料的种类很多，主要分两大类：纸张和塑料薄膜。

（1）纸张

选择确定承印的纸张厚度、规格以及对纸张的含水量、平滑度、均匀度、白度等技术指标进行检测。

（2）塑料薄膜

塑料薄膜用的最多的是聚乙烯、聚丙烯，另外还有聚氯乙烯、聚酯、聚酰胺、聚偏二氯乙烯等。在复合材料中，有时是几种薄膜复合，或塑料薄膜与玻璃纸、铝箔等复合。

有许多塑料薄膜外观相似，上机前必须仔细核对，以防用错。表 4－1所示常见塑料薄膜的简单测试方法，用于塑料薄膜的辨别。

表 4-1 常见薄膜的简单测试方法

塑料种类	外　观	燃烧情况	火焰状态	燃烧状态
PE	乳白色半透明，无味，表面似蜡，触摸有滑腻感	易燃，离开火焰后继续燃烧	黄色，中心呈蓝色	熔融滴落
PP	乳白色半透明，表面似蜡，触摸有润滑感。硬度高，质轻	易燃，离开火焰后继续燃烧	与 PE 相似，有少量黑烟	熔融滴落
PVC	硬质 PVC 多为灰色或深色，坚硬平滑；软质 PVC 类似橡胶，表面光滑，有增塑剂气味	难燃，离开火焰后自熄	黄色，下端呈绿色	软化
PS	无色透明体，着色后似蜡，触摸有润滑感，但硬度高，质轻，敲击声清脆。	易燃，离开火焰后继续燃烧	黄亮，大量黑烟	软化，起泡
PA	为微黄色或乳白色半透明体，质坚有韧性，敲击声较清脆	难燃，离开火焰后缓慢燃烧或自熄	蓝黄色，有蓝烟	熔融滴落，起泡，有噼啪声

a. 塑料薄膜的印前预处理

为了使塑料薄膜表面具有良好的油墨附着能力，增加印刷图文的牢固程度，必须在印前对塑料承印物进行预处理。塑料薄膜进行印前表面预处理的方法很多，总体可分为化学处理法、火焰处理法、电晕放电处理法、紫外线辐射处理法等。

化学处理法主要是在薄膜表面导入极性基团或用化学试剂去除薄膜表面的助剂，以提高薄膜的表面印刷性能。

火焰处理法主要使塑料薄膜快速通过距火焰 10～20mm 处，用火焰的温度，空气激化产生自由基、离子、原子等，在薄膜表面进行反应，形成新的表面组分而改变薄膜的表面结构性质，以改善对油墨附着性。处理后的薄膜材料要在一定时间内尽快印刷，否则新生的表面很快又被污染，影响处理效果。

电晕处理方法主要是将薄膜送进高压发生器进行表面活性化处理。在高电压控制下引起电晕放电现象，使空气中的氧被活性化而生成臭氧，使薄膜表面得到氧化处理，达到表面击点粗化、提高对油墨的附着性能，这种处理方法目前实际应用较为广泛，电晕放电电压一般为10000～30000V，电流为40～45mA。

紫外线辐射处理法是利用高强度紫外线照射塑料表面，引起高分子材料的化学变化，以达到改善表面张力、提高润湿性和黏合性的目的。

b. 抗静电处理

塑料薄膜在印刷过程中，容易产生静电积累现象，而大多数薄膜的电阻在$10^{15}\Omega$以上，绝缘性很好，无法将产生的电荷通过传导而消失。静电电荷如不排除，会使墨层干燥不透，收卷后印品易粘连造成废品，此外，还会增加薄膜印后加工难度。

抗静电处理的方法有两种。第一，在塑料薄膜加工过程中添加适量的抗静电剂。第二，在凹版印刷机中使用静电处理装置。

c. 塑料薄膜印刷性能测试

塑料薄膜由于其主要成分与生产工艺和纸张、纸板截然不同，所以具有不同的性能。为了满足印刷适性的需要，塑料薄膜要在印刷前后及过程中要进行厚度、耐破度、抗撕裂强度、抗张强度、黏合牢度、油墨黏附牢度、热封性等性能测试。

2. 油墨和溶剂

根据生产工艺选用相应的油墨和自行配制油墨。但是，有些印件往往是需要专色油墨进行印刷，因此它的配色尤为主要。通常专色墨配色的原则如下：

（1）油墨的调色尽可能采用专业油墨厂生产的色相相同的定型油墨，定型油墨的色彩饱和度比用两个颜色的油墨调配出新的油墨饱和度好。

（2）若要用几种颜色油墨配制，应尽量选用颜色接近定型油墨为主色。

（3）尽量减少油墨的品种，因为油墨品种越多，消色比例越高，透明度和饱和度则越低。

（4）配制浅色墨时，应以白墨为主，少量加入原色油墨。

（5）不同厂家、不同品种的油墨不能混用，以减少对油墨光泽度、纯度和干燥速度的影响。

（6）用铜金粉、银粉和珠光粉配制时，其含量比不超过总量的

30%为宜。

溶剂的准备相对就比较简单，根据所选用的油墨配制相应的溶剂即可。油墨生产厂家一般会提供其油墨的快干、中干、慢干3种溶剂配比，印刷厂可根据车间温湿度、印刷速度等实际生产条件选用合适的溶剂配比。

3. 刮墨刀

刮墨刀在安装前，必须清洁支撑刀和刀槽，防止墨块影响刮墨刀安装的平整度，并杜绝油墨间的污染。一般情况下安装刮墨刀时，支撑刀片伸出刀架15~25mm，刮墨刀比支撑刀片多伸出4~8mm。

凹印刮墨刀常用的宽度在40~60mm之间，厚度有0.1mm、0.15mm、0.20mm、0.25mm等几种，在实际生产中一般采用0.15mm比较理想。在印刷过程中，由于刀架沿印版滚筒轴向来回移动，因此刮墨刀两边应比印版滚筒长2cm左右。

4. 压印滚筒

（1）根据印刷材料种类选用对应硬度的压印滚筒，然后选用合适长度。一般要求压印滚筒比印版滚筒长4~10cm，保证合压后，印版滚筒两边有2~5cm的余地来阻挡墨的残留。

（2）印刷前必须清洁压印滚筒，除去表面一切墨迹、碎膜、小胶带等杂物。发现有刮伤、凹道、变形的压印滚筒必须更换。

5. 供墨

所有墨槽在印刷前都必须进行清洗。不管是什么样的墨槽，在倒入不同色相的油墨前，特别是深色的改浅色，应尽量把墨槽清洁干净，避免油墨污染带来不必要的损失。同样，墨泵和导墨管的清洁也是十分主要的，以防堵塞。

6. 装料和串料

（1）将气胀轴串在待印的料卷芯轴内并充气胀紧，并将料卷固定在气胀轴的居中位置。

（2）将印料卷安放在放卷架上，并将气胀轴两端固定。适当调整印料卷横向位置，使印料卷尽量在机器的中心位置或旧料卷边缘基本对齐。

（3）在收卷上安装好芯轴。

（4）根据产品要求将印料卷从放卷架串绕过凹印机到收卷或后加工单元。

（5）为了保证监视器的正常监控，一般凹版印刷机在串里印和串表印时有所区别，应根据串料的要求进行。

二、安装印版

根据产品版号清单仔细校对印版滚筒的版号，杜绝印版拿错的情况发生。

1. 检查印版滚筒表面是否碰伤、划伤、铬层脱落、露铜、锈斑等损坏。

2. 检查相应的锥孔和钻槽是否清洁。

3. 确保印版滚筒与相应的色序一致。

4. 安装每只印版滚筒要求左右水平、运转正常、无上下跳动。

5. 每只印版滚筒必须用溶剂清洗干净，清洗的溶剂为印刷该产品所使用的溶剂。

三、印刷调试

1. 卷筒型凹印机

（1）开卷机构

开卷机构有双臂式或三臂式装置，主要由回转臂和接料辊组成，其作用是将料卷展成直线，在料卷的牵引下平稳地进行印刷，并在不停机情况下换卷。

开机前，料卷装在回转臂料轴上，同时可夹两卷，一卷工作，一卷备用。在工作料卷即将走完的瞬间，靠黏在备用卷上的双面胶纸，借助两接料辊的挤压力，使新、旧卷首尾相接，实现不停机换卷。该装置结构简单，操作方便，但在换卷时要降低车速，在低速情况下进行。还有一种是自动换卷机构，可在不降低车速和高速情况下换卷。这是当工作料卷半径在减小到一定程度时，把备用料卷在料轴上加速旋转，待两料卷线速度大致相同时，自动机构把黏有双面胶纸的新、旧料卷接车，并立即把旧卷切断。

料卷的安装通常是居中，如果印版图案偏向一侧，必须调整料卷的横向位置。开卷机构对料卷横向位置的调整是一次性完成的，这种调整一般是手动完成。在卷筒型凹印机中，料卷必须以一定速度和张力连续进入印刷部分，才能保证料卷正常输送。

（2）供墨机构

供墨机构使印版滚筒着墨的方式，主要有浸入式、递墨辊式和喷淋式，如图 4 –7 所示。

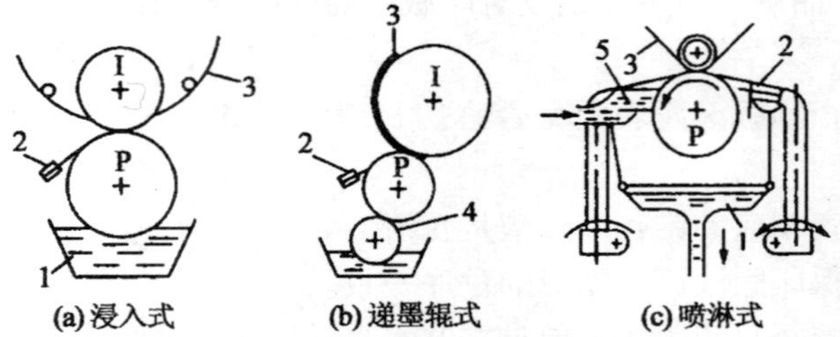

图 4 –7　供墨系统

1—墨斗；2—刮墨刀；3—承印物；4—墨斗辊；5—喷墨装置

浸入式供墨中印版滚筒的 1/4 ~ 1/3 浸在墨槽中，当印版滚筒转动时，油墨充满墨穴并覆盖整个滚筒表面，滚筒多余的油墨被刮墨刀刮掉。浸入式为直接着墨方式，使用最为广泛。递墨辊式是采用递墨辊先在墨槽中着墨，再将油墨转移到印版滚筒上。递墨辊位于印版滚筒下方，但偏移其垂直中心线，与印版滚筒图文表面接触。该辊将油墨从墨槽中吸起，挤压到滚筒墨穴中。递墨辊转动由主动和从动两种方式，显然递墨辊着墨是一种间接着墨方式。喷淋式是将印版滚筒置于密闭的容器内，由喷墨装置将油墨直接喷射在版面上，然后由刮墨刀将多余的油墨刮掉，完成着墨过程。这种输墨装置因采用密闭式结构，油墨内的溶剂挥发较少，可以保持油墨性能的稳定性，现代高速凹印机一般采用这种装置。

供墨机构中的刮墨刀的安装调节是非常主要的问题。刮墨刀刀刃在印版滚筒接触点的切线与刮墨刀所在的角度一般以 30° ~ 60° 为宜。刮墨刀压力在不同的设备上有不同的数据范围，不能一概而论，但它们有一个共同的标准，就是将非图文区的油墨刮尽，并且能阻止油墨从刀口下部流出。合上刮墨刀压力，还要根据实际刮墨效果对刮墨刀进行微调。在提高了印刷速度后，刮墨刀的压力也要相应增加。

（3）印刷机构

卷筒型凹版印刷机的印刷结构主要由印版滚筒和压印滚筒组成。

①印版滚筒

印版滚筒一般分为卷绕式、固定式、活动式三种。卷绕式印版滚筒实际是使用平版型凹印版卷绕在印版滚筒体表面进行印刷。固定式印版滚筒是实心滚筒，轴与滚筒体连接在一起。印刷前直接将滚筒安装在印版座的轴承上，此类滚筒套印精度高，但重量较大、成本高。活动式印版滚筒的轴与滚筒体采用分离结构，滚筒体为空心，重量较轻。印刷前先将轴插入滚筒体内，根据印刷要求确定滚筒体在轴上的位置，用锁紧螺把两头固定，最后安装在印版座的轴承上。

印版滚筒的传动是采用齿轮传动的。如果改变印版滚筒的直径，其轴端安装的使动齿轮也要相应更换，并调整好齿轮支架。

②压印滚筒

凹版印刷机的压印滚筒一般不靠齿轮传动，是通过与印版滚筒接触产生的摩擦力而运转，从而使印版滚筒直径实现无级选择，但是对压印滚筒的正圆度和圆柱度有较高的要求。

压印滚筒俗称压印胶辊，其作用是在印版滚筒产生压力，使承印物紧紧地贴在印版滚筒表面，并将印版网穴中的油墨吸附出来，使其在承印物上形成层次清晰的图像和文字。

印版滚筒与压印滚筒之间印刷压力的大小是通过调节两者间的中心距，有了印刷压力才能实现油墨的转移，获得压印宽度。

压印宽度随着两滚筒直径、橡胶硬度、印刷压力的不同而改变。但是，在实际印刷中，压印宽度还要与橡胶层厚度以及印刷材料有互接关系。如表 4－2 所示。

表 4－2　压印宽度与滚筒、橡胶、印刷压力等因素的关系

承印材料类型	压印滚筒直径/mm	橡胶厚度/mm	橡胶硬度/HS	印刷压力/(t/mm)	压印宽度/mm
塑料薄膜	120～150	12～15	60～70	0.1～0.5	10
涂料纸、胶版纸	150～200	12～15	70～80	0.8～1.5	13
粗面纸	150～200	12～15	85～90	2.5～4	15
牛皮纸、厚纸	150～200	12～15	85～90	2～3	15

在相同印刷压力下，直径小的压印滚筒印刷质量好，橡胶硬度高的压印滚筒印刷质量好。因为所得压印宽度小，机组式凹印机的印刷质量高于卫星式凹印机，其原因是机组式凹印机的压印滚筒直径小于或者稍大于印版滚筒直径，而卫星式凹印机的压印滚筒直径比印版滚筒直径大6~16倍。

（4）干燥机构

在高速多色凹版印刷机中，后一色很可能与前一色相混，所以在各机组之间设“色间内干燥器”，使前色干固。在所有色印完后，设“总后干燥器”，用以干固所有墨色。

机组式凹印机的干燥装置主要有两种类型：

①干燥滚筒型装置

这种干燥装置一般采用水蒸气加热或电加热方式使干燥滚筒表面辐射热能，印品直接与干燥滚筒表面接触使印迹固化。如图4-8所示。

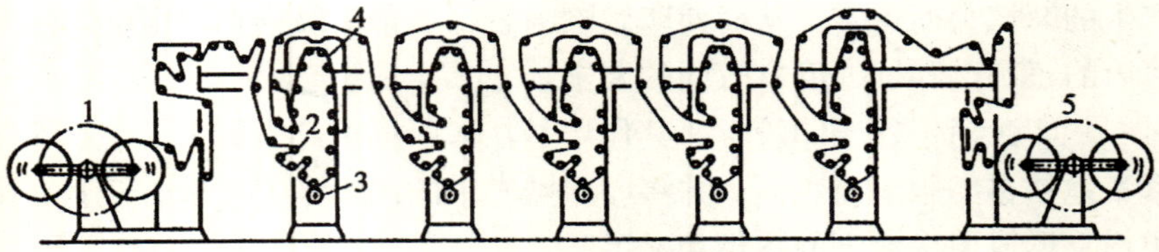

图4-8 机组式凹版印刷机

1—给纸装置；2—套准调整辊；3—印刷机组；

4—干燥装置；5—收纸装置

这种干燥滚筒型装置效果较好，目前得到广泛应用，但要注意容易引起印品的伸缩变形。

②热风干燥型装置

这种干燥装置用热交换器加热方法产生热风，其热能可以用蒸汽、电加热等方法。用热风管把风吹出，使油墨溶剂随热风迅速排出，达到干燥目的。同时还可回收部分热风，并使部分热能循环使用，节约了热能，又提高了干燥效率。采用这种干燥装置，印张变形较小，有利于保证印刷品的质量。如图4-9所示。

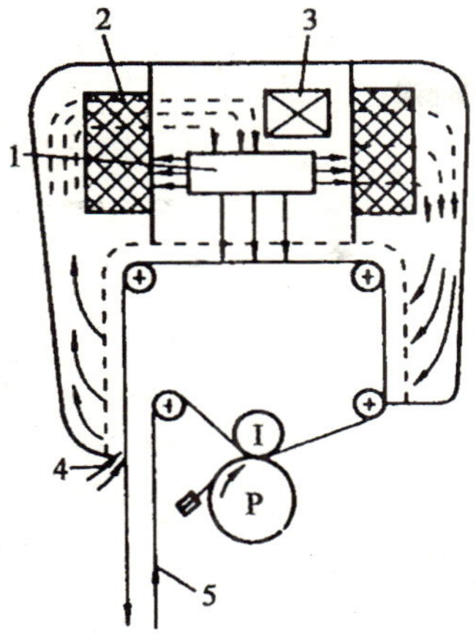

图 4－9　热风干燥装置

1—通风装置；2—发热装置；3—排气口；
4—进气口；5—印张

另外，对于卫星式凹印机，由于各色之间距离很短，不易采用较大的干燥装置，所以一般安排结构紧凑的远红外干燥装置。如图 4－10 所示。

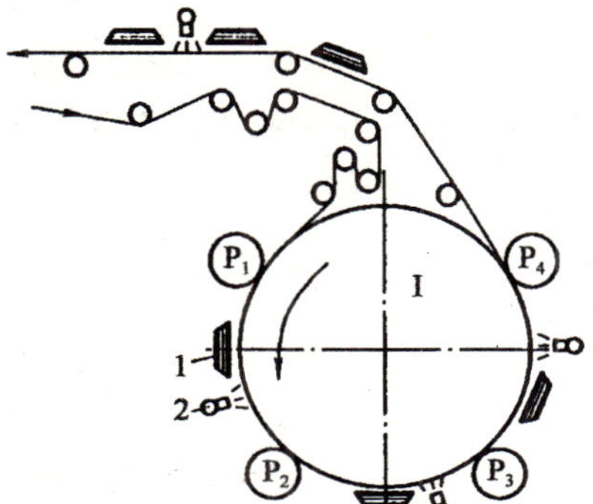

图 4－10　通风干燥装置

1—远红外干燥器；2—通风喷嘴

无论是哪一种干燥方式，都要注意控制干燥温度，大多数承印材料温度控制在 60～70℃。温度过高，对纸张造成含水量下降、机械强度下降；对塑料薄膜造成变形，导致套印不准。温度过低，油墨干燥不彻底，产生反黏和背面粘脏现象。

现代的卷筒型凹版印刷机通过不同加热装置，使墨膜周围的空气加热，形成冷热对流，同时配有红外线干燥装置。加热的温度可通过机器上的指示调节计设置调节。干燥后的承印材料经过冷却辊后进行降温，以保证材料的变形达到最小程度，冷却辊中流动着循环冷却水，用于维持导辊表面的低温。

（5）收卷机构

收卷机构一般有专用电机或传动系统带动，卷材所用的收卷轴通常是双轴，分有心轴式和无心轴式。当印刷完的卷材需要重新卷成卷筒时，应保证印刷过程中印刷机的印刷压力稳定，而且应使卷出的印刷品边缘整齐、松紧均匀，以便以后加工。因此，在收卷轴上要安装轴的调节装置，其调节方法可以是手动的，也可以是自动的。

（6）附属机构

机组式凹版印刷机的印刷速度超过 60m/min 时，一般应设有光电控制套准装置、自动正位装置、视频同步观察装置、油墨黏度自动调节装置、张力自动控制装置以及静电辅助印刷吸墨装置。

①套准与检测装置

卷筒多色凹版印刷机在印刷过程中，为了保证各色组套印的准确性，减少废品率，必须装备有自动调节套准装置，用以自动完成套准要求。

印刷过程中印品上出现纵向套印误差时，此时由检测系统发现并发出信号，然后由调整系统中的调整辊改变纸卷在两印刷机组之间的路径长度，从而达到套印准确的要求。

在机器开始印刷时，操作人员可以用手动调节纸卷路径长度变化达到套印准确。当机器正常印刷过程中出现套印不准时，由光电检测系统检测并发出信号给伺服电机完成纵向套印准确的要求。

卷筒纸凹印机在印刷过程中，当出现第一色套印标记与第二色套印不准时，由光电控制式锥齿轮差动操作自动调整系统，驱动伺服电机转动，使印版滚筒转动相应角度，以达到套印准确的要求。伺服电机除受信号对比系统控制外，也可以通过按钮手动调整。

②自动正位装置

自动正位装置又称边位控制装置，它能对印刷过程中卷筒承印物的横向位置进行自动导向和正位，以保证整个印刷过程顺利进行。

③视频同步观察装置

它是为了观察印刷过程中印品的色彩和套准瞬间变化而设置的监测系统。

若采用集成电路扫描器，由微机进行控制，不论印刷速度如何变化，操作者都可连续进行观测。

④油墨黏度自动调整装置

凹版印刷机使用溶剂型油墨，由于溶剂的挥发，使油墨的黏度上升而流动性下降，为此，应设有油墨黏度自动调整装置，以保证印刷过程中油墨性能的稳定性。

⑤张力自动控制装置

在印刷过程中纸带从纸卷上慢慢展开，随着印刷时间的延续，纸卷半径越来越小。然而由于纸卷半径的减小，造成纸卷的加速运转，使纸带张力引起变化，特别是当纸卷不圆，发生偏心或被压偏等故障时，纸带的张力变化更要加大，此时将影响印刷机的正常印刷。因此，必须安装张力自动控制装置，以保证纸卷张力稳定。

⑥静电辅助印刷吸墨装置

在凹版印刷中，经常会碰到高调部分空白点的问题，尤其是电雕版更为严重。因为，电雕版网穴的形状多为锥形，右锥尖中的油墨难以转移。为了解决这种现象，可通过加装或开启静电辅助印刷吸墨装置，如图4－11所示。

静电辅助印刷吸墨装置由于压印滚筒采用橡胶或聚亚胺酯半导体材料制作导电表层，静电电极产生的放电电流可通过静电毛刷转移到压印滚筒的表面，这样油墨分子和压印滚筒之间产生电势差，形成电场，使油墨极化，朝着承印物的方向移动，从而有利于油墨的充分转移，有效地提高印刷效果。

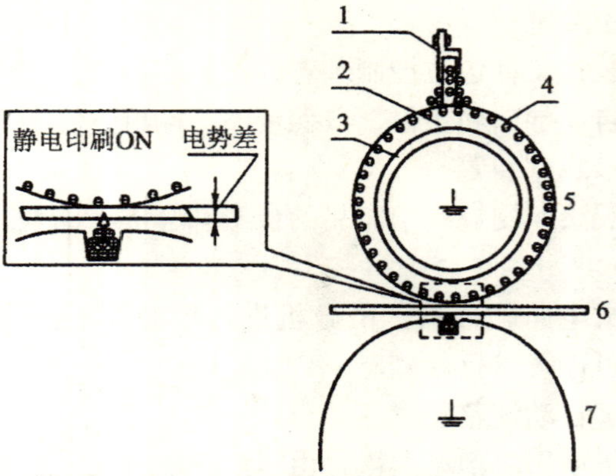

图4－11　静电辅助印刷原理示意图
1—静电电极（毛刷）；2—导电层；3—绝缘层；4—电荷；
5—压印滚筒；6—纸张；7—印版

2. 单张凹印机

单张凹印机的基本结构如图4－12所示，主要由输纸机构、印刷机构、输墨机构、收纸机构以及附属机构等组成。

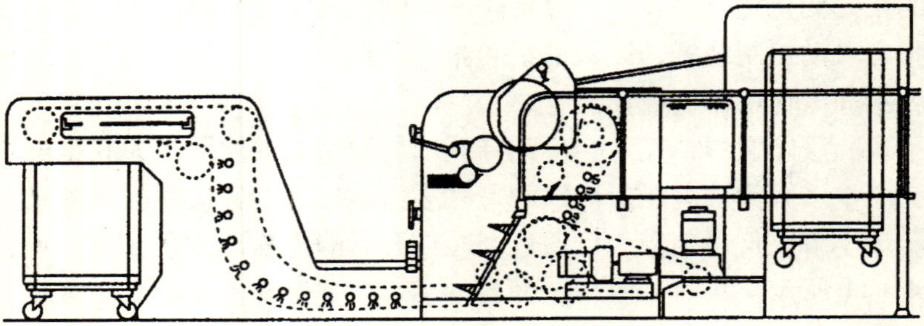

图4－12　单张凹印机的结构

（1）输纸机构

单张凹印机的输纸机构与其他类型的单张纸印刷机基本相同，操作和调试方法也基本上相同。纸张由自动输纸机构输入套准位置进行定位、加速，然后由压印滚筒叼纸牙叼住纸张进行印刷。

（2）印刷机构

印刷机构主要由印版滚筒和压印滚筒组成。两滚筒的排列形式有垂直排列、水平排列和倾斜排列三种。根据两滚筒的直径大小不同，也有两种类型，即1:1型和1:2型，如图4－13所示。

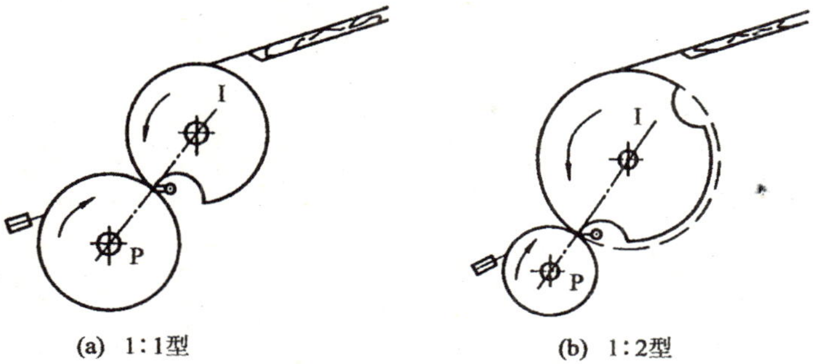

图4－13　印刷装置的基本类型

①1:1型。印版滚筒（P）的直径与压印滚筒相等。压印滚筒为了包以衬垫应设有空当，所以印版滚筒的圆周不能全部作版面使用。

②1:2型。印版滚筒的直径为压印滚筒直径的1/2。印版滚筒的直径变小，有利于凹版电镀工艺。另外，压印滚筒旋转1周，印版滚筒旋转2周，其着墨与刮墨也各2次，着墨效果较好，而且，印版滚筒的整个圆周都可以作为版面使用。因此，这种机型得到广泛应用。

（3）输墨机构

由于凹版印刷采用溶剂型液体油墨，所以凹版印刷机可采用短墨路输墨装置。这种装置主要有三种类型，即浸入式、递墨辊式和喷淋式。

印版经着墨后，要用刮墨装置将空白的油墨刮掉。刮墨装置由主要刮墨刀、夹持板和压板等组成，如图4－14所示。

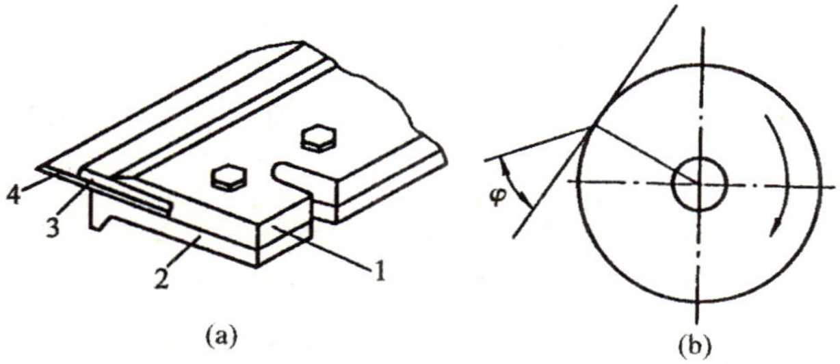

图4－14　刮墨装置的基本构成

1、2—夹持板；3—压板；4—刮墨刀

刮墨刀系钢制刀片，其厚度一般为0.15~0.30mm，刮墨刀与压板重叠后置于上、下夹持板中间用紧固螺丝压紧。刮墨刀的刃口部经精细研磨保证其平整、光洁，以提高刮墨效果。压板的作用是增强刀片的弹性，保证与印版表面保持良好接触状态。

（4）收纸机构

由于凹印的印版图文部分较深、印刷墨层较厚，所以，收纸机构采用较长的收纸路线，以防止印品蹭脏。

（5）附属机构

在输墨机构安装静电辅助印刷吸墨装置，在印刷机组后安装干燥装置，确保印刷产品质量的提高。

四、正式印刷

1. 注意6个方面的问题

（1）调整各色组的扫描头。

（2）速度加至40m/min，调节自动套准装置。

（3）校对两边“+”字线，调节各色组平衡辊。

（4）待套色稳定后，与标准样校正，检查是否存在套色误差，如果存在需在自动套准装置上进行调节套准。

（5）以标准样为准调整颜色，测定各色油墨黏度，在油墨黏度自动控制系统上设定。

（6）检查机器运转状况，排除异常情况的发生。

2. 掌握3个方面的变化

（1）油墨变化。油墨的干燥快慢与车速成正比，如果油墨的干燥度与车速相适应时，印刷质量就正常；掌握油墨厚、薄和干燥度及印刷规律；选用与印刷产品及油墨相适应的溶剂；控制油墨挥发的快慢程度，保持产品达到质量标准。

（2）冷热风变化。根据天气及车间温湿度，掌握冷热风的间隔和热量，这是印好产品的关键。车间里安装恒温设备，冬天气温较低时开大热风，夏天气温较高时开大冷风，控制环境的温度和湿度。

（3）承印物的张力变化。根据承印物的种类及其收缩率来调整张力。

第四节　凹版印刷常见故障及排除

一、套印不准

1．材料因素

（1）纸卷缠绕不匀

卷筒纸原始缠绕时松紧程度不一致，使得纸卷在打开时，张力变化太大，导致张力辊上、下移动过快，在不稳定的张力下进行印刷，造成套印不准。

排除方法：重新更换纸卷，然后再开机印刷，故障即可以排除。

（2）纸卷接头多

印刷过程中，当接头纸带进入印刷机组的压印滚筒时，印刷压力发生了变化，使正常印刷压力被破坏，因此出现了套印误差。接头越多，使得套印越不稳定。就是说，有一个接头，就等于换卷接纸一次，使得张力变化，影响套印精度。

排除方法：上纸卷前，需要仔细检查外包装有无纸张接头情况，或打开包装牛皮纸后，检查有无纸张接头的标明线，及时做准备工作或退回接头太多的纸卷。

（3）纸张严重收缩

纸张含水量超标或纸张受外面环境的影响造成潮湿。在印刷时烘箱温度设置过高，使纸张发生严重的收缩变形，导致印刷套印不准。

排除方法：上机前，检查纸张的质量，如发现纸张含水量过高或受潮现象，必须退回。其次，严格控制车间的温湿度。一般车间温度应控制在18～25℃之间，相对湿度控制在55%～65%之间。同时各色组烘箱的温度不能设置太高。

2．工艺操作因素

（1）刮墨刀

由于刮墨刀未调整合适，套色信号边缘油墨脏污，使电眼接受信号失真，也会引起套印不准。

排除方法：调整刮墨刀至合适位置，清洗套色信号边缘的油墨脏污。

（2）压辊

压辊中间及两端出现堆墨现象，影响压印张力，导致套印不准。

排除方法：保持压辊中间及两端清洁，避免堆墨现象。同时要调整好套印跟踪系统，保持电眼探头的清洁，使电眼探头能有效探测到光标信号。

（3）印版误差

印版制作过程中由于菲林误差、电雕误差等原因，造成印版滚筒误差，导致套印不准。

排除方法：印版制作严格把关，避免误差发生。随着凹印制版技术的发展，采用无胶片雕刻技术，基本上可以排除菲林误差以及手工贴片定位时的拼版误差所造成套印不准问题。

（4）温湿度

印刷环境的温湿度变化，引起承印材料产生静电现象。由于静电压，相对运动的材料会发生吸附作用，影响张力稳定，从而导致套印不准。

排除方法：控制环境温湿度或启用静电消除机构来消除因静电引起套印不准故障。

3. 设备因素

（1）自动套准系统的故障

在凹版印刷机中，自动套准控制系统由检测头、套准控制板及套准电机三大部分组成。其中有某一个部分发生故障，就会引起套印不准。

排除方法：首先检查跟踪电眼的位置是否移动，如果电眼与印刷标志之间距离太远，则电眼聚光点就不能对准印刷标志，电眼外镜面被纸粉覆盖，甚至电眼内发光灯泡烧坏，所有这些原因均能造成信号变弱或无信号返回，导致自动套准系统失灵，引起套印不准。应及时清洁电眼外镜面上的纸粉或更换烧坏的灯泡。

（2）压印滚筒压力变化

在印刷中出现压印滚筒两端压力不平衡，出现了上下跳动，造成了套印不准。

排除方法：

①压印滚筒两端的汽缸有一个漏气，使这端的压力发生了变化。又由于长时间未能发现，致使压印滚筒外圆磨损变形，及时修复。

②检查漏气的气路，更换漏气的有关气动元件后，再开机试印。若上述问题未能解决，则需要更换压印滚筒，使压印滚筒与印版滚筒之间压力均匀一致。

4. 张力变化

在印刷过程中，影响张力变化的因素如下：

（1）卷料自身的缺陷如厚薄不匀、偏心等。

（2）卷料与各导辊之间的摩擦力不同。

（3）放卷和收卷的直径变化。

（4）机器各组件制造精度和装配精度的误差。

（5）不停机自动接纸的接料和断料误差。

（6）生产环境的温湿度的变化。

由于上述因素的出现，使得印刷十字标志超过了有效范围，造成套印不准。

排除方法：针对张力变化的各种因素，及时调整凹印各个机构的张力控制装置，消除从放卷到收卷的各个环节的张力波动，做到套印准确。

二、堵版

1. 停机时间过长

停机时间过长，油墨就容易干固在网穴中，造成堵版。在印刷中会出现图案和文字模糊不清，印品颜色发生变化。

排除方法：由于机器发生断纸或故障而较长时间停机，在重新开机前，必须清洗印版滚筒，清除干固于网穴中的油墨。

2. 油墨干燥过快

在正常情况下，印版网穴中油墨转移到承印材料上，其转移率为1/2～2/3，也就是总会有1/3～1/2的油墨残油在网穴中。由于油墨干燥过快，即使印版再度黏上油墨也不会被溶解。油墨转移率逐渐下降，最终导致堵版。

排除方法：印刷过程中适当降低烘道温度，并防止热风直接吹到印版滚筒上；调整刮墨刀位置及刮墨刀与印版之间角度；选用溶解性好的、干燥速度稍慢的溶剂或慢干剂调入油墨。

3．油墨杂质

油墨中有杂质是由于油墨中连结料溶解性差，黏度太高，造成堵版。

排除方法：油墨应过滤干净后再使用，或更换颗粒较细、杂质较少的油墨，使其具有良好的转移性能，并改善油墨的再溶性。

4．油墨性能差

油墨性能差，颜料与介质亲和性差，分散后凝结在一起。另外，由于油墨变质，使溶剂平衡发生变化，会引起溶解力降低；还有因为混入不同性质的油墨，误用不良溶剂等，均使油墨流动性变差，使油墨转移率下降；油墨使用时间过长，致使油墨结皮，也会引起堵版故障。

排除方法：更换优质的性能好的油墨。

5．印版

凹版印版制版质量差，网穴深度太浅，造成堵版。

排除方法：重新制版，按工艺要求制作。

三、版污

版污也称为脏版或称拖墨。

1．刮墨刀

刮墨刀角度不合适、刮墨刀安装不平，压力不均；刮墨刀磨损后，刀刃不够锋利，造成在印版的非图文部分留下刮墨刀未刮干净的油墨转移到承印材料上，成为片状的版污故障，版面呈雾化。

排除方法：调整刮墨刀角度和位置，使其达到合适角度和平直位置。刮墨刀磨损严重，及时更换。

2．印版质量

印版滚筒的镀铬层质量不好，再经过长时间磨损，使其表面被损坏，造成版污。

排除方法：印版滚筒镀铬层发生质量问题，必须重新制作印版。

3. 油墨干燥太慢

油墨干燥速度太慢，连结料干燥性能不良，影响油墨的转移速度，造成版污。

排除方法：调整溶剂，提高油墨的干燥速度。

4. 油墨黏度

油墨中的树脂和溶剂对印版吸附性太强或对其湿润性太强，都会造成版污。

排除方法：降低油墨黏度，减少其对印版的黏附性。

四、刀线

刀线又称为刀丝或刮痕。

1. 刮墨刀因素

（1）刮墨刀硬度太高

刮墨刀硬度太高，会加快印版磨损，造成刮痕。

排除方法：调换优质的刮墨刀，刮墨刀硬度应比印版硬度低，一般维氏硬度在500~600HV为适宜。

（2）刮墨刀磨损

刮墨刀质量太差，在短的时间内就会磨损，从而导致版面的油墨未能刮干净，出现了刀线。

排除方法：需要经常调刀或更换优质的刮墨刀。

（3）刮墨刀缺口

刮墨刀刃口受损出现缺口时，印刷品上就会出现左右移动的刀线。

排除方法：如果刮墨刀上的缺口比较细微，可用油石或细砂纸磨光平整；如果缺口较大，则需要更换新的刮墨刀。

（4）刮墨刀安装

刮墨刀安装的平整度差，会造成印刷品刀线故障。

排除方法：安装刮墨刀时要确保平整度，使刮墨刀受力均匀。

（5）刮墨刀的压力和角度

刮墨刀的压力和角度没有调整好，会造成印刷品的刀线故障。

排除方法：印刷时，要根据版面刮墨程度和印刷品的着墨情况，适当调整刮墨刀的压力和角度，以达到刮墨的效果。

2. 印版滚筒因素

（1）版面光洁度

凹印制版是通过腐蚀或电雕过程以及镀铬、研磨等加工工序制成印版。若腐蚀或电雕不好，网穴粗糙或研磨时产生毛刺没有除去，都会造成刀线。

排除方法：由于印版表面粗糙毛刺，可用1200目的细砂纸轻轻打磨印版。若效果不佳需要重新制版。

（2）铬层硬度

制版时，如果镀铬时间过长，印版表面铬层的硬度太高，容易损坏刮墨刀，印刷品上就会出现变化不定的刀线。相反镀铬时间过短，印版表面铬层太软，刮墨刀容易损伤印版，在印刷品上就会出现固定的刀线。

排除方法：退铬后，重新按照产品工艺要求进行镀铬，严格控制镀铬时间和镀铬硬度。

（3）版面清洁度

制版在研磨过程中碎屑未能完全清除而附着在印版上，在印刷时会损伤印版和刮墨刀，导致刀线故障。

排除方法：印版上机前先要用溶剂将其彻底清洗一遍，将油污和杂质清除干净，避免印刷品刀线故障。

（4）印版滚筒磨损

印版滚筒使用时间太长，容易磨损或形成版滚筒偏心，都会造成印刷品上刀线故障。

排除方法：重新更换新的印版滚筒。

（5）印版滚筒加工

印版滚筒的机械加工精度差也会造成印刷品刀线故障。

排除方法：严格控制加工精度。

（6）印版滚筒安装

印版滚筒安装的精度不符合要求，同心度误差超标，在高速印刷时对刮墨刀产生过大的冲击而造成印刷品刀线故障。

排除方法：印版滚筒安装的精度必须符合要求，才能正常开机。

3. 油墨因素

（1）油墨黏度

油墨黏度应与印刷速度相适应，油墨黏度过高，对印版滚筒的黏附力过强，不利于刮墨刀将版面多余的油墨刮干净，印刷品出现刀线的概率就高。

排除方法：印刷过程中必须定时测量和控制油墨黏度，一般隔20～30min测量一次。

（2）油墨的干燥

油墨干燥过快，容易出现结皮现象。如果结皮的油墨在循环过程中未被溶解，一旦接触到刮墨刀就会黏附在刀口或刀底，造成印刷品刀线故障。

排除方法：经常搅拌墨槽中的油墨，根据需要加入适量的慢干剂。

（3）油墨的细度

油墨的细度不够，颜料研磨不充分，颗粒较粗，且不溶于连结料和溶剂中，印刷时若留在刮墨刀刃口，就会导致印刷品出现细小的不规则的刀线。

排除方法：油墨经过过滤后，若还是解决不了问题，必须更换油墨。

（4）油墨的质量

油墨储存时间过长，溶剂平衡发生变化，引起油墨溶解力降低，或是油墨调配、使用不当，引起化学反应，影响了油墨的质量，导致油墨产生沉淀积聚在刮墨刀刃口引起刀线。

排除方法：应更换油墨。

五、咬色

1. 干燥不彻底

在套印中，第二色油墨粘拉第一色油墨，主要原因是第一色印后墨层未彻底干燥。

排除方法：加入适量的快干剂，降低压印滚筒的压力。

2. 印刷速度太快

印刷速度太快，影响油墨的干燥过程。

排除方法：减慢印刷速度。

3. 风量不够

干燥机构中冷风、热风的风量不够，造成承印材料干燥不彻底，导致咬色故障。

排除方法：调节干燥机构，加大冷风热风的风量，加快干燥速度。

4. 印刷材料

印刷材料质量差，油墨对承印材料的附着力不好，造成咬色故障。

排除方法：更换印刷适性好的承印材料。

六、针孔

1. 机械针孔

印刷时，油墨成为很稀薄的透明层，能看到印版滚筒上的底纹，使得印刷品呈现大小一致的针孔。

排除方法：采用黏度比较大的油墨或者遮盖力较强的油墨印刷。

2. 化学针孔

由于油墨流本性差和对承印物湿润性差的原因，造成印刷品上凌乱不一的针孔。

排除方法：加入适量的防针孔剂。

3. 着墨不均匀

着墨辊磨损，传墨不均匀，印刷品上造成针孔故障。

排除方法：着墨辊进行修磨或更换着墨辊。

4. 油墨干燥

印刷时，油墨干燥太快，将网纹转印到版面上，造成针孔故障。

排除方法：调整油墨干燥速度，使油墨干燥速度减慢。

5. 压力

印刷压力或刮墨刀与印版滚筒之间的压力不够，造成针孔故障。

排除方法：调整适当的压力。

七、粘脏

粘脏又称为粘贴或反印。

1．溶剂挥发过慢

由于大量残油溶剂存在，而这种溶剂往往是高沸点的，印刷过程中不易挥发出去，印刷品收卷时，油墨中树脂还未疑固，从而产生残余黏性，造成粘脏。

排除方法：加入快干性溶剂，加强吹风和热量，使墨膜彻底干燥。

2．版纹过深

凹印印版的版纹过深，承印材料上的印品油墨太厚，造成油墨不能彻底干燥，导致印刷品粘脏。

排除方法：凹印版重新制作，调整版纹深度。

3．油墨质量

油墨质量不符合要求，油墨中树脂本身质量差，发黏、分子量太低，残油物太多，导致印刷品粘脏。

排除方法：更换优质油墨。

4．温湿度

凹印车间的环境因素，车间内温度高、相对湿度大的情况下，容易造成印刷品粘脏故障。

排除方法：在条件允许时，操作车间安装空调器，将车间温度控制在18～22℃之间，相对湿度控制在55%～65%之间，保持相对稳定。

5．静电

塑料薄膜在凹版印刷过程中产生静电现象更为严重，形成薄膜之间互相粘连，造成粘脏故障。

排除方法：在塑料薄膜生产过程中添加抗静电剂或在印刷过程中对塑料薄膜进行消除静电处理。

6．收卷引起

干燥后由于冷却效果差，承印材料没有及时冷却，油墨中的树脂软化产生黏性，收卷后出现粘脏故障。

排除方法：在收卷部分增加冷却风量，同时收卷时张力不要太大。

八、橘皮状斑纹

1．干燥速度太快

印刷中干燥速度太快，加之油墨的流平性不良、油墨干燥不均匀，造成印刷品上形成了橘子皮的斑纹。

排除方法：降低干燥速度，调整油墨的流平性，同时在墨槽中增加新墨。

2. 油墨浓度太低

油墨浓度太低，印刷品上表面油墨形成不光洁状态，导致橘皮状斑纹。

排除方法：调整油墨的浓度，重新调配油墨。

3. 刮墨刀

刮墨刀压力过大，油墨刮去过多，印刷品表面呈现橘皮状斑纹。

排除方法：调整刮墨刀压力，油墨均匀地转移到印刷品上。

4. 油墨质量

油墨黏度过稠，油墨流动性差，导致印刷品表面墨层呈现橘皮状斑纹。

排除方法：更换优质的油墨。

九、白化

1. 湿度太高

印刷生产车间环境中湿度高时，由于溶剂的蒸发潜热现象，空气中的水分渗进墨膜中，使印刷品表面产生白化现象，似有一层白雾。

排除方法：调整好车间环境的相对湿度，保持相对稳定。

2. 油墨质量

油墨中溶剂失去平衡而影响质量，真溶剂先挥发而稀释剂残存在油墨中，因此会使油墨中的树脂析出沉淀，出现白化故障。

排除方法：在油墨中加入适量的蒸发速度较慢的真溶剂，或者更换印刷油墨。

十、溢出

溢出又称为溢墨。

1. 油墨黏度太低

油墨黏度太低，造成流平性不好，使印刷品不平实，满版部分的油墨呈现斑点状，而且油墨会出现从图案部分散出扩大的毛边现象，导致溢出故障。

排除方法：调整油墨黏度或及时更换新墨。

2. 印刷速度

由于油墨稀薄，在此较低的印刷速度下，从刮墨刀刮除非图文部分的墨刮压印点的时间长，在转动中油墨从网穴中散出来，在图案周围造成扩大影迹，导致溢出故障。

排除方法：更换比较稠的油墨，并提高印刷速度。

3. 刮墨刀

刮墨刀安装的角度太小，网穴图案部分刮不净，造成溢出故障。

排除方法：把刮墨刀调成锐角，并安装在离压印点稍近的地方，直接对着滚筒刮去网穴中比较多的油墨。

4. 印版

印版的版纹较深，容墨量大，会造成纸黏度的油墨流平性不好，并散流于图文之外，造成溢出故障。

排除方法：重新制作较浅的印版，暗调版纹为30～35μm为宜。

十一、色差

1. 油墨

由于同一批油墨之间存在色差，两不同档次的油墨之间更会存在色差，所以在印刷过程中，造成色差故障。

排除方法：选用油墨时，要选择质量稳定、色相没有偏差的油墨。同时一批印品最好使用同一批的油墨。印刷过程中，每次加入到墨槽里的油墨量要少，而且添加量不变。

2. 印版

长时间的印刷过程中，由于摩擦力的作用，引起印版表面发生磨损，使着墨孔开口变小，深度变浅，造成网穴传墨量减小、墨色变淡，造成色差。

排除方法：更换新的印版。

3. 油墨黏度

油墨黏度太低，会引起整个画面阶调上的油墨饱和度降低，导致印刷色差。

排除方法：严格控制油墨的黏度，保持稳定一致。

4. 车间环境

在高温高湿的季节里，溶剂在迅速挥发时带走了大量的热量，使空气中的水分容易进入墨槽，使油墨的溶解性变差，影响油墨的转移量，造成印刷品上出现色差故障。

排除方法：严格控制车间环境的温湿度变化，保持稳定的温湿度。

5. 刮墨刀

由于印刷品上出现问题，又不得不调换刮墨刀，这样就会引起前后的印刷品上墨色变化，出现色差故障。

排除方法：调换刮墨刀，尽可能在调整过程中，保持与原来刮墨刀的位置、角度和压力等基本上接近。

6. 纸张

凹印换卷时，使用不同批次的纸张，由于这批纸张性能与上批纸张在白度、平滑度、吸墨性等印刷适性上存在差异，导致印刷品上产生色差。

排除方法：印刷同一批产品，在换卷时，必须选用同一批纸厂送来的同一类型编号的纸张，保持稳定的纸张性能。

十二、水纹状

1. 油墨黏度太小

在印刷过程中、由于油墨黏度太小，印刷品实地部分呈出不均匀的斑纹，导致水纹状故障。

排除方法：提高油墨黏度，不要将油墨调配过稀，可用添加新油墨的方法解决。

2. 印版滚筒网穴过深

印版滚筒网穴过深，刮墨刀刮不干净，影响油墨的转移，造成印刷品水纹状。

排除方法：重新制作印版，减少印版滚筒网穴的深度。

3. 印刷速度及压力

印刷操作过程中，印刷速度较慢、印刷压力调整不当，都会引起油墨转移不均匀，导致水纹状故障。

排除方法：提高印刷速度，调整印刷压力。

十三、图案歪斜

在印刷过程中，印版滚筒轴线与纸张前进方向不垂直，造成了整个图案歪斜故障。

排除方法：必须专门制作一张标准垂直的胶片，在印刷图案中找出两个互相垂直的一个边（或线）与胶片对照，查出偏斜的方向和角度，然后调节各印刷单元的倾斜滚筒，再印出样张与标准胶片对照，直至调正为止。

十四、重影

重影又称为双影。在印刷过程中，印刷压力太大或张力控制不均匀，则造成油墨在叠印部分出现重影。

排除方法：调整印刷压力和张力控制。

十五、缩孔

油墨表面干燥速度太快，墨膜表面形成干膜，而内层尚未干燥。内层的溶剂被暂时封闭，而继续受热时，其内层溶剂要向外界溢出，能量达到突破表膜的程度时喷发出来，导致缩孔故障。

排除方法：印刷品较厚的墨层，必须调整好的油墨的流平性。溶剂挥发速度要均衡，使得墨层内部好的残留量迅速溢出。

第五章　丝网印刷

第一节　丝网印刷的特点与作用

丝网印刷是指印版呈网状，印刷时印版上的油墨在挤压下，从版面通孔部分漏印至承印物上的印刷方式。

丝网印刷是一种古老的印刷方式，由于丝网印刷的制版和印刷工艺简单，设备投资费用少，成本低的优点，至今未被淘汰，却得到蓬勃的发展，说明这种印刷工艺具有较强的生命力，其特点如下：

1. 版面柔软

丝网印刷的版面柔软，而且富有弹性，所以丝网印刷不仅能够在各种纸张、纺织品等软性的材料上进行印刷，而且还能够在各种金属板等硬质材料上进行印刷。

2. 墨层厚实

丝网印刷产品墨层厚度可达30～100μm，甚至墨层可达1mm以上，为各种印刷方法表面最厚的一种。

3. 耐光性好

由于丝网印刷产品的墨色特别厚实，具有鲜艳的色彩效果、优质的耐光性能。它的耐日光暴晒性能也特别强，是其他印刷方法无法比拟的。

4. 适用多种油墨

丝网印刷不用墨器，不需要油墨的传递装置，而由刮板直接将油墨刮动，漏到印刷物表面。因此，可以使用各种水溶型、油溶型、合成树脂型、乳剂型、粉状型不同性质的油墨，在不同的条件下，适用印刷各种印料。

5. 适用性强

丝网印刷不仅可在平面上印刷，而且可在曲面或球面上印刷，它不仅适合在面积较小物体上印刷，也适合在面积较大物体上印刷，不受承印物表面形状及面积大小的限制，这种印刷方式有着很大的灵活性和适用性。

6. 遮盖性能强

丝网印刷成色性能好，墨层对承印物的遮盖性能强，或在各种有色或无色物体表面进行任何颜色的印刷，而颜色不受物体原有色相的影响。也可以在粗糙的物体表面印刷，印刷效果同样优良。

7. 印刷压力小

丝网印刷是依靠软性刮墨板刮动油墨，使油墨通过网孔漏到印刷物表面形成图文，印刷压力是非常小的，因此，能在很容易损坏的材料表面进行印刷。

由于丝网印刷有上述的特点，它的应用范围非常广泛，因此在装潢方面作用也十分显著。

1. 纸制品

(1) 美术印刷——广告、招贴画、版画、日历、贺年卡、灯笼纸等。

(2) 商业印刷——商品广告、商业凭证、商品资料等。

(3) 包装印刷——产品装潢、纸箱包装、包装用品等。

(4) 建材印刷——装潢壁纸、木纹板纸等。

(5) 书刊印刷——书刊封面、书刊折页、盲文书刊等。

2. 塑料制品

(1) 塑料胶片印刷——塑料玩具、塑料书包、塑料袋。

(2) 塑料杯盘印刷——假金属复合材料、各种标盘。

(3) 塑料零件印刷——设备器材零件、仪表零件。

3. 木制品

(1) 工艺品印刷——漆器、木制工艺品、玩具。

(2) 日用品印刷——体育用品、木板、天花板、路标、招牌、假金属板、广告牌等。

4. 金属制品

（1）金属制品印刷——金属机件、金属零件、金属器皿。

（2）金属标牌印刷——指示牌、警示牌、标牌等。

5. 玻璃及陶瓷

（1）玻璃印刷——镜子、玻璃板、杯子、瓶子 。

（2）陶瓷品印刷——器皿、工艺品。

6. 电子工业

（1）电子产品印刷——印刷线路板、厚膜集成线路板。

（2）仪表产品印刷——仪表面板、仪表接线安装板。

7. 纺织物

（1）印染产品印刷——旗子、幕布、毛巾、手帕、服装等。

（2）其他印刷——拎袋、鞋帽、箱包、背包、提包、书包、标志等。

8. 皮革

（1）皮革印刷——皮带、皮制品服装、皮包等。

（2）橡皮——橡皮制品、玩具等。

丝网印刷在广泛的承印物上都能印刷，其作用特别明显。

第二节 丝网印刷印版

丝网印刷制版方法一般分为三大类，即手工制版法、感光制版法和其他制版法。手工制版历史悠久、方法比较传统。采用感光制版工艺制得的印版，质量高、效果好、经济实用，是现代丝网印刷中主流的制版方法。其他制版法适用特殊产品的要求制作丝网印版。

一、手工制版法

手工制版法是一种原始传统的制版方法，分辨力较差，但比较经济，主要有插画法和剪切法。

1. 插画法

将印刷图文用蜡笔或专用液直接插画在丝网上，然后涂布填缝液将网版空白部分的网孔堵塞。最后，用石油把插画的图文部分蜡溶解即制成网版。这种制版方法可得到独特的晕映效果，适用于装帧设计作品的印刷。

2. 剪切法

从专用的尼斯蜡纸上把要印刷的图文部分剪下来，将其加热压贴在丝网上，其他部分经涂布后形成皮膜，再用水、乙醇或冲洗剂进行溶解以形成印刷图文。这种方法适用于尼龙丝网和聚酯丝网。

剪切制版法其制版精度较低，但因不用阳图底片，丝网再生时用热水就可以剥离，所以制版成本低，对大规格的招牌、广告画印刷比较有利。

二、感光制版法

感光制版法是利用感光胶的聚合化学变化，即感光胶受光部分产生交联硬化，并与丝网牢固结合在一起形成版膜，未感光部分经水或其他显影液冲洗形成通孔，而制成丝网版。

感光制版法主要有直接法、间接法、直间法三种方式，从本质上讲，这三种制版方法的技术工艺是雷同的，只是涂布感光胶或黏膜的工艺方法有所不同。直接法的工序是先在网版上涂布感光胶后晒制；间接法是先晒制版感光膜再与网版贴合；直间法是先在网版上贴合感光膜、后晒制。

1. 直接法

采用直接法制版时，把感光胶直接涂布在丝网上形成感光膜，感光材料的成本低廉且工艺简单。直接法的工艺流程：网版清洗、粗化—涂布感光胶—干燥—晒版—显影—修版—封网。

2. 间接法

采用间接法制版时，首先将晒版胶片密合在感光膜上，经曝光后，在过氧化氢溶液中进行硬膜处理，再经过显影冲洗，制成有图文的版膜，把膜贴到丝网上，干燥后揭去片基，版膜就转移到丝网上了。间接法比直接法更容易得到精细的印版。适用于精密印刷，彩色印刷等。具有操作简便、附着性良好、耐磨损等特性。间接法的工艺流程：网版处理—感光膜—曝光—显影—转拓—剥片基—干燥—后处理。

3．直间法

直间法制版时，首先将感光膜片或预制感光膜片的膜面朝上平放在工作台上，将绷好的网框平放在膜面上，然后在网内放入感光胶或用水剂润湿，并用软质刮板加压涂布或加压贴附，使感光膜与丝网黏合，最后经风吹干燥后揭去塑料片基，而后用于晒制丝网印版，经显影、干燥后制出丝网印版。直间法的工艺流程：网版处理—贴膜—干燥—晒版—显影—整理。

三、其他制版法

1．在裁切绘图机上裁切法

采用 CAD 计算机辅助设计软件将模版直接裁成精度很高的薄膜，即裁切下的胶膜转移并粘贴到丝网上。

2．喷墨成像系统法

这种制版系统基本上是将喷墨打印机的技术移植到丝印制版上。先在丝网上涂布好感光胶并干燥，然后将一种紫外线才能透过的油墨或蜡喷射到感光层上，待墨干燥后接着用紫外线进行网版全面曝光，这时未喷墨的地方见光硬化而喷墨的地方没有固化，一般用水作显影剂把喷有墨的地方冲洗掉了形成丝网的图文部分。

3．照相腐蚀法

在不锈钢箔片上涂布感光胶，干燥后将胶片密封进行晒版，经显影成耐酸膜，然后用氯化铁腐蚀，没有耐酸膜的部分腐蚀后成为凹陷，由此在不锈钢箔的表面上制成网目，在背面同样的方法制成图文。一面形成丝网，一面形成图文，即丝网与版膜结合为一体形成腐蚀法金属印版。

4．电镀制版法

这是照相和电镀相结合的一种制版方法，即用照相法成像，电镀法制模，其流程为：金属版基──→表面处理──→涂感光层──→晒版──→显影──→模版电镀──→上网电镀──→剥去金属版基、丝网上框──→涂胶固定──→金属丝网版。

5．混合法

腐蚀法与电镀法比较，前者的膜层较厚，但线条质量稍差，而后者的膜层薄、线条质量好，因此也有采用两者结合的混合法，其工艺流程为：金属版基——→两面涂布感光膜——→图像与丝网分别晒——→两面显形——→两面电镀——→剥去感光膜——→金属版基腐蚀——→模版上框架。

第三节　丝网印刷工艺

丝网印刷是利用印版非图文部分丝网孔封闭，不能透过油墨，而图文部分丝网孔透，能够透过油墨的原理进行印刷。丝网印刷原理如图5－1所示。

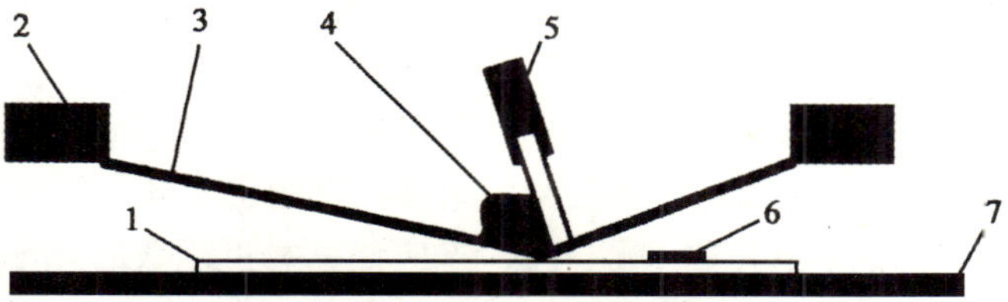

图5－1　丝网印刷原理示意图

1—承印物；2—网框；3—网版；4—油墨；

5—刮板；6—印迹；7—印台

丝网印刷工艺流程包括：印刷前的准备、试印刷、正式印刷、干燥装置。

一、印刷前的准备

1．刮板

丝网印刷的刮板指刮墨板、回墨板。

（1）刮墨板

刮墨板由橡胶条和夹具两部分组成，有手用刮板和机用刮板之分。刮墨板是将丝网印版上的油墨刮挤到承印物上的工具。

（2）回墨板

回墨板多为铝制品或其他金属制品。回墨板是将刮墨板刮挤到丝网印版一端的油墨送回到刮墨起始位置的工具。

2. 油墨

选用丝网油墨应具备良好的印刷适性。

（1）油墨在印版上不应干燥结膜，而当印刷到承印物表面时，无论属于哪一种干燥类型，都要求能迅速固着干燥。

（2）油墨在承印物表面形成图文，干燥后的印迹要有较好的附着牢度。

（3）油墨在印版上容易涂布均匀，在受力小的条件下易于过网，要求印刷品图文清晰，没有粘脏现象。

（4）油墨在印版上进行涂布时，要保持一定的稳定性。

（5）油墨根据印刷品的要求，达到一定的色调浓度。

（6）印刷结束后，印刷上的油墨应便于清洗干净，以保证印版的有效使用。

根据客户来样的印刷样张要求，丝网油墨必要时，需要调色。调色就是将两种以上的颜色，形成色彩的组合。调色的基本原理是色光的加色法和色料的减色法原理。配墨前，先应计算每色印数的耗墨量，使调配的墨量适当，调墨过程必须注意几个问题。

（1）调色时，首先将色样上需配制的颜色单独露出，把其颜色都用白纸遮盖住，避免目视时相互影响，产生错觉。

（2）配制浅色油墨，要尽量少加白墨，因为白墨活性大，易使其他颜色发生变色现象。

（3）配制鲜艳的彩色油墨要逐渐加入两色油墨，如果一次加入量过多，色泽过深，就要用大量的另一色油墨来调整。

（4）配墨时应尽量少加不同色的油墨，色墨种类越少混合的效果越好。

3. 承印物

为了使承印物具备一定的印刷适性，在印刷前，必须对承印物进行印前处理。

（1）纸张

纸张是亲水性很强的材料，纸张含水量的变化会造成纸张变形、变脆，引起套印不准。

由于周围环境的变化存在温、湿度的差异，纸张投产前必须要进行调湿处理，让纸张含水量均匀并与车间温、湿度一致。

（2）塑料

①聚乙烯薄膜。聚乙烯薄膜，先进行火焰处理和等离子放电处理后，再进行印刷。

②氯乙烯。氯乙烯的耐水性、耐药品性强，但由于耐溶剂性能较弱，因此，若使印刷品再生时要使用属脂肪系的乙烯、庚烯类溶剂。

③聚缩醛印刷时，需要进行前处理并使用特殊油墨。

④其他塑料类。印刷前要用甲醇或脂肪系溶剂擦洗，进行脱脂、除尘，然后选择适当的油墨进行印刷。

（3）金属

作为承印物的金属如铁、不锈钢、铬、镍及铝等，很少使用这些材料进行直接印刷，而在印前对其进行诸如涂布、电镀、阳极氧化加工等处理。

其他一些金属，可使用机械研磨或采用氯系溶剂、氟系溶剂，除去金属表面上的大部分有机物的污染，然后用铬酸等进行化学处理，改善金属表面的性能，以使油墨和涂料的附着达到最佳效果。

（4）其他包装承印物

陶器、硬质瓷器、瓷器、骨灰瓷器、玻璃制品等，前处理时，可采用超声波洗净、稀酸洗净及酒精擦洗等，去除油、水分、灰尘等。

二、试印刷

1. 刮印时调整

（1）刮板长度

丝网印刷刮板的长度主要根据所印图文尺寸大小和网框尺寸大小确定的，同时还要考虑刮板材料的软硬度、油墨黏度等因素。

调整刮板长度的基本原理是刮板要长于图文画面的宽度，一般刮板长度比图文画面宽度两端各长 2～10cm。

其次，刮板长度要小于网框内框尺寸。刮板的长度一般要求与画面、内框各保持 10～20cm 左右，版面在框内位置可参照 $F=10\sim15$cm，$E=10\sim20$cm 设置，如图 5－2 所示。

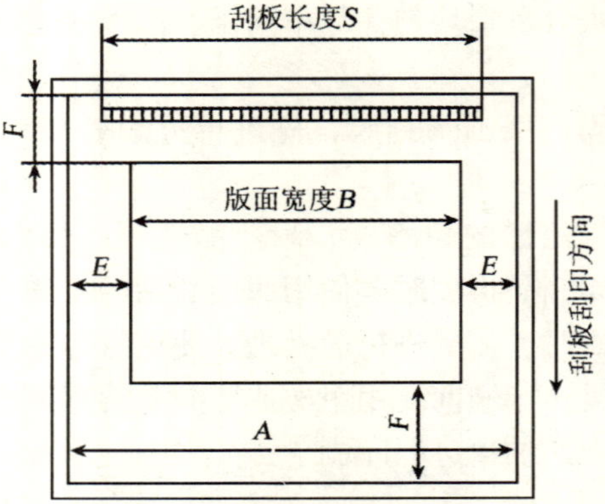

图 5－2　刮板长度与网框、图文尺寸的关系

在实际应用中可根据图文画面尺寸及参考这个数字确定刮板长度尺寸。如果承印物大于全张尺寸以上，画面到内框边的尺寸还要大于这个数字的 2 倍以上。

刮板的长度可根据下述关系式确定：

$$S = B + (2 \sim 10\text{cm}) \times 2$$

式中　S——刮板长度；

B——图文画面宽尺寸。

（2）刮板刮印角度

刮板刮印角度是指印刷面和刮印时刮板的夹角的角度，如图 5－3 所示。

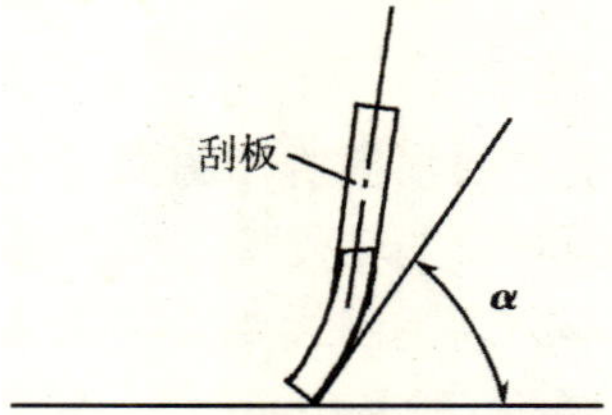

图 5－3　刮墨板与丝网印版在印刷时的夹角

刮板刮印角度的大小对油墨转移量有一定的影响，并且对图文的再现性会有一定的影响。刮印角度越大，漏墨量越小；刮印角度越小，漏墨量就越大。刮印角度的调整是丝网印刷中复杂的问题。它与刮板压力

及刮板硬度都有密切关系，而且由于承印物表面形状也是各种各样的。所以，在实际印刷时，要根据承印物的形状、特性来调整刮印角度。一般来说平面印刷时，刮印角度为20°~70°为宜，曲面承印物印刷时，刮印角度为30°~65°为宜。

（3）刮印速度

刮印速度对丝网油墨的转移量以及丝网油墨转移的均匀程度都会有一定的影响，对图文的质量也会产生很大影响。

由于丝网印刷的承印物不同。所以刮印速度也有区别。但是，无论承印物的质地如何，刮板刮印时都在保持均匀速度移动。如果刮板移动速度不均匀，忽快忽慢，承印物上就会产生墨杠。如果在刮印时，虽然作均匀速度移动，但速度过慢，图文边缘则会出现油墨渗透，致使图文扩大；反之速度过快，会出现图文部分墨量不足。所以在印刷时，特别是手工印刷过程中，必须严格控制印刷速度。

（4）网距

丝网印版与承印物之间的距离称为网距，它是由丝网印刷所具有的特点决定的。网距如图5-4所示。

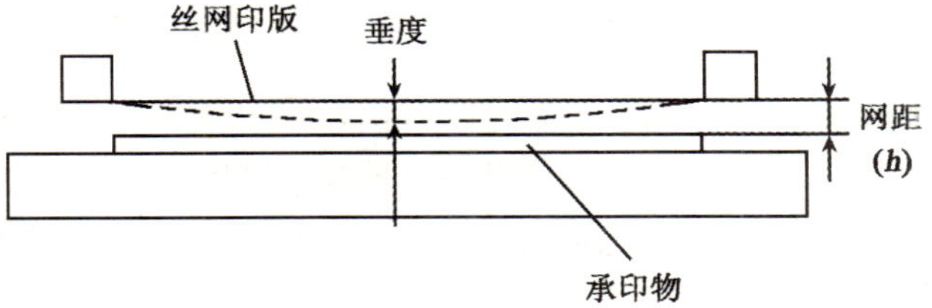

图5-4　丝网印刷网距示意图

丝网印版与承印物之间在印刷时必须留有一定的间隙，但是网距的大小不能随意调整。如果网距太小，沿刮板运动方向容易产生渗透和黏版现象；如果网距太大，丝网印版压印后不能复原，松弛而下垂，使得印刷后的画面尺寸小于丝网印版画面尺寸，严重时还会使丝网印版破损而不能印刷。

调整网距的主要依据是：丝网印版尺寸的大小、绷网张力的大小、丝网印刷的中心垂度、承印物的形状、承印材料的性质、承印物表面形态和油墨黏度等。

由于印刷条件不同，网距大小也不一样。一般对油墨吸收力较低的陶瓷器、玻璃、金属面、硬质塑料等承印物表面较硬的物体，对网距大小的要求比较严格，而对油墨吸收力较大的布、纸和软质塑料等承印物表面较软的物体，对网距大小的要求就不那么严格。

一般情况下，精度要求较高的印刷品，印刷时要求网距调整在 1～3mm 之间，而对普通印刷品印刷时网距大小可为 2～6mm 之间。另外，曲面印刷时网距要小一些，而平面印刷时网距相对大一些。

因此，无论是手工印刷还是机械印刷，在正式印刷前都必须调整好丝网印版与印物之间的间隙，以满足印刷的要求。

手工印刷调整间隙，首先将网框夹在夹框器上，如图 5－5 所示。

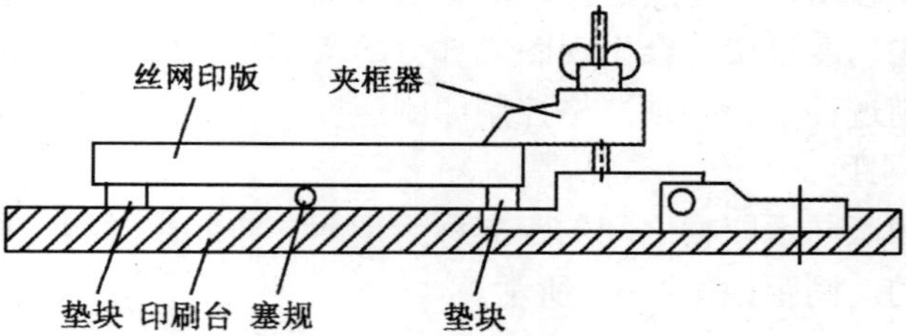

图 5－5　手工印刷时丝网印版与承印物之间的间隙调整

夹框器底部，将网框放在水平位置，然后用塞规测量网框底面与印刷台之间的间隙，并用不同厚度的垫块来调节间隙的大小，直到间隙满足印刷的要求时为止。间隙调整合适后，将相应的厚垫块固定在印刷台上，以固定间隙尺寸。

机械印刷调整间隙的方法是，先将网框安装在夹框具上，使网框与印刷台是相对水平位置，用塞规测量间隙的大小，并通过调节螺栓调整夹框器的上下移动量来达到印刷所要求的间隙。间隙调整好后，将调节螺栓固定，即可进行印刷调试。

2．印刷压力调整

（1）印刷压力与油墨转移关系

在丝网印刷中，油墨是通过刮板的压力，在版面上移动并同时受到挤压，通过丝网孔将油墨转移到承印物上。压力的大小与油墨的转移量有着直接的关系。一般情况下压力越大，油墨的转移量就越大，反之压力越小，油墨转移量就越小。

为了保证刮板在印刷时保持一定的压力来实现印刷，手工印刷时靠手臂调节压力，机械印刷时靠调节螺栓来调节压力的大小。

（2）印刷压力与油墨黏度关系

丝网试印过程中，首先要调整油墨黏度，因为印刷压力与油墨黏度有着密切的关系。在同一条件下，漏墨量的多少与油墨的黏度有着决定性的因素：油墨黏度高，阻力就大，漏墨量就小。如果确定了丝网印刷的丝网印版的丝网材质及目数，在印刷时就要调整油墨的黏度以适应印刷压力。油墨黏度调整不当就会造成油墨不足或墨量过大。

油墨黏度通常可以用溶剂进行调整，也可用补充新墨量的方法加以控制，即在印刷过程中定期加墨。加墨时间为 30 ~ 50min 补充一次，补给量要均匀，颜色也要一致。

印刷压力的大小还要根据实际情况进行调整，以使印刷压力达到印刷要求。刮板在印刷过程中由于摩擦和接触溶剂会发生变化，印刷压力也会相应改变，所以印刷过程中印刷压力要随时注意调整。

3．印刷规矩的调整

（1）手工印刷台规矩

首先确定与丝网印版的相对位置，然后根据承印物尺寸采用三点定位法，调整定位规矩，如图 5－6 所示。

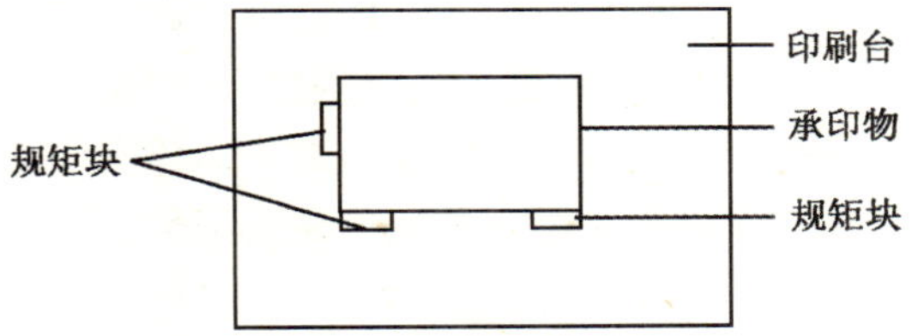

图 5－6　手工印刷台定规矩

一般采用在承印物长边用两点定位，短边用一点定位的定位方法，印刷时每次续纸与三点接触，就能保证每印张印刷位置的准确性。规矩一般采用卡片纸、金属片或塑料薄板等材料制成。规矩高度稍低一些，可用胶纸或压敏胶将规矩固定在印刷台上。

（2）丝印机上规矩

丝网印刷机印刷规矩的定位和手工印刷的方法基本相同。在套色印刷和对版时可调整螺栓来移动丝网印刷台，使印刷台上原版规矩和丝网印版规矩统一，达到套准的目的。调整时，先定好规矩，将原稿或制版底片按规矩所要求的位置放在印刷台上，然后将固定在网框架上的丝网印版落到印刷台上，这时将固定螺丝松开，用调整螺栓分别调整印刷台在横向、纵向的移动位置，直至丝网印版与原稿或制版底片图文重合，并将固定螺丝紧固，如图 5－7 所示。

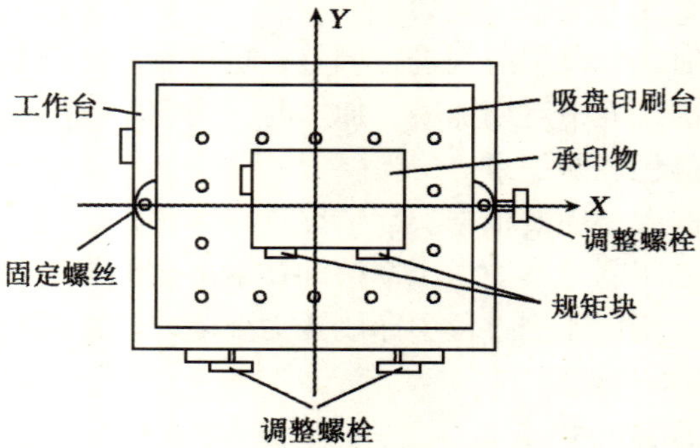

图 5－7　丝网印刷机定规矩

经过刮印印刷压力调整和印刷规矩调整后，可以进入试印阶段。试印也称校正印刷或校样印刷。每一次开印前都应做一下试印，在试印样上检查图文的再现性及色调情况。若再现性差，则应对网台距、刮印角、印刷压力及油墨的黏度等略做调整。对于多色套印，在第一色版印样检查合格后，应在印刷台上画出装版的位置记号，记下网台距尺寸。

三、正式印刷

1．校版样

正式开印后，再抽出最符合标准的样张作为“校版样”，并在校版样上精确标出挡规的标线，作为挡规万一移动时的参考。校版样在每换一次色版、装版和校版时都要使用，故应当妥善保存。第一色印完后，应立即洗版，不得尚有残墨，以免残墨干固堵死网孔，或再印时损失细部，甚至使丝网不能回收。

用挥发性干燥型油墨印刷时，若出现油墨干结而引起局部堵网，应用洁净棉纱蘸溶剂，从网版的刮墨面擦洗，直至通透。

2. 套印

套印下一色版时，可按单色印刷时的调整方法进行，但是第一色印刷时，承印物在印刷台上的位置就要固定下来，第二色及其他色印刷，承印物所在印刷台上的位置一直保持不变，都与第一色相同，观察丝网版的图文与校版样的图文套合情况，慢慢移动网框使二者套准。这时初步拧紧夹具、确定刮印角，印压保持与上一色版相同，然后，抽样检查套印情况，再确定调整方法。

3. 手工丝网印刷

手工印刷的最大优点是不管材料种类、形状、重量有什么变化，只要有合适的印版、大小不同的印刷台、熟练的技术和大小合适的场地，就能够适应各种印刷的需要。

手工印刷，首先要掌握油墨的调配、压力的加减、印刷刮板的材料硬度、角度的选择、版面与承印物的间隙调整、多色印刷套印规矩等。

手工印刷中的给纸、收纸、板的抬起及落下、印版的使用、印刷物的干燥由手工进行。

4. 平面丝网印刷

平面印刷法是指印刷片、板状的平面承印物的方法，平面丝网印刷在一般情况下是将承印物吸附在平台上进行印刷。承印物的输入输出随着丝网印版的开闭或印刷台的移动进行。

印刷时，网框、印刷台固定，通过刮板的移动进行印刷，用这种印刷方式进行丝网印刷的机器叫平面丝网印刷机。圆筒状的丝网印版也可以进行平面承印物的印刷，称圆网平面印刷，它是通过转移的圆网进行印刷的，这种印刷机与平面印刷机的功能不同，属特殊型。

平面丝网印刷机按承印物材料分为单张型、卷筒型。平面丝网印刷操作工艺中承印物预处理、油墨的调配、间隙的调节、设备的调试等一切工作准备完毕后，即可以投入生产。

5. 曲面丝网印刷

曲面丝网印刷一般是指在曲面承印物上进行印刷。常见的承印物形状主要有圆柱形、圆锥形、椭圆形以及表面不规则形状等。承印物材料主要有塑料、陶瓷、玻璃、金属等成型品。

曲面丝网印刷机又分为：圆柱体曲面印刷机和圆锥体曲面印刷机两种。

(1) 圆柱体曲面印刷机

圆柱体曲面印刷机主要用于印刷圆柱体玻璃制品及其他圆柱体成型物。根据网版与承印物之间的传动方式不同，有摩擦传动式和强制传动式两种机型。

①摩擦传动式曲面丝印机。单色印刷的玻璃制品采用这种传动方式，如图 5－8 所示。

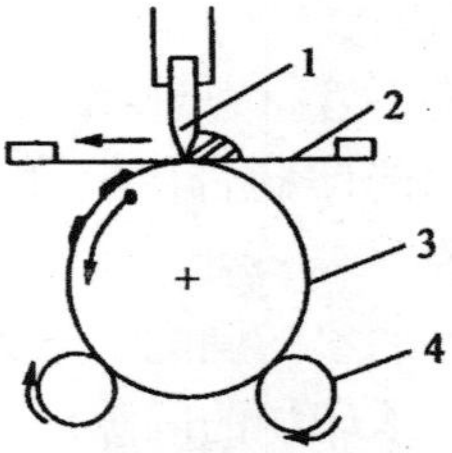

图 5－8　摩擦传动式丝网印刷装置

1—刮墨板；2—丝网印版；3—承印物；4—支撑装置

在印刷过程中，将承印物置于支撑装置的滚轮上，支撑装置与刮墨板可作上下运动并可进行调整。刮墨板向下移动对承印物施加一定印刷压力。当网版向右作水平运动时，靠版面与承印物表面之间的接触摩擦力，带动承印物转动完成油墨转移。

②强制传动式曲面丝印机。这种传动方式中，网版与承印物之间不是靠摩擦力而是通过齿条—齿轮传动机构使两者保持同步的运动关系。如图 5－9 所示。

在印刷过程中，网版水平运动的平移速度应与承印物印刷表面的线速度相等，这是实现精密套印的重要条件之一。也就是说，该装置的齿条与网版运动部件连接在一起，通过齿条—齿轮传动机构由网版带动承印物同步传动。

为此，在调试阶段必须满足三个方面的基本工艺操作要求：第一，对版时，应保证合理的网版间距，并使刮墨板印刷压力的方向通过承印物的中心线；第二，上料时，应用专用模具安装承印物，以保证套印时准确的印刷起始位置；第三，应根据不同直径的承印物选配传动齿轮的模数与齿数。

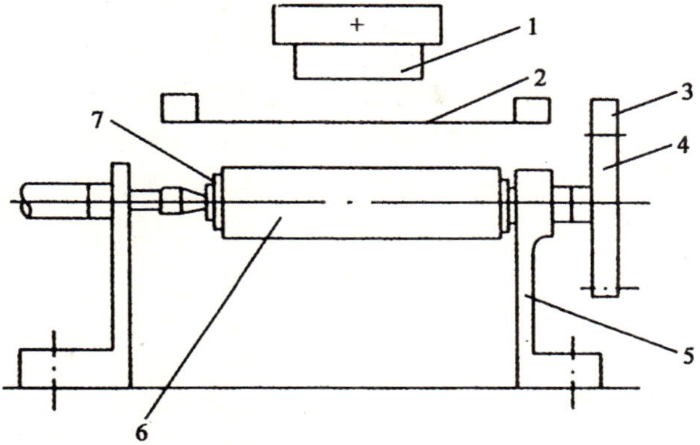

图5-9　强制传动方式丝网印刷装置

1—刮墨板；2—丝网印版；3—齿条；4—齿轮；5—支撑装置；6—承印物；7—模具

（2）圆锥体曲面丝网印刷机

这种机型主要也有网版水平移动式和网版扇形摆动式两种机型。

①网版水平移动式。这种机型网版的运动与圆柱体强制传动式曲面相同。靠齿条—齿轮传动机构实现网版与承印物的同步运动，如图5-10所示。

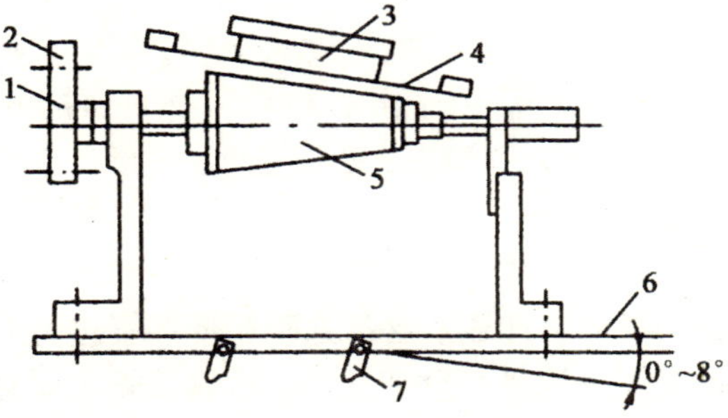

图5-10　网版水平移动式丝网印刷机

1—齿轮；2—齿条；3—刮墨板；4—丝网印版；5—承印物；6—支撑底座；7—底座调整装置

由于这种机型的传动齿轮是按锥体承印物印刷图文长度和中央截面直径计算和制造的。所以，印刷图文在中央两侧部位将会因速差产生缩小和放大现象。这种机型适用于印刷图文长度尺寸较小的圆锥体成型印刷。

②网版扇形摆动式。这种机型取消了网版与承印物之间强制传动的运动方式，而靠网版与承印物表面的接触摩擦力来实现网版与承印物的同步运动，印刷时网版作扇形摆动，如图 5－11 所示。

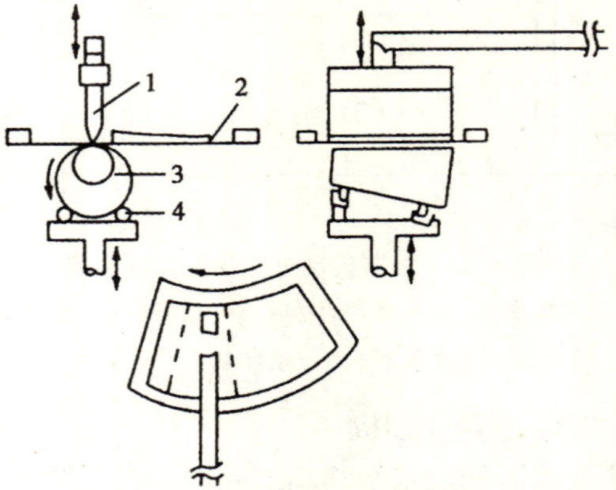

图 5－11　网版扇形摆动式丝印机

1—刮墨板；2—网版；3—承印物；4—支撑滚轮

这种印刷装置，承印物处于上述印刷工作位置，一般由 4 个滚轮支撑，并保证锥体印刷面与网版的水平度。

网版的扇形运动轨迹由承印物锥度大小所决定，扇形摆动中心应与承印物的圆锥角顶点重合。由于网版与承印物表面接触处的线速度相等，不会产生速差，所以，印刷图文不会产生变形。

四、干燥装置

丝网印刷墨层较厚，印刷后必须送至干燥装置进行干燥。干燥方式根据印刷油墨的类型不同进行合理选择。干燥装置主要有挥发干燥型和化学干燥型两种类型。

1. 挥发干燥型

这种干燥类型属于物理干燥法，使用挥发性油墨时采用。其干燥方式有自然放置法和热风干燥法。

2. 化学干燥型

使用氧化聚合型、二液反应型、加热固化型及 UV 硬化型油墨时采用。其干燥方式有自然放置法、热风（40℃）干燥法或加热（100～150℃）干燥法及 UV 照射法等。

第四节　丝网印刷常见故障及排除

一、套色不准故障

1. 丝网印版

（1）丝网与网框

丝网与网框黏结不牢，局部发生开脱现象，印刷时使图文位置变化，引起多色印刷套色不准故障。

排除方法：若版框上丝网有局部松动或开脱现象，必须重新粘贴或重新制作。

（2）张力

绷网时各色印版的张力不一致，多色套印时，在印刷品上出现图文位置错位，造成套色不准故障。

排除方法：清洗网版，待干后重新绷网。要求在一套网版中，各网版的绷网张力保持一致，张力差不得超过 1N/cm。

2. 网距

网距调整过大，使得印刷时刮墨板刮墨压力不同，造成各色印刷图文位置发生变化，导致套色不准故障。

排除方法：重新调整网距，精细产品的印刷品网距在 1～3mm 之间，普通产品的印刷品网距在 2～6mm 之间。

3. 定位

印版在印刷台板上定位器出现配合间隙误差或定位器固定不牢，造成各色印版定位与标准不符，引起印刷图文错位，导致套色不准。

排除方法：重新调整定位器定位的误差并及时固紧定位器。

4．刮板

刮板没有拉直、绷得太松，在印刷中容易造成褶皱，导致套印不准。

排除方法：印刷时，刮板一定要平整、绷紧、无褶皱。

5．印刷压力

印刷压力过大会造成刮板尖端过于弯曲，以致使刮板不能充分刮墨，同时丝网容易伸缩，导致印刷图文套色不准。

排除方法：减小印刷压力，使丝网印刷质量达到最佳效果。

6．温湿度

由于印刷环境的温湿度变化，承印物的材料，特别是纸张材料，就会发生伸缩变形，导致印刷套色不准。

排除方法：控制印刷车间的温湿度，安装空调设备。

二、糊版

1．刮板

刮板的印刷面有伤痕，在刮印时便会造成印版网孔积累，导致糊版故障。

排除方法：在使用中要经常检查刮墨板，如稍有不平，就要用磨平机磨平或更换。

2．印版

丝网印版保存不妥，版面上受到灰尘或其他脏物污染，印刷时若不进行彻底清洗，则在印刷过程中很容易造成糊版。

排除方法：印版必须妥善保存，并且及时清除版面脏物。

3．油墨

丝网印刷油墨中的颜料或其他固体颗粒较大，很容易引起网孔堵塞现象，造成糊版。

排除方法：调整丝网目数或更换优质油墨。

4．承印材料

纸张等承印物质量差。若表面平滑度低、表面强度差，或表面有粉尘等脏物，则在印刷过程中很容易产生掉粉、掉毛现象，导致印刷糊版故障。

排除方法：更换优质的印刷材料。

三、堵塞

1. 印版制作

丝网印版制作过程中，由于涂布感光胶、曝光晒版、显形等环节出了偏差，就会产生版面显影不彻底，留有淡膜、堵塞网孔，造成网孔堵塞故障。

排除方法：重新制版，严格控制各个环节的操作工艺规范化。

2. 刮板

刮板橡皮过硬，造成堵塞故障。

排除方法：改换软性刮板，调整刮墨角度。

3. 油墨

（1）干燥速度

油墨干燥速度过快，造成印版网孔结膜堵塞。

排除方法：调整油墨干燥性能，加入适量的慢干剂，减缓其干燥速度。

（2）油墨黏度

油墨黏度过大，也会引起网孔的堵塞。

排除方法：增加油墨内的添加剂，减少油墨的黏度。

（3）油墨中杂质

油墨中有尘埃、墨皮、杂质等，导致网孔堵塞。

排除方法：调换新的油墨。

四、丝网痕迹

1. 油墨流动性

油墨流动性能太差，丝网印刷离开承印物后，油墨基本不流动，无法将丝网的痕迹填平，墨层干燥后，就会在墨层上呈现丝网痕迹。

排除方法：调整油墨，加入降低黏度和干燥慢的溶剂，增加油墨的流动性。

2. 丝网目数

丝网目数低于 180 目，制成印版后，印出的图文边缘齿牙形较明显，而高于180目的丝网，制版后印出的图文边缘较光洁，齿牙形不很明显。若选用低目数的丝网制作印版，过墨量大，承印物上墨层则越厚，容易出现痕迹现象。

排除方法：在油墨选定的情况下，选用高目数的丝网或改用丝径较细的丝网制作印版，以消除或缓解丝网痕迹。

五、印版漏墨

1．印版制作

在制版时，丝网印版涂布感光胶时产生气泡或曝光量不足，使非图文部分未能固化，经过显影以后产生了透孔，这样在印刷时将造成漏墨。

排除方法：重新制作丝网印版。

2．油墨

（1）油墨黏度

油墨黏度过低，油墨顺丝网版的图文部分渗透到丝网版的背面并扩散，导致漏墨故障。

排除方法：加入适量的原墨，提高油墨的黏度。

（2）油墨中杂质

油墨中混入尘埃、墨皮等杂质，印刷时在刮板的压力下，这些尘埃、墨皮等杂质会把丝网刮伤。油墨中的溶剂也会使印版产生针孔，这些都是造成印版漏墨的原因。

排除方法：更换新的油墨。

3．印刷压力

印刷压力过大，丝网容易被刮墨板刮破，造成印刷时出现漏墨故障。

排除方法：调整印刷压力，适当减小。

六、墨色不均匀

1．印版

（1）丝网目数

在制版时要根据指定原稿和画面，选择适当质量及网目数的丝网。

若丝网目数过高，漏墨性差，造成印刷过程中墨色不均匀的故障。

排除方法：根据原稿的要求，调整丝网目数，重新制版。

（2）感光胶

感光胶层太厚，丝网印刷过程中，漏墨性差，导致印刷墨色不均。

排除方法：根据实际要求选用适应的感光胶，以保证承印物的印刷效果。

2．刮板

（1）刮板刃口

丝印刮板刃口有伤痕，造成局部油墨不能透过，导致印刷过程中墨色不均匀故障。

排除方法：刮板刃口有伤痕，必须进行研磨修复或更换。

（2）回墨板

回墨时，回墨板复墨不均匀，导致印刷墨色不均匀故障。

排除方法：回墨板两端的内侧弯曲、板口平直，操作均匀，避免回墨板复墨不均匀现象发生。

3．间隙

丝网印版和承印物之间的间隙过大，丝网印版压印后不能复原，造成印刷过程中墨色不均匀现象。

排除方法：根据承印物的材料和产品的要求，调整丝网印版和承印物之间的间隙。

4．油墨

（1）油墨黏度过高

油墨黏度过高，容易在网版的细线、点状部位堵塞网孔，导致印刷墨色不均匀故障。

排除方法：适当加入稀释剂，调整油墨的黏度及干燥速度。

（2）油墨调配

油墨调配不良或者调配时混入了颗粒。印刷时，由于溶剂的作用发生膨胀、软化，将应该透墨的网孔堵住，起了版膜的作用，使油墨的漏墨量不均匀，导致印刷墨色不均匀故障。

排除方法：为了预防这种故障，调配后的油墨特别是旧油墨，使用前要用非常细的丝网过滤一次再使用。在重新使用已经用过的印版时，必须完全除去附着在版框上的旧油墨。已经发生这种故障，应立即更换油墨，并清洗丝网印版。

5. 速度和压力

由于刮板运行速度和压力不一致，使墨量大小不均匀，造成漏墨量多的图文部分色泽较深，导致印刷墨色不均匀故障。

排除方法：调整刮板运行速度和压力，配合一致，使墨量大小均匀。

6. 机器精度

由于机器精度降低，刮板运行时产生跳动或稍微抬起，版面上图文部位就会留有残留的油墨，这些油墨通过网孔漏到承印物上，导致印刷墨色不均匀故障。

排除方法：调整机器或更换磨损部件，控制好刮板压力和传动精度。

七、粘脏

1. 油墨

(1) 干燥速度

使用氧化干燥型油墨进行印刷时，油墨表面干燥速度快，而油墨内部干燥速度慢，若印刷品堆积过多，就会产生相互粘脏故障。

排除方法：在油墨中加入适量的钴干燥剂或铅干燥剂，提高油墨的内外干燥速度，同时减少印刷品重叠堆放的数量。

(2) 油墨过量

丝网印版上填墨过量，油墨从网孔中漏在承印材料上图文部分的墨量过多，造成印刷过程粘脏故障。

排除方法：操作时，严格控制油墨的漏墨量。

2. 网版

油墨转移时，残留在漏墨口的油墨向漏墨口外侧扩展。其原因是网版张力不足，油墨过稀，刮墨时有溢界现象，也会造成粘脏故障。

排除方法：重新绷网，更换网版，并调整油墨使其增稠一些。

3. 印刷压力

印刷压力过大，会造成印刷粘脏故障。

排除方法：调整印刷压力，适量减轻。

八、油墨附着不牢

1．承印物

由于承印物表面沾有油脂、黏结剂、灰尘等物质，如果在印刷前不进行相应的清洁处理，就会造成油墨与承印物的附着不牢。

排除方法：印刷前要保证承印物表面的清洁，同时提高印刷场地的防尘能力，减少车间环境对承印物的污染。有些承印物还必须有预处理。

2．油墨

（1）油墨质量

油墨质量差，油墨本身的黏结力不够，引起附着不牢。

排除方法：更换其他类型的油墨，以适应印刷工艺和承印物的要求。

（2）油墨稀释剂

选用稀释剂不当，引起附着不牢。

排除方法：选用稀释剂时，应充分考虑油墨的性质以及稀释剂与油墨的适应性。

3．印刷压力

丝网印刷压力不够，墨层浮在承印物材料的表面，造成油墨附着不牢。

排除方法：适当增加印刷压力。

九、印版耐印力低

1．印版张力

丝网印版的张力不足，造成印刷过程中刮板压力不均匀，丝网版面上不平整的部位摩擦力增加，导致印版耐印力降低的故障。

排除方法：重新紧绷网，选择比较坚固的网框，按照网版张力的要求，进行绷网。

2．网框

选择的网框不坚固，网框在绷网后发生变形，导致印刷过程印版耐印力低的故障。

排除方法：网框必须选择具有一定的强度的材料。因为绷网时，丝网对网框产生一定的拉力的压力，这就要求网耐压，不能变形。

3. 溶剂

由于溶剂使用不当，其图文的线条不断变粗，印版的里面发生破损，导致印版耐印加降低。

排除方法：调整油墨的溶剂，使其符合印刷适性。

4. 承印物

承印物表面的棱角在印刷过程中对丝网印版造成磨损，使印版耐印力降低。

排除方法：尽可能减少轻印刷压力。

十、印刷品上气泡

由于油墨黏度过大，油墨表面张力大，在搅拌油墨时，其中存在的气泡难以从油墨中溢出而滞留在墨层中，这种气泡在印刷墨迹表面上显露出来，造成了气泡故障。

排除方法：在油墨中加入消泡剂，并降低油墨的黏度。还可以适当降低印刷速度。

十一、叠印不良

由于在氧化聚合型油墨中加入过量的干燥剂。致使墨膜的氧化及硬化过度，造成了印刷后一色的油墨叠印不良。

排除方法：适当控制加入干燥剂的用量，并选用叠印性能良好的油墨，降低油墨的黏度。

十二、毛刺

1. 丝网制版

(1) 感光胶

感光胶分辨率不高，致使精细线条出现断线或残缺。印刷品上墨迹边缘带有锯齿状毛刺故障。

排除方法：选用分辨率高的感光材料制版。

（2）晒版

感光膜完全干燥后要尽快晒版。丝网印版在晒版过程中，曝光时间不足或曝光时间过长，都会造成印刷产品上出现毛刺故障。

排除方法：严格控制晒版的曝光时间。

（3）显影

曝光后的印版，立即进行显影，若显影不充分，使丝网印版图文边缘不整齐，出现锯齿状毛刺故障。

排除方法：严格控制显影时间，显影后，用吹风机迅速除出水分进行干燥。

2．溶剂

丝网印版胶膜层接触溶剂后会出现横向膨胀，产生锯齿状毛刺。

排除方法：调整使用的溶剂，选用膨胀系数小的感光材料，以减少膨胀变形而导致出现锯齿状毛刺故障。

3．丝网印版

由于丝网印版表面不平整。印刷时丝网印版与承印物之间存在间隙，即在网版凹下的地方，油墨未被完全刮下，在印刷品上造成印刷墨迹边缘出现毛刺。

排除方法：更换丝网印版，选择丝网目数高的印版，网版表面平整光滑。

十三、重影

绷网张力不足，使版面松张严重，当刮板运行中压力稍大时，在刮板运行方向的刃口前，版面产生松弛，版面上的图文随之移位，导致印刷品上出现重影。

排除方法：重新绷网，调整绷网张力。手工绷网时，张力确定主要凭经验而定。在使用绷网机以及大网框绷网时，一般都使用张力仪测试丝网张力。

第六章　金属印刷

第一节　金属印刷的特点与作用

长期以来罐材是以铁皮为主，故对其装潢印刷称为铁皮印刷，简称印铁。现在印铁的材料不只限于铁皮，所以将金属容器的装潢印刷统称金属印刷。由于承印物是金属印件，因此，金属印刷作为一种特殊的印刷工艺，其设备结构也相应具有特殊的结构方式。

这种金属印刷因为所用的材料比纸张重，传递过程相对也慢，所以印刷速度不能太快。由于印刷材料用的是金属，表面较硬，为了避免与金属结构接触而使印版很快产生磨损，所以排除了直接印刷方式，完全依靠间接印刷方式。由于橡皮滚筒表面橡皮有弹性，所以只需要很小的压力，就可以将图文转印到较硬的铁皮面上。

金属印刷很少是最终制品，而是各种容器、盖类、建材、食品罐类、家用电器制品、家具、铭版、以及各种杂用品等，这些制品大都是以丰富人们的生活和日常使用为主要目的。

为了引起消费者的购买欲望，提高商品的使用功能和销售价值，金属印刷具有如下的特点：

（1）色彩鲜艳、层次丰富、视觉效果好。铝皮和马口铁的表面层，具有闪光的色彩效果，经过底色印刷，图案更加鲜艳。再经表面处理和涂装，印刷后也可出现特殊的光彩效果。

（2）金属承印材料具有良好的机械性能和加工成型性能。因此，金属包装容器更加显示新颖、独特的造型设计，制造出各种异形筒、罐、盒等包装容器，可以美化商品提升实用的价值，提高了商品的竞争力。

（3）金属材料的良好性能和印刷油墨的耐磨性，不仅为实现独特的造型设计和精美印刷创造了条件，而且提高了商品的耐久性和保持性，可更好地体现商品的使用价值和艺术性。

（4）金属制成食品、饮料等食用罐、听具有保质期长、使用方便的特点。

随着社会的进步，经济的发展，金属材料产量也日益增多，特别是一般用途的罐装及饮料罐、涂料、油类、药品、点心等容器方面的应用发挥了显著的作用。

1．食品罐听类

长期以来食品罐听类的商标，绝大多数是采用彩印纸贴商标贴在罐听外面。现在这类罐听基本上都是采用铝皮和马口铁彩印代替了纸贴商标。使该类产品不仅上了一个台阶，而且提高了罐头的附加值，又减少产品仿冒的现象，其作用十分明显。

2．油听、罐类

机油罐、听，食用油听，油漆罐、听等。这些罐、听外壳经过铁皮印刷，可以形象地表达内容物的名称、特点及使用方法等，以其色彩鲜艳的铝皮和铁皮彩印发挥了显著的作用。

3．气雾罐类

气雾罐品种花色多样，如工业用的金属探伤剂、防锈剂、清洁剂等，民用的有喷发油、杀虫剂、上光蜡等。这类产品采用彩色印铁外壳，为气雾罐的外包装装潢增添效果。

4．日化类

日化类包括文具盒、礼品盒、药品盒、香脂盒、清凉油盒等，这些产品采用铁皮印刷工艺使产品起到独特的作用。马口铁文具盒的图案十分精美，深受学生们的欢迎；药品盒、保建品盒的图文也尽显特征，突出药品的个性；香脂盒仍以老产品、老图案为主；清凉油盒的图案和制作更是家喻户晓的产品。

5．玩具类

彩印铁皮玩具具有轻巧牢固等特色，是塑料材料所无法比拟的。

总之，金属印刷为商品包装装潢、为新的商品进入市场起到了极大的辅助作用。

第二节　金属印刷印版

印版的制作质量是重要的因素，因此，印版制作过程中，每个环节都必须要求严格。

一、原稿

铁皮印刷的原稿必须符合三个方面的要求：

1. 图案、文字和线条清晰，有足够的遮光性。

2. 接到客户的原稿后，必须审核原稿是否适合印铁工艺的要求，若不合适时，必须加以修正。

3. 要适合印刷后加工制罐及焊罐的要求。例如，电阻焊罐要考虑中间5mm左右的电阻焊接缝留空处是否影响图文的完整性。另外，止口罐的接缝处也是原稿设计时必须考虑的一个因素。

二、网线的选择

由于采用网屏线数越粗，总面积上网点数越少，网点边缘长度越短，在同样的条件下印刷网点扩大量就越小。反之，网屏线数越细，总面积上网点数越多，总的网点边缘长度越长，在同样的条件下印刷网点扩大量就越大。根据铁皮印刷的色调传递现状，选择粗网要比细网为好，尤其是饼干、糖果包装听等。

三、网点的选择

1. 采用链形点

在中间调点与点相互接角，是按单方向连接的链形网点。因此，中间调的跳级突变现象比惯用的方网点有所缓解，这种点形对金属印刷调子再现是有利的。

2. 采用圆形网点

圆形网点的边缘长度比同等比例的方形网点的边缘长度短，所以印刷扩大值也小，这种圆形网点对金属印刷也是可行的。

四、采用标准三原色

用标准三原色工艺取代多色和色版工艺避免套印不准故障以及摩擦损伤的现象。

五、白色版的采用

一般印刷是满版印白色后，再印彩色图案。但是有金色图案印刷时，要注意金色下面不能垫白，否则达不到金色醒目的效果。若在一个图案中，白版和金版的结合边缘，二者之间应压一线，以防止在印刷过程中露出金属底色。

六、晒版

印刷用PS版属阳图型PS版，其晒版原理是：将阳图底片有药膜的一面与阳图PS版的感光层在晒版机内抽真空密附在一块，设定晒版的曝光光通量的参数并进行曝光。空白部分的感光层在光的照射下发生光分解反应，图文部分因不透光，感光层不发生变化。

由于PS版种类、产地的不同，对每批PS版进厂后都要进行测试，确定正确的曝光时间，避免出现曝光过度，小点子丢失、实地缩小；曝光不足，感光胶膜未充分接受光化学反应，显影后版面出现反蓝底现象。

七、显影

PS版显影的目的是除去光分解的感光层，使之露出版面为亲水部分，留下未见光的感光层作为亲油墨层。显影的过程是见光部分则分解成为可溶于显影液，而未见光的感光层不溶于碱性显影液。

PS版显影方法，一般分为手工显影、半机械显影、自动机械显影等。由于阳图PS版感光层经光分解后，在显影液中遇到碱溶解的残液会使显影中碱的作用力越来越弱。所以，显影操作过程中要随时注意添加显影原液，使用一定时间后应更换新液，保特显影液的稳定。

八、除脏

印版上的除脏方法比较简单，用毛笔或油画笔蘸上除脏剂描涂版面上多余的规矩线、底片印迹、脏点、胶纸带印迹等将脏迹除去。

九、修补

印版制作过程中，若发现由于底片、PS 版感光层或其他方面的问题而造成版面的图文有缺漏、少线、断道等情况时，可进行修补。

修补方法也很简单，版面经过显影后，将需修补的地方用热风吹干，用毛笔蘸点修补液涂在需修补的地方，或者用修补笔画在修补之处，然后用 60 ~ 70℃ 的电吹风吹干即可。

在印刷中发现需修补时，因版面上已涂上揩版胶，所以直接涂修补液是不牢固的，必须对印版进行表面处理，使用脱脂棉蘸上显影液擦洗需修补的地方，用湿毛巾擦去显影液，再用 3% 的磷酸中和，然后用水洗净，并用热风吹干即可进行修补。修补后仍用热风吹干，使修补液中的树脂干燥成膜，牢固地黏附在印版版面上。

十、烤版

烤版是将经过曝光、显影、除脏与修补后的印版，表面涂有保护液后，在 230 ~ 250℃ 的恒温下烘烤 5 ~ 8min，再用显影液进行第二次显影。印版通过烤版处理后印数可比不经烘烤的提高了 3 ~ 4 倍。

十一、提墨

提墨是将显影黑墨涂布在印版的图文部分，可以增加图文感光层对油墨的吸附性能，有利于印刷品质量和耐印力的提高。

十二、上胶

在印版表面涂布一层揩版胶，保护版面被污脏。

金属印刷的印版是采用 PS 版，其制版工艺基本上与胶印制版相似。为了提高金属印铁印刷品的质量，必须先解决金属印铁印版的制版质量。对于制版的每一个环节的变化因素要有正确的判断，并根据金属印铁印刷品的适性、油墨的特性来调整制版工艺的参数，目的是再现原稿，达到质量要求，即制出符合金属印铁印刷品适性的印版。

第三节　金属印刷工艺

金属印刷工艺为：印刷前的准备——→试印刷——→正式印刷。

一、印刷前的准备

1．材料

金属印刷的材料很多，马口铁是金属印刷最早使用的承印材料。随着生产的发展、市场的需求，出现了无锡薄钢板和黑钢板，它们均属于低碳冷轧钢板，多用于制作高档的食品包装盒。铝片、铝合金片及铝箔等由于质轻，不易受腐蚀则被广泛用于包装装潢和制罐。它们多以版料、铝箔、复合材料等形式进行印刷和后加工成形。近几年来，铝及铝合金材料又作为印刷装饰板用于建材方面也日益增多。

（1）马口铁

马口铁又称镀锡钢板，是在薄钢板基材上镀锡而成。薄钢板基材以低碳钢为原料，其厚度一般为0.1～0.4mm。

镀锡钢板按其镀锡工艺不同可分为热浸镀马口铁和电镀马口铁两种类型。

①热浸镀马口铁。热浸镀马口铁采用液涂工艺镀锡，其涂层厚度较厚，消耗锡量较大，涂层厚度也难以控制。所以应用也受到限制。

②电镀马口铁。电镀马口铁也称冷镀马口铁，采用电镀工艺在钢板基材上均匀地镀以锡膜。电镀马口铁主要有碱性电镀法、硫酸盐电镀法、卤素电镀法和硼氧酸电镀法等。

根据薄钢板的正面和反面的镀锡厚度是否相同，又可将马口铁分为等厚镀锡和差厚镀锡两种形式。等厚镀锡是指薄钢板的正面和反面的镀锡厚度相同，而差厚镀锡其正面和反面的镀锡量存在差异。

马口铁的截面图如图6－1所示。

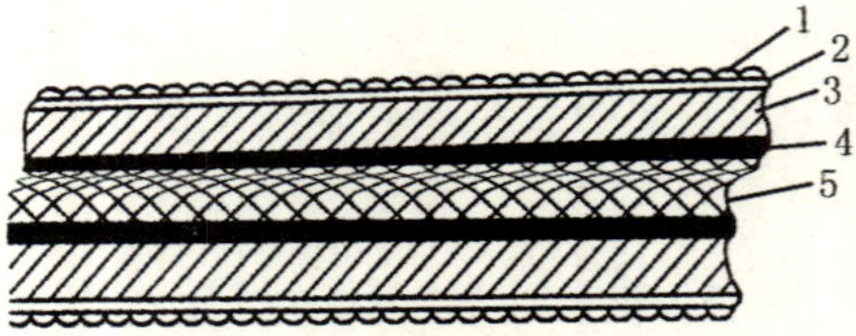

图 6－1　马口铁的截面图

1—油膜；2—氧化铁；3—锡层；4—合金层；5—底材

在钢基板与锡层之间产生了一层锡铁合金。这是在钢板上镀锡后进行软熔处理和钝化处理而产生的，它不仅具有媒介作用，使锡牢固地附着于钢板表面，而且还可以使锡层光亮，补偿锡层存在的孔隙，提高钢板耐腐性。

（2）无锡薄钢板

无锡薄钢板是完全不用锡的钢板，其保护层由极薄的金属铬和铬的氢氧化合物构成。金属铬层可提高耐蚀性，铬的氢氧化物将铬层上的气孔进行填充，达到防锈的目的。另外，对于无锡薄钢板，不能像含锡那样进行软熔，表面光泽性较差。因此，在无锡薄钢板表面上直接进行印刷时，与马口铁板和铝板相比，其鲜明度较差。此外，无锡薄钢板处理皮膜很薄，容易产生瑕疵点，在操作时应加以注意。在使用中，若用涂料或其他有机皮膜进行充分覆盖，油膜的附着性能良好，涂装加工后可得到良好的耐蚀性能。

无锡薄钢板的截面图 6－2 所示。

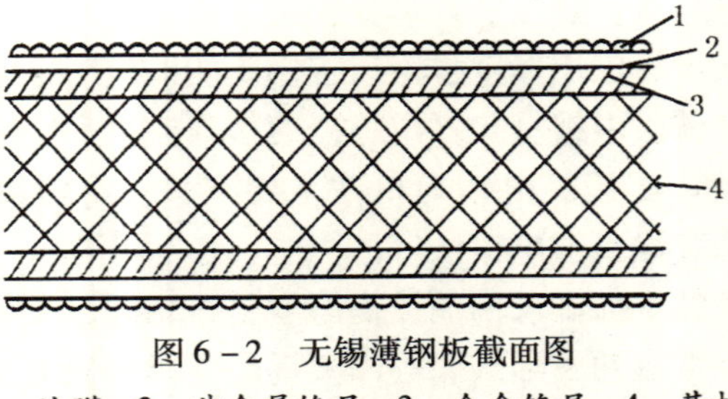

图 6－2　无锡薄钢板截面图

1—油膜；2—非金属铬层；3—合金铬层；4—基材

（3）锌铁板

在冷轧钢板上镀以熔融锌即成为锌铁板。用于装饰板，是在锌铁板上镀以着色的涂料即成着色锌板。日本进口的锌铁板，锌的附着量可分为 4 种，即 $183g/m^2$、$244g/m^2$、$305g/m^2$、$381g/m^2$。墙壁装饰用一般选用 $183g/m^2$ 以上的锌铁板，屋顶装饰用一般选用 $244g/m^2$ 以上的锌铁板。

（4）铝薄板

铝薄板分为纯铝薄板和铝合薄板两种，其机械性能和耐蚀性各有不同。铝板经反复冷轧，材料变硬会发生脆化。因此，对铝薄板应进行调质处理。此外，在进行涂布或印刷时，会因温度的升高产生软化现象，所以，应根据使用目的不同合理选择铝板的材质。

铝材的主要特点如下：

①与马口铁和无锡薄钢板相比，其重量轻$\frac{1}{3}$。

②不会像铁板那样着色后生成氧化物。

③不会因金属离子的析出而产生金属恶味。

④表面处理容易，由自然发色或人工着色处理后可得到鲜艳的色彩效果。

⑤因传热性能较佳、对光的反射性能良好，所以对光或气体具有良好的遮盖性。

作为包装材料，铝薄板具有优良的特性。同时，铝板的表面反射率较高，印刷适性较好，可以得到良好的印刷效果。所以，铝薄板在金属印刷中越来越广泛采用。

2. 印铁涂料

（1）印铁涂料的组成

印铁涂料的组成是：成膜物质、颜料、催干剂、辅料和溶剂。

①成膜物质主要是油和树脂。油分干性和半干性，树脂分天然树脂和合成树脂。

②涂料的颜料大体上和油墨相似。但是，由于涂料和油墨的用途不一样，涂料中必须加入防锈颜料。

③催干剂有钴液、铅锰液等。

④辅料中有悬浮剂、润滑剂、乳化剂、稳定剂、催化剂、防霉剂、紫外吸收剂、增塑剂等。

⑤溶剂有丁醇、二甲苯、香蕉水、200#溶剂油、松节油等。

（2）印铁涂料分类

印铁涂料根据不同的用途，一般分为外层涂料、内层涂料以及特殊涂料三类。

①外层涂料可以使图文印刷在所需要的底板上，其作用是提高金属表面与油墨层的附着力。因此，要求涂料对金属表面具有牢固的结合力，并对油墨层也有良好的亲和力，这就要涂料必须具备良好的流动性、抗水性和呈色性等特点。

外层涂料又分为底涂料、白色或彩色涂料和罩光涂料三种类型。

第一，底涂料又称打底涂料，是介于墨膜和金属薄板之间的涂层，主要是增加罐头外面涂膜层对金属薄板的附着力。

第二，白色涂料介于底涂料和彩色油墨之间，一般作为印铁产品的底色。主要成分是钛白粉、树脂、溶剂等组成。

第三，罩光涂料是印铁产品完成之后最后一道工序，对印铁产品起到保护的作用，还能够增加印铁产品的美观光亮，同时大大提高了印件产品的表面机械性和抗理化性能。

②内层涂料是在铁皮里面即成型产品的内侧进行涂料，也就是对容器内直接与被装物接触的一面涂布一层涂料，以保护铁皮不受内装物的浸蚀。同时，对内装物也起到保护作用。由于罐头里面的物品不同，不同的食品又会产生不同的腐蚀物。所以，不同的食品罐头，要选用不同的内层涂料，以便有针对性地保护食品不会产生腐蚀现象。

③特殊涂料是指边缝涂料、哑光涂料、银色涂料等。

第一，边缝涂料是指电阻焊罐在制罐成型后，补涂上去保护焊缝避免锈蚀的一种涂料。内边缝涂料干燥后要符合食品卫生要求，外边缝涂料要求无色透明，以免影响外观。

第二，哑光涂料要求外表哑光，达到特殊别致的效果。但是，有些产品要求黑色哑光，如胶卷暗盒外壳，内面需要涂一层黑色哑光涂料，起到产品的保护作用。

第三，银色涂料成分主要是聚酯、氨基树脂和铝粉原料加工配制而成，适合滚筒涂布工艺。

第四，其他涂料主要指锤纹涂料和珠光涂料等。

3. 油墨

金属印刷油墨与一般平版胶印油墨所采用的连结料都是树脂型，也是以醇酸树脂为主。如酚醛树脂、苹果树脂等。由于金属印刷的承印物是铁皮或其他金属薄板。印刷后的产品制成食品罐、杂品罐、玩具、软料管等包装用品。根据其用途不同，如制成罐后需要进行高温处理，有的要求油墨具有耐高温的性能，有的要求符合食品卫生或具有其他用途而定的要求。因此，金属印刷油墨必须具备特殊的要求。

（1）油墨的流动性

金属印刷油墨与纸张印刷油墨不同，前者一般着墨较多，由于完全不渗透，所以容易造成文字、网点变形，又因为使用加热干燥装置，故印刷车间的温度高，油墨就会变软。若油墨的流动性变化大，越软越容易与润湿液发生乳化作用，致使印刷图文变形。因此，对于油墨温度，变化要稳定，黏度变化要少。

（2）油墨的干燥性

金属印刷油墨普遍使用合成树脂型油墨，这种合成树脂油墨遇热反应，形成牢固的皮膜。因此，要尽可能利用低温干燥，使之加快硬化。

（3）油墨的耐溶剂和湿涂性

为了提高印刷工效，要求金属油墨具备耐溶剂和湿涂性的性能。就是在印刷后的油墨上立刻涂布罩面光油，不会发生油墨溶化进入罩面光油之中。

（4）油墨的耐热性

这是饮料、肉食等食品罐类必须具备的性能，是为了将成型制罐品用高温、高压水蒸气进行杀菌处理，也就是将印刷品成型的罐长时间放在高温、高压的水蒸气中，然后急骤退回到常温、常压的环境中，金属印刷品的表面不会呈现水泡、褪色、剥离等问题。

（5）油墨的耐光性

食品罐、点心罐、药品罐、玩具等长时间地陈列在橱窗里，具有因阳光照射而不会褪色的耐光性能。

（6）油墨的耐加工性

金属印刷完毕后，进入印后加工，根据产品的用途进行四边弯曲、卷边接缝、形状冲切，亮油之间具有较好的密附性。因此，金属油墨的连结料要选择特制的合成树脂。

另外，金属印刷油墨主要用热能进行干燥，为了加速油墨的干燥，可采用紫外线照射瞬时干燥的油墨，即 UV 油墨。

UV 油墨的组成与普通油墨不同，连结料中预聚物是 UV 油墨的主要成分，它除了使颜料充分润湿外，还可使油墨具有必要的黏性和流变性，促使油墨硬化。金属油墨所用 UV 油墨，应选择与承印材料能较好黏附，并能适应后加工的材料，如多无醇丙烯类、环氧丙烯类、尿烷等。

金属印刷 UV 油墨主要成分由引发剂、树脂和调墨油等组成，属于无溶剂型油墨，其基本组成如下：

表 6－1　无溶剂型油墨基本组成

颜料	20% ~25%	光聚合引发剂	5% ~10%
丙烯酸系预聚合物和单体	60% ~70%	辅助剂类	5% ~10%

使用单体可以调整油墨黏度和交联密度的作用。无聚合引发剂是起到吸收紫外线作用，使预聚合物与单体开始产生聚合反应，它是决定油墨的硬化速度、油墨储存的稳定性及预聚物和单体的相溶性、黄变性、含毒性的主要因素。助剂类包括阻聚剂、调黏剂、石蜡等。

4. 润版液

金属印刷大多数是采用平版印刷方式。在印刷过程中，必须按照“先水后墨”的原则进行操作。首先在平印版上涂布润版液，使版面的空白部分被水润湿，形成疏油的水膜，而图文部分亲油疏水。由于空白部分被水润湿而疏油，图文部分则亲油着墨，形成图文墨层，在压力作用下转印到承印物上。金属印刷过程中润版液也是影响质量的关键因素之一。

金属印刷使用的润版液一般分为普通润版液、酒精润版液、非离子表面活性剂润版液。

5. 除尘及去皱处理

为了使涂布和印刷工序能够须利进行，在涂布和印刷前必须清除马口铁表面的油脂和尘土等杂质，同时让马口铁通过两个圆辊之间进行压延，使马口铁表面具有良好的平滑度。所使用的设备有除尘机、去皱机和烘炉，如图 6－3 所示。烘炉用于清除板皱纹表面的油脂，使油脂挥发，烘烤温度为 180～210℃。

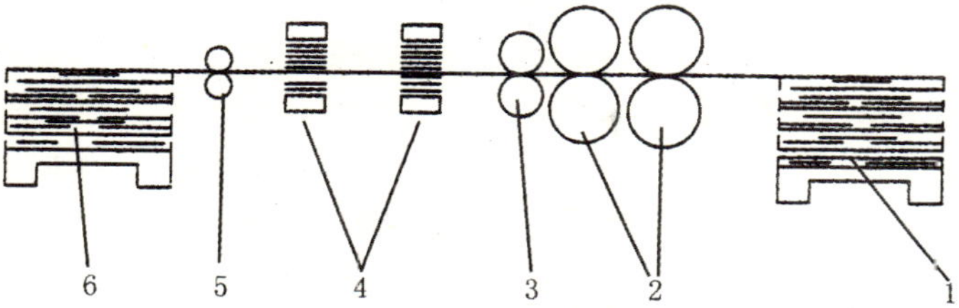

图 6－3　除尘、去皱机

1—输纸台；2—呢辊；3—输送辊；4—毛刷；5—除皱辊；6—收纸台

二、试印刷

1. 印刷色序

单色金属印刷机一般按黄色→品红色→青色→黑色的顺序进行印刷，因为单色机需要从浅色逐渐到深色进行印刷。单色机属于干叠湿套印。四色金属印刷机属于湿叠湿套印，由于前色油墨处于湿状态，后印色墨容易反黏，所以从油墨透明考虑，应逐渐递增为适宜。四色机的色序一般为黑→青→品红→黄，从深色到浅色的色序，与单色机金属印刷机的印刷色序相反。

2. 印版

校对印版的规格尺寸是否适合印刷要求，版面是否平稳、光洁，图文中是否有刮伤或缺笔断画等现象，规矩线和角线是否齐全，咬牙的咬口尺寸是否正确，等所有问题核对完后，可根据包衬要求安装印版。

3. 压力调整

印刷压力，也叫压印力。金属印刷以印铁工艺为例，印铁的工艺过程中主要是依靠一定的接触压力将图文上的油墨转移到印件上，这个压力就叫做印铁压力。

印刷压力的适当与否，往往是通过印品的印刷质量表现的。压力应当以印品具有网点结实、图文清晰、色泽鲜艳为前提，并且施加的压力越小越好。

印刷压力的大小是可以调节的，其调节方法就当前有两种：

（1）滚筒中心距调节法

通过调节两滚筒之间的中心距，可以增加或减少印刷压力，这是一种最常见和最主要的调节方法。

（2）包衬厚度调节法

通过增加或减少滚筒包衬的厚度，可以加大或减小印刷压力，这是一种只有在万不得已的情况下，才允许采用的一种方法。

4. 水、墨控制

给水、上墨是在试印刷开印之前给水辊和上墨辊涂布印刷所必需的适量水分和墨层。

给水与上墨在印铁过程中有着直接的关系，水小、墨大，会发生印版脏、糊等故障；水大、墨小，会发生油墨乳化、印迹空虚、墨色减淡、轮廓模糊、干燥减慢等故障。因此在给水或上墨的同时，必须注意墨量和水量的变化，及时调节。

印版表面所需润版液用量的大小，与图文面积有直接的关系。一般图文面积大，相对空白面积就小，需要的润版液用量就少，反之，印版需要的润版液用量就多。

印刷品的墨层具有一定厚度，印刷墨层厚度与印版表面的润版液量的多少有一定的关系。印刷墨层厚，润版液需要量就多，反之则少。一般，印刷中提高印刷墨层厚度的途径有两种：一种是润版液的用量大小不变，加大油墨量；另一种是油墨量大小不变，减少润湿量，一般采用前者。

总之，水量大小的控制，主要根据版面所需水量的多少，结合具体的印刷版面的图文实际以及墨量的大小来确定。

墨量的大小的控制，主要根据版面墨层厚度、图文面积大小以及印刷工艺的要求综合因素确定。

5. 涂布

涂布印刷的单张马口铁，可加工制成三片食品罐、饮料罐和喷雾罐器。根据承印物的特性及使用目的不同，应具有相应的耐蚀性及印刷、加工性能。为此，在印刷之前要进行底层涂布。与印刷有关的涂布工艺主要有印前涂布、表面白色涂布、边缝涂布等方式。

（1）印前涂布

利用打底涂料进行涂布。在涂布之前应对涂布表面进行去脂，以清除表面的油污。印前涂布有内涂和外涂两种形式。

①内涂。内涂是在铁皮里面即成型产品的内侧进行涂布，涂布一层保护亮光油，以保护铁皮不受内装的浸蚀，同时对内装物也起到保护作用。由于内涂涂料直接与食品接触，要求涂料必须无毒、无味、内涂后应在干燥器中进行干燥。

②外涂。外涂是对印刷面进行涂布，其作用是提高金属表面上油墨层的附着力。因此，要求涂料对金属表面具有牢固的结合力，并对油墨层也有良好的亲和力，这要求涂料还必须具有良好的流动性、抗水性和呈色性。

（2）白色涂布

利用白色涂料或无色透明涂料对金属表面进行涂布。一般作为印刷满版图文的底色使用。白色涂料应具有良好的附着性和白度，并在高温烘烤的条件下不泛黄、不褪色，并在制罐过程中不掉层、不剥离。

（3）边缝涂布

主要指电阴焊罐成型与利用边缝涂料补涂在罐头边缝，防止锈蚀的一种涂布方式。

马口铁以及其他金属板的涂装一般由涂布机进行，大多采用辊式涂布方式，涂布机的构成原理如图 6－4 所示。

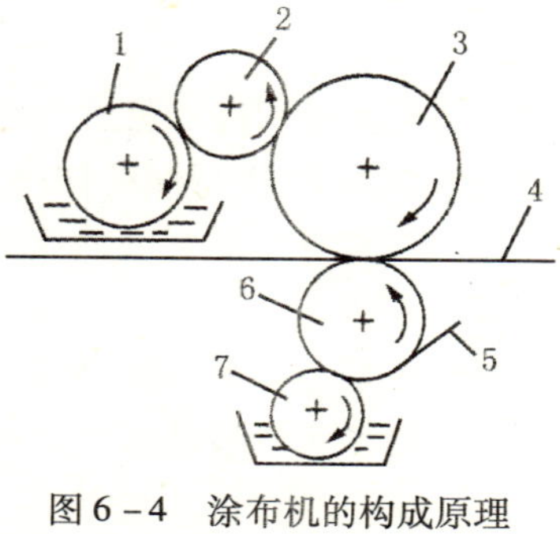

图 6－4　涂布机的构成原理

1—出料辊；2—传料辊；3—涂布辊；4—金属板；
5—刮料刀；6—刮料辊；7—增湿辊

出料辊与传动辊的间隙大小决定涂层厚度。一定量的涂料由传料辊传给涂布辊，然后由涂布辊将涂料涂布在金属板上，完成表面涂装。由于金属板按一定的间隔进行传送，因此，金属板之间有一定的间距，且涂布辊与刮料辊接触，将涂料转移到刮料辊上。刮料辊上装有刮料刀，将辊上的涂料刮下，以防止金属板的间隔内将涂料转移到下一块金属板的背面，引起背面带脏故障。

6. 试印刷

根据工艺要求，校正印版的位置使之与印件位置相吻合，也就是校正十字线。

由于金属印刷大多是多色彩色印件，因此，校版有第一套色校版和叠色校版之分。第一套色校版主要是根据产品的工艺要求，确定图文在印件上的位置，图文的确定同时也是规线位置的确定。叠色套印校版一般以第一色版为准，反复校正规线，直至校准为止。然后，根据样张，进行调整试印出符合要求的印刷品。

三、正式印刷

试印刷结束后，即进入正式印刷阶段。正式印刷过程中必须注意以下几点：

1. 确定印刷样张

进入正式印刷后不久，应经常抽样检查，进行再次调整，确定印刷样张。

2. 观察水、墨变化

试印刷阶段的上水量、上墨量和进入正式印刷阶段后的上水量、上墨量，过程中都会有些变化。应经常与标准样进行对比检查，发现问题，及时调整。

（1）观察印版表面泛黄程度

通过印版表面泛黄程度就可以直接观察出水斗液的酸度强弱情况。一般印版表面泛黄严重，说明水斗液酸性太强，可以调整 pH 值，否则会引起印刷质量故障。

（2）观察墨辊变化

若墨辊和墨斗两端发现油墨干固严重，说明该墨干燥速度太快，及时调节或采取相应的措施，解决干燥太快的弊病。

3. 产品质量检查

建立产品质量标准，定时对产品质量检查，对产品质量进行全面监控，尽量减少差错的出现。

4. 金属板印刷机操作工艺

平台式印铁机上有三块大小相近的平台，靠近墨斗的是墨台，中间一块是版台，后面的一块是水台，三块平台处于同一水平线上，如图6－5所示。

图6－5　平台印铁机示意图

平台印铁机的操作主工艺如下：

（1）调节墨斗出墨量

首先对印版的用墨量进行估计，看印版上的图文的面积，考虑油墨颜色的深淡等。若墨斗间隙要小一些，先把全部放松螺丝松开，将调好的油墨放进墨斗内，校正墨色，调节推紧螺丝，同时把一块版分几条，看哪一条需要的墨多，哪一条需要的墨少，墨多的地方推紧螺丝放松一些，墨少的地方推紧螺丝则紧一些。

（2）加水

加水应当坚持勤加少加的原则。勤加水可以使水分均匀地散布于版面，不会间断。少加可以保证版面润湿合理。

（3）校版

校版即校正印版位置。在校版时不仅要看十字线是否印准，而且还要注意各部分墨色的深淡。必要时可以调节印版的高低和滚筒位置或者采用“借滚筒”和调节印件位置的办法，直到校准为止。

（4）插铁皮

插铁皮是指用人工插镀锡薄钢板和插铝皮的操作。插铁皮用力要适度，铁皮与后面垂直板成 20°夹角为好；插铝皮与垂直板的夹角以 45°为好，在咬牙未咬住前不能松手或摇动，否则会使套印不准。

（5）插架

插架是将印好的铁皮准确无误地插入架内的过程。

（6）抽铁皮

抽铁皮是把待印的铁皮从架子齿口插口，递到铁台上的过程。

平台印铁机采用等工续料，生产效率低，印刷供料的尺寸较小，目前较少采用，已逐步转为自动输送装置代替等工续料的操作。

5. 轮转式铁皮印刷机操作工艺

轮转式铁皮印刷机有单色和多色之分，主要介绍单色机的结构及操作工艺。单色铁皮印刷自动生产线主要由进料台、印刷主机、涂料机、烘房、翻架、卸料台等组成。如图 6－6 所示。

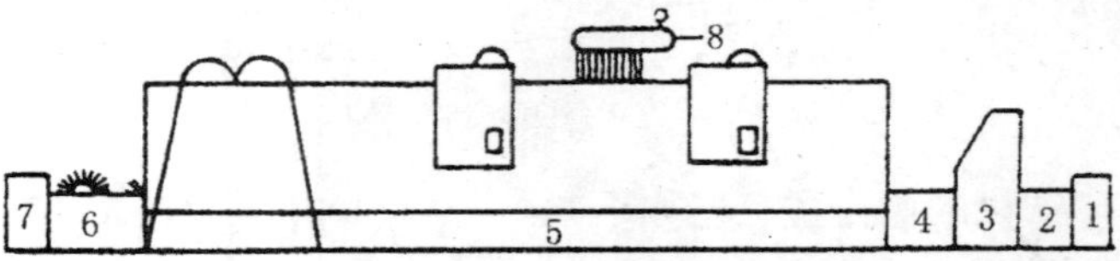

图 6－6　轮转式单色铁皮印刷自动线示意图

1—进料台；2—总控制台；3—印铁机；4—涂料机；
5—隧道式烘房；6—翻架；7—卸料台；8—热源

轮转式铁皮印刷机操作工艺如下：

（1）进料台

进料台是印铁流水线中承印物的总入口。因为金属板进入印刷滚筒时不能像纸张等承印物那样卷绕在滚筒上，而是将金属板的后端压住，使板料送入压印滚筒上，给料部的结构基本上与给纸机相同，只是采用大型的吸料嘴和吹嘴以强力将板料吸起，并利用磁铁将板料分离。在进料操作中，要求操作人员使输入的承印物垛贴近进料台壁，不能留较大的间隙，如果间隙大，就会导致输送故障。

（2）印刷部分

印刷部分由印版滚筒、橡皮滚筒、压印滚筒、输墨装置、润湿装置等组成。如图 6－7 所示。

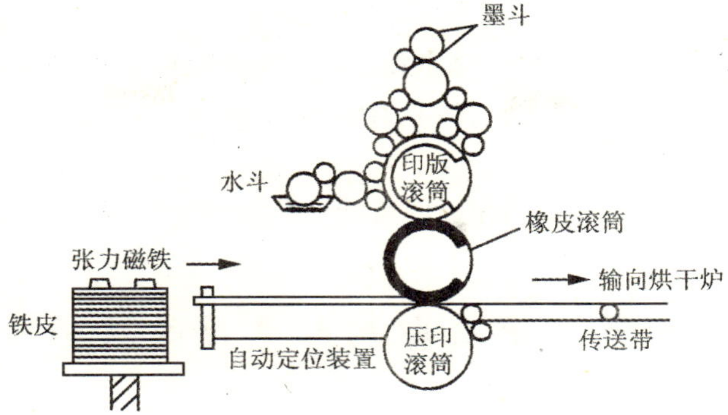

图 6－7　印刷单机组结构示意

在印刷过程中，一般采用硬性包衬材料，橡皮滚筒的表面要采用硬性印铁专用橡皮布，否则会引起网点变形故障。

（3）涂料机

涂料机主要用于印件上光和刷白，也可以用于印件的打底和其他颜色的涂料涂刷。涂料机的涂刷原理如图 6－8 所示。

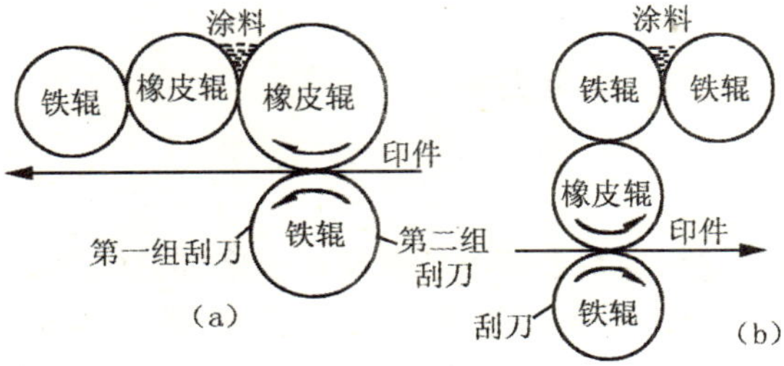

图 6－8　涂刷原理

涂料与刮刀接触的铁辊一般采用镀铬辊。橡皮辊常用有三种：第一种用 5mm 左右厚度的耐溶剂橡皮布包在空心铁辊上，这种辊涂刷质量好，适于满版涂刷；第二种是由橡皮布衬垫毡呢包在铁辊上，适于一般产品的涂刷；第三种是根据图文面积的开槽橡皮辊，主要用于喷雾罐及电阻焊缝一类的产品。刮刀的作用是把涂料刮去，避免印件背面带料。刮刀有两组和一组之分。对于背面要求绝对清洁的精细产品，必须采用两组刮刀，如图 6－8 所示。

（4）干燥装置

干燥装置主要有板料干燥机和 UV 照射装置的两种类型。

板料干燥机指烘房、烘房由炉体、专动链条、加热装置、热量循环系统等部分组成。

UV 照射装置是 UV 固化，即紫叶线射能量使涂料固化成膜。

第四节　金属印刷常见故障及排除

一、套色不准

1. 制版因素

菲林误差，菲林受温、湿度变化引起伸缩变化；PS 版晒版误差等制版过程引起故障。

排除方法：必须认真仔细地检查和保管好菲林、PS 版晒版过程也必须按质量标准操作。

2. 包衬

包衬压力不标准，引起套色图文不准。

排除方法：合理调正包衬，符合质量标准。

3. 橡皮布

橡皮布安装过程绷紧不均匀或橡皮布老化都会引起套印不准。

排除方法：重新绷紧橡皮布，使绷紧度变力一致，更换老化橡皮布。

4. 机械因素

侧规和前规调节不当或机械部件磨损都会造成套印不准。

排除方法：调节侧规和前规位置，直至合理状态。检查设备磨损的部件进行修复。

5. 输料部分

输料部分，送料过程走势不平稳，不成直线，造成套印故障。

排除方法：调节输料部件的装置，使金属板从进料印刷到出料平稳。

二、图文模糊

1. 油墨

(1) 连结料

油墨中连结料附着力差，引起图文模糊。

排除方法：增加优质连结料，提高黏度。

(2) 油墨过硬

油墨过硬，造成吸附力不够，引起图文模糊。

排除方法：增加油墨的流平度，适当加入辅料或优质新墨。

(3) 油墨黏度

油墨黏度太大。引起图文模糊。

排除方法：适当加入辅料将油墨调薄，降低油墨黏度。

(4) 油墨干燥

墨辊上油墨干燥太快，影响传递，造成图文模糊。

排除方法：油墨中加入适量的抑干剂。

2. 压力

(1) 印刷压力

橡皮滚筒、印版滚筒压力过大，造成图文模糊。

排除方法：重新校正印刷压力。

(2) 墨辊压力

墨辊和水辊压力太大，造成图文模糊。

排除方法：调正减轻压力。

三、色彩不鲜艳

1. 润版液酸性太强

水斗溶液酸性太强，造成色彩不鲜艳故障。

排除方法：降低水斗液的酸度。

2. 水分太大

水分太大，也会引起色彩不鲜艳故障。

排除方法：调节减少供水量。

四、脏版

润版液

（1）润版液酸性太强或酸性太弱，都会引起脏版。

排除方法：调节 pH 值酸性。

（2）水量

水量过少，引起水墨不平衡，造成脏版。

排除方法：调节增加水量。

五、堆墨

1. 墨量

墨量过多，堆积在版面，造成堆墨故障。

排除方法：调节减少墨量。

2. 油墨颜料

油墨颜料密度大，特别是金墨、银墨产生堆墨问题严重。

排除方法：增加冲淡剂，勤洗印版和橡皮布。

第七章　金银墨印刷

第一节　金银墨印刷的特点与作用

金银墨印刷就是用金墨和银墨进行印刷，使印刷品具有特殊的金属光泽。

金、银色具有富丽堂皇，高贵典雅的特色。自古以来，人们就喜欢用金银来做装饰品，用金色、银色装饰官殿的建筑和佛像，以示威严和华贵。高档的书籍封面、封套、插页以及包装装潢的产品和广告等点缀金色、银色，能够给人华丽、精致的感觉。

一、金银墨印刷的特点

1．光泽度

金、银墨的金属感在很大程度上与金粉、银粉的颗粒大小有关，金、银墨与普通油墨相比，金属油墨的颗粒较粗，其粒径通常为普通油墨颜料粒径的2~3倍，如表7-1所示。金属颗粒的粒径越大，金属感越强；反之，颗粒越小则油墨的金属感就差一些。

表7-1　金属颗粒的部分性能

印刷方式	平均粒径/μm	金属质感
胶　印	5	一般
柔印、凹印	10	好
网　印	20	较好
扫　金	30	优

一般来说，金银油墨的金属感越强，油墨的光泽度就好，金属感差则油墨的光泽度就差。但是，随着金属颜料颗粒的增大，金、银墨的印刷适性也会随之下降，转移性能相对较差一些，容易产生印刷糊版等故障。因此，金属颜料的颗粒大小，必须根据印刷方式的要求，适当选择。

2. 耐热性

金、银油墨与其他普通油墨的颜料相比，金、银油墨中的金粉、银粉具有导电性强、传热性好的特点，但是，金墨的耐热性差，遇热容易变色，因此，在使用过程中应避免高温以及产生热量的积累。银墨对光和热的反射性能较好，抗热性能也好、在高温条件下不易变色。

3. 化学性能

金墨的化学性能不稳定，与酸、碱和硫化物接触会发生不同程度的化学变化，而使它的金属光泽度降低，金墨就会变黑。另外，金墨还很容易与空气、水蒸气发生化学氧化反应而变色，因此，金墨必须要存放在密封的容器里保存。

4. 漂浮性

金、银油墨分为漂浮型金、银油墨和非漂浮型金、银墨。漂浮型金、银油墨对光的反射效果要强于非漂浮型金、银油墨，而且印刷品的墨层光亮度也高。非漂浮型金属油墨由于金属颗粒表面被墨膜覆盖，所以其耐摩擦性能比漂浮型油墨好。金、银油墨漂浮状态如图 7－1 所示。

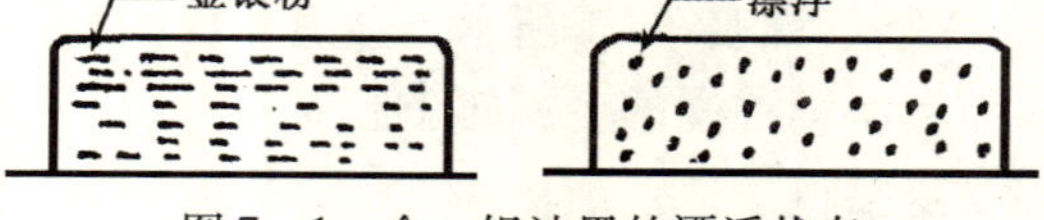

图 7－1　金、银油墨的漂浮状态

一般来说，在调配金、银油墨时要尽量选择金属颗粒细、漂浮型好的金粉、银粉，以利于调配均匀，并获得良好的印迹。

二、金银墨印刷的作用

在印刷品上印刷金、银色，好比披上了一件闪光的外套，能增强印刷品的艺术效果。尤其是各种产品说明、商标贴头、请柬、挂历以及包

装装潢材料等印刷产品的图文中，适当采用金、银色印刷工艺，不仅可以增加图文的色彩效果和光泽效果，而且，还可以突出印刷品的主题，起到画龙点睛，对美化包装、提高商品附加值等方面，有着很好的作用。

第二节　金银墨印刷材料

一、金银油墨

金、银墨主要由颜料和连结料两大部分组成。简单地说，金墨是由金铜粉、调金油、燥油调配而成，银墨是由银铝粉、调银油、燥油调配而成。

1．金粉

金墨的颜料是金粉。金粉也称铜金粉，是采用捣磨法或球磨法制成的。金粉是由铜、锌和少量铝组成的合金制成的粉末。由于含锌量不同，金粉具有不同的色泽。金粉中一般含锌量在8%～30%之间。其中，含锌率在8%～12%之间的金墨颜色偏红，习惯上称为红光金粉或红金；含锌率在20%～30%之间的金墨颜色则偏青，称为青光金粉或青金；介于二者之间的称为青红光金粉。

金粉的颗粒呈鳞片状，其平均粒径为10μm左右，厚度范围约0.10～0.18μm，水面覆盖能力一般为4000cm^2/g。

金粉是以目数作计量单位的，目数是以每平方英寸的筛眼数而定的。如能通过800目的眼径被筛下的金粉，为800目金粉。目数高，说明金粉颗粒细，质量好，目数低，则说明金粉的颗粒粗。

金粉的目数规格比较多，一般220目和400目的规格应用于揩金工艺，800目的金粉适合凸版和凹版印金工艺，1000目和1200目的金粉适用于平版胶印印金。目前国外用于胶印印金工艺的金粉有的已经达到1500目至3000目，而且粒径小于10μm，没有筛余物。

2．银粉

银墨的颜料是银粉，银粉就是铝粉，是采用湿式球磨法制成的。银粉是由93%铝粉，0．5%铁以及适量的油脂组成。

铝粉虽有银白色的金属光泽，但其光泽也因粉粒粗细状态而有差异，即粒子扁平粗大，则金属光泽强，粒子微细则金属光泽弱而成灰白色。如何才能合适，依照应用的要求而定。

铝粉的密度较小，易于在液体中漂浮，这种铝粉质地优良，它的遮盖力好，稳定性大，对光和热的反射性能好。铝粉抗光性也强，而目不受气候影响，因而耐久力强。

银墨一般采用400～1000目的铝粉作为颜料。铝粉质轻，易在空气中飞扬，遇火易发生爆炸，另外铝粉遇酸产生氢气，因此要防止铝粉与酸类作用发生反应。

金、银油墨的颜料制造是采用传统制造工艺比较复杂。最近已采用特殊真空喷镀工艺，制造出极平滑的非漂浮型鳞片状结构的金属颜料，印刷后能获得极其高雅的金属光泽。

3. 连结料

连结料是决定金、银墨质量的一个重要因素。连结料在金、银墨中的作用主要有三个方面：第一，它是颜料的载体，使粉末状的颜料颗粒能够均匀地分散；第二，能够使金粉、银粉顺利地传递转移，并牢固地黏着在印刷物的表面；第三，保护金墨、银墨的图文光亮。

为了使金墨、银墨具有良好的印刷性能，达到顺利的印刷效果，要求连结料必须具备以下特点：

（1）必须有足够的黏度，以便很好地与金粉或银粉结合。

（2）酸性要弱，否则使金粉、银粉发生化学反应变色。

（3）能够与金粉、银粉均匀地混合，保持金粉、银粉漂浮体的稳定性和良好的印刷性能。

（4）能够改善金粉、银粉的成色性能，使金粉、银粉的光泽和着色力更强。

（5）连结料必须保持透明。

（6）连结料还必须具备快干性和快固着性，防止印刷品背面粘脏现象。

4. 燥油

金、银墨中一般加入适量的红燥油，主要是加快油墨在印刷品上干燥速度。

二、金粉、银粉的物理化学性能

金粉、银粉是金属颜料，是金黄色的铜粉和银白色的铝粉。它们均采用机械方法将铜和铝金属颗粒分别与硬脂酸等一起进行多次研磨、分级、抛光等工序制成的极细的鳞片状金属粉末。

1．颗粒形状

金粉、银粉为了得到金属特有的成色性，必须具备金属粉末悬浮现象的特性，因此，粉末呈鳞片状，如图 7－2 所示。为金粉在显微镜下放大 200 倍的颗粒形状。

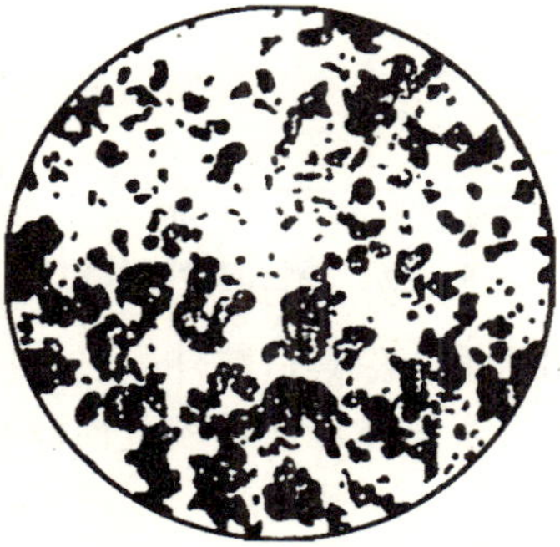

图 7－2　放大 200 倍的金粉形状

2．成色性

如图 7－2 所示，鳞片状的金粉、银粉在连结料中分布为金粉、银粉的悬浮状态后，就会显示出独特的成色性，如图 7－3 所示。

图 7－3　金、银粉的悬浮状态

金粉、银粉均属颗粒粉末，从表面反射出光泽。

3．反射率

绚丽的金属成金色和银色，如图 7－4 所示。由金色、银色的分光反射率曲线可以看出，前者具有黄色系统的成色特性，后者具有灰白色系统的成色特性。从而前者可以认为是黄金色，后者可以认为是银白色。

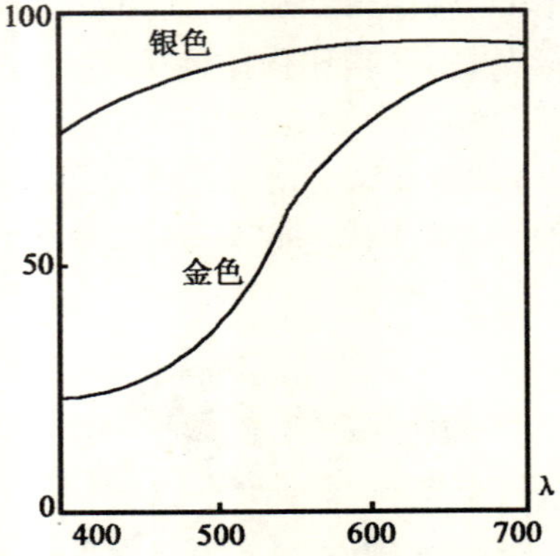

图 7－4　金、银色的分光反射曲线

评定金粉、银粉的质量，除其目数外，一般可从金粉、银粉的耐久性、变色性、漂浮能力、金属光泽、颗粒直径以及颗粒形状等各个方面作衡量测定。

三、金银墨印刷的承印物

对金银墨印刷承印物材料的合理选择是十分重要的。承印物材料的性能必须与金、银墨的印刷工艺特点相适应，这样才能够突出金、银的印刷效果和金属光泽。因此，要求承印物材料的白度、均匀度、平滑度、表面强度、平整度，伸缩率，吸墨适性等理化指标符合标准。

1. 纸张

金银墨印刷根据产品的特殊需要，必须选择符合印刷适性的纸张。纸张的性能对金银墨印刷质量会产生很大的影响。纸张越是光滑平整，则印件的金属光泽越好。如果在表面多孔、疏松的纸张上印金印银，达不到良好的效果。

目前，大批量的印金印银产品都是选择铜版纸、玻璃卡纸、白卡纸等承印材料。一般不选用胶版纸、凸版纸，因为胶版纸和凸版纸渗透吸收金银墨性能强，在纸张表面显不出金银色金属光泽，印刷效果较差。

金银墨印刷对纸张的适性要求。

（1）平滑度

金银墨印刷的纸张平滑度要求高，纸张须对油墨的吸收性要小，否则，连结料被纸张很快吸收，油墨中的金属颜料浮在表面，导致黏着不牢固，甚至脱落。

（2）光泽度

光泽度好的纸张，可以均匀地反射光线的全部色光，使印刷金银墨色泽更加鲜明光亮。

（3）表面强度

在印刷过程中，纸张要承受印刷滚筒的压力、印刷油墨的黏拉力等，如果纸张表面强度差，就会造成掉毛脱粉的故障。

（4）pH 值

金银墨印刷遇到酸性较强的纸张，不仅会引起变色，甚至会造成色粉消失。所以要求纸张的 pH 值在 7 左右。

2. 塑料薄膜

为了使塑料薄膜表面具有良好的金银油墨附着能力，增强印刷图文的牢度，必须在印刷前对塑料薄膜表面进行预处理，提高塑料薄膜的印刷适性。

第三节　金银墨印刷工艺

一、印刷与工艺设计关系

金银墨印刷的产品质量效果与工艺设计有密切的关系。美术设计人员，应该从印刷品的内容出发，适当地以金色或银色点缀图文，不仅使产品美观大方，而且给人一种醒目、高雅的感觉。因此，在设计中就必须充分考虑到金银墨印刷的特殊技术要求。

1. 设计时，应尽量避免主色与大面积实地叠印过多，而使金墨或银墨印不上或印迹发虚。

2. 金色或银色应该安排在最后一道色序印刷。

3. 金色或银色尽可能设计在黑色、红色、蓝色等深色的实地上，充分发挥金色、银色的金属光亮的作用。

4. 金银墨印刷的线条和文字不能太细，因为金粉、银粉的平均颗粒比普通油墨颗粒粗得多，造成金银墨传递转移性能差，容易导致糊版、粘脏故障。

5. 在多色机上印金色或银色时，如需在金色或银色上再印刷图文，则可以在印刷金色或银色的印版上将图文部分设计成空白，再进行套印。

6. 包装设计时，应考虑到所包装物品的酸碱度和腐蚀性等性能，印金、印银工艺不适用，这类包装物品可采用电化铝烫印工艺。

二、印刷与底色关系

金银墨印刷之前，一般先印一道底色。底色墨印得好坏，直接影响金银墨印刷的质量好坏。其原因有：

1. 金墨、银墨的金属粉末颗粒较粗，与一般彩色的油墨相比，印刷适性较差，吸附力也差。所以在印刷前采取底墨打底，可以增加金墨、银墨的吸附能力。

2. 先印底色，更有利于衬托金墨、银墨的金属光泽，消除纸张白度不纯给金银墨颜色带来的影响。

3. 先印底色打底，可以使底色充填纸张的表面毛细孔，减低纸张的吸油性。因而在底色上叠印金墨或银墨，提高光亮度。

4. 印金底墨一般以黄墨为主。黄墨有两种：一种是透明黄，适用平滑度高的纸张作底色；另一种是中黄，适用平滑度较低的纸张作底色。

5. 印银底墨一般以银灰色或白色作底色，但墨层一定要薄。

6. 印刷底墨，必须注意燥油的用量。因为底墨完全干燥，叠印在上面的金银墨黏附力差；如果底墨不干，叠印在上面的金银墨会被底墨黏坏，影响金银墨的光泽。因此，在实际印刷中，一般都在底墨似干非干时进行叠印，这样才能显示出金墨、银墨的印刷效果。

三、印刷与油墨关系

1．油墨的黏度

在印刷过程中，油墨具有一定黏度是保持油墨的正常传递且转移的主要条件。油墨黏度过高时，传递困难，使印版供墨量不足，造成花版现象；反之，黏度过低时，则容易产生浮脏现象，大面积印金、印银时，油墨的黏度应稍低一些，才能保证印刷后的墨层均匀一致。在面积较小的线条上印刷金、银墨时，油墨的黏度则应稍高一些。

2．油墨的干燥速度

油墨的干燥速度应适当，干燥速度太快，容易发生干版，影响油墨转移。干燥速度也不能太慢，否则会发生印刷品背面粘脏现象。在印刷过程中，可根据具体情况在金墨或银墨中加入适量的慢干剂或快干剂，以调调整金墨或银墨的干燥速度。

3．油墨的使用

金墨、银墨的使用必须遵循现调现用的原则，每次调配的油墨不宜过多，避免金银油墨调配太多而在空气中暴露时间太长，与空气中水蒸气发生化学反应而失去金属光泽。

四、印刷与润版液关系

1．润版液

金银墨胶印时润版液不宜采用酸性液，因为金粉、银粉与酸性液会发生化学反应，使金墨、银墨色泽变黑，所以最好采用酒精润版液。

2．版面水分

胶印水分量要控制最少，水大会使金银墨发生乳化，影响印刷产品质量。

五、印刷与环境温湿度关系

环境温湿度变化与金银墨印刷的工艺操作有着直接的联系。湿度太高，空气中水蒸气的含量高，金银墨容易变色，而且还会引起纸张变形，导致套印不准。湿度太低，空气太干燥，容易发生静电现象，同时也会引起纸张变形，导致套印不准。因此，印刷车间温湿度尽量保持恒定。

六、印刷与压力关系

在印刷过程中，根据纸张的厚薄、印品质量、印刷材料的适性等需要调节印刷压力。印刷压力过大，油墨铺展，图文容易变粗变宽，甚至糊版；印刷压力太小，传墨量不足，图文印迹不实，造成印刷发花。在金、银墨印刷工艺中，如果是大面积的实地色块，可适当加大印刷压力，使墨层均匀、厚实。如果是较小的线条文字，印刷压力应适当减轻一些，避免印迹扩大、糊版等现象发生。有些特殊的产品在实地满版或粗线条图文印金、印银时，常采用两次印刷的方法，先印好一次，然后将尚未干燥印刷品再叠印一次。分二次印刷金墨、银墨时，其墨层可以稍薄些，压力也应该稍减轻一些。

七、印刷与包衬关系

采用四色胶印机印刷金墨、银墨时，一般采用中性或硬性包衬。由于四色机速度快，线接触时间短，压力要加大，但同时带来网点扩大，造成金墨、银墨糊版故障。为了解决既要增大压力，又要防止网点变形扩大，所以使用中性或硬性包衬。

八、印刷与速度关系

金墨、银墨印刷过程中，印刷速度不宜过快。否则，由于摩擦作用而产生的热量不断积累，就会造成金墨、银墨氧化变色，不仅会影响金墨、银墨的光泽，而且还会造成印刷糊版现象。

第四节　金银墨印刷常见故障及排除

一、变色

1. 现调现用

金银墨尽量做到现调现用，不宜长时间暴露在空气中，否则会与空气、水蒸气接触发生化学氧化反应而变色。

排除方法：每次调配的金银墨数量不宜太多，应控制在可印4小时左右的用量范围内。金银墨不宜长时间暴露在空气中。

2. 润版液

胶印印金银墨时不宜采用酸性润版液，否则会与金墨、银墨反应使印刷品光泽变色。

排除方法：采用醇类润版液，而不用酸性润版液。

3. 辅助料

调配金银墨的辅助材料如含有酸、碱、硫等化学成分的侵蚀而变色。

排除方法：调配金银墨的辅助材料，尽量采用中性物质材抖。

4. 墨辊压力

墨辊没有调节好，压力不均匀，传墨性不良，造成在印刷过程中堆墨，金银墨留在墨辊上，长时间的摩擦，容易发生金银粉变色。

排除方法：重新调整墨辊压力，直至达到要求的压力。

5. 印刷速度

印刷速度太快，墨辊加大摩擦，产生热量引起变色。

排除方法：减慢印刷速度，达到良性运转。

6. 燥油

金银墨中切不可使用含铅元素的白燥油。白燥油中的铅元素易使金粉、银粉起化学反应而变色。

排除方法：金墨、银墨中应使用含钴元素的红燥油为宜。

7. 半成品叠放

金银墨印刷的产品叠放太多，金墨、银墨在纸张干燥过程中放出的热量，不能及时散发，会加速金墨、银墨氧化变色。

排除方法：减少金银墨印刷的产品堆放高度，应分批堆放，使热量及时散发。

二、印迹粉化

1. 纸张

纸张质量太差，尤其是纸质疏松的纸张吸墨性太强，在印刷过程中油墨转移到纸张后，油墨的连结料便较多地渗透到纸张里面，使有些颜料的颗粒不能被连结料包围住，而浮于纸面上，造成粉化。

排除方法：更换优质的纸张。

2．连结料浓度

连结料的浓度不足、渗透性物质含量较多，即使是纸张的质地不是很疏松，也会由于连结料的过量渗透，造成印迹粉化。

排除方法：更换符合浓度高的连结料配制金银墨或者先印一遍底色墨，再印金墨或银墨，利用底色降低纸张对金银墨连结料的吸收。

3．连结料亲和性

金粉或银粉与连结料的亲和性较差时，当金银墨转印到纸面上后，过多的连结料脱离金属粉末而渗透到纸张内部，造成印迹粉化。

排除方法：先印底色，在底色未完全干燥时，再印金银墨，使其与金银墨结合牢固，避免印迹粉化现象。

三、印不上

金墨或银墨印不上，由于胶印机墨路长，高速印刷时墨辊相互摩擦产生热量，而金属颜料的颗粒粗、导热性能好，使金属颜料与连结料的离散力增强，造成金属颜料转移不上，导致金银墨印不上的现象。

排除方法：降低印刷速度、提高金银墨的黏度，并使用酒精润版液以降低墨辊的温度。

四、印不实

1．油墨

金银墨印刷产品的墨层干燥不够充分，引起细条部分印刷图文不清。

排除方法：提高油墨的干燥度。

2．压力

印刷压力太小或过大，引起大面积金银墨的实地部分不实。

排除方法：调整印刷压力，达到理想压力状态。

第八章　发泡印刷

第一节　发泡印刷的特点与作用

发泡印刷是在纸张、塑料、皮革、纺织品等承印物上，采用特种的发泡油墨进行印刷，然后经过加热处理，印刷图文随着墨膜发泡凸起，形成凸起的图案。

一、发泡印刷的特点

1. 新颖的印刷，这是一种不依靠凹凸压印和雕刻凹版印刷，而使图案形成凹凸的新颖的印刷特点。

2. 印刷仿皮革的产品，外观、手感可与天然皮革相媲美。

3. 这种印刷的产品，具有多种包装装潢功能。

二、发泡印刷的作用

1. 包装装潢中的作用

发泡印刷用于包装材料中的品种很多，作用很大。可以形状大小不一，性能要求不同。包装装潢中的发泡印刷产品具有耐磨、耐压、耐水、色泽鲜艳、透气、吸湿等作用。

（1）仿雕金印刷。使用发泡油墨并与其他油墨相结合进行印刷以及印后加工，或制成给人感觉的仿雕金印刷的产品。

（2）防滑产品印刷。是一种利用发泡油墨印刷的功能性印刷产品。例如，在飞机上为使杯子滑落的防滑垫，保护产品的包装箱等。

（3）层压复合板。在基板上印刷的发泡油墨干燥后，复压一层聚丙烯胶片，再使油墨发泡。胶片因加热而软化，所以印刷图案会凸起。

这种实施了层压的发泡印刷，由于表面是塑料薄膜，所以其耐久性及耐用性方面的作用，有了显著的提高，现在已取代模压技术，被应用于化妆盒等产品。

2. 建材装潢印刷的作用

建筑材料方面，天花板、内壁、地板、外壁等材料，如应用发泡印刷技术则有着推广作用。

（1）纸装潢作用

室内装潢的壁纸，俗称糊墙纸，是一种装饰性的涂布加工沟底发泡印刷纸。这种纸有底色，上面还能加印各种暗花纹凹凸图案，起到浮雕一般壁纸装潢作用。

（2）外墙及天花板

室外墙面及天花板装潢装饰用 PVC 塑料砖及顶板，是在表面涂布上加混发泡剂的 PVC 涂料，送入低温的烘道后形成 PVC 发泡层，待冷却收卷后再进行数色照相凹印，如 1 ~2 色的印墨中加入抑制剂即可使此色部分凹下，经发泡炉加工，即得与图案同调的凹凸浮雕发泡印刷的作用。

3. 纺织品发泡印刷

利用水乳型发泡油墨不透明、遮盖力强的特点可在纺织品 T 恤衫、运动服等深色底料上印刷出具有立体感、刺锈般效果的浅色图案文字，形成强烈对比，突出纺织品装饰的作用。

（1）刺绣式印刷。利用发泡印刷油墨的柔软性，在纺织品及纸上进行刺锈式印刷。特别是进行数层重叠印刷时，可产生多层的立体感觉，使之成为具有民间工艺品风格的印刷作用。

（2）简易印刷花模。发泡印花模，可取代橡胶印花模，进行简易印花。它可以像贺卡片那样一次性使用的印花产品，从而降低成本大批量地生产。

4. 出版印刷

发泡印刷书刊封面的图案、书名文字以及盲文书籍的盲点，可不受限制、随意设计，轮廓可以表现浮凸的造型。封面装潢效果突出。

（1）书刊印刷。发泡印刷可应用于出版印刷书刊封面，不仅色泽鲜艳，而且图文突出、经久耐用、成本低廉，外表像仿皮革纸。

（2）盲文印刷。盲文出版印刷方面应用发泡印刷，其作用更加显著。

过去出版的盲文书籍，是用120g厚牛皮纸压印成中空凸点盲字。这种盲点容易平塌、破损，而且怕潮、怕压、书的体积大，携带、邮寄、运输十分不便，存放占地较大，不便保管。另外，无论使用树脂固化印实心盲点，还是用塑料片压印出来的空心盲点，都是质地过硬，长期摸读对盲人的手指会造成损伤。使用发泡印刷印制盲文书籍创造了有利条件，达到了盲文书籍轻量化的作用。

（3）地图印刷。为了地图中的某些山脉凸起、河流凹下，明显的区分草原和盆地，区分世界地图上的相邻国家，使用发泡印刷，经过加热可以形成高低不同的凹凸效果。

采用发泡印刷的地图除了用色彩显示外，还比普通地图有立体感和真实感，有利于形象教育。复制成军用地图，携带方便、有利于指挥作战，能够起到一目了然的作用。

第二节　发泡印刷材料

发泡印刷的材料，主要是承印物和油墨两大类。

一、承印物

根据用途的要求不同，可选择纸张，塑料、纺织品、玻璃、人造革、胶合板、金属板等。这些承印物的材料性能在其他章节里已作介绍，本章就不作展开。

二、油墨

发泡油墨是由颜料、连结料、发泡剂、溶剂、助剂等成分构成。由于各组分使用材料及使用目的不同，大体分为微球发泡油墨和沟底发泡油两大类。

1．微球发泡油墨

微球发泡油墨是采用微胶囊技术制作而成的。在微球囊中充入低沸点溶剂，经过加热，低沸点溶剂受热气化，可使微球囊体积增大到原来体积的10～30倍，在连结料等其他助剂的作用下，完成微球发泡油墨印刷后成型的过程。如图8－1所示。

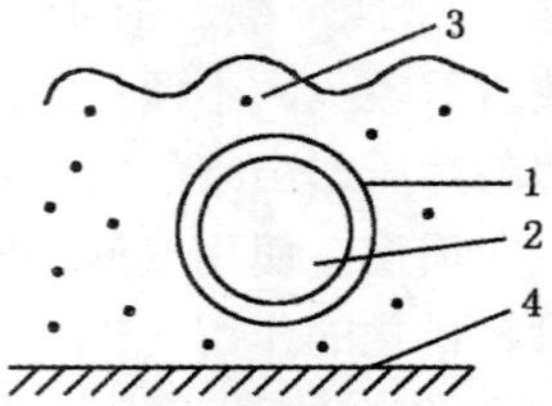

图8－1　微球发泡油墨

1—囊壁；2—低沸点溶剂；3—连结料；4—承印物

微球囊制作技术应用了胶体化学中的凝聚现象，即分散物系中的分散相质点由于各种因素而引起的聚集现象。它是在物质（固、液、气态）微粒（滴）周围包敷上一层高分子材料薄膜，形成极微小的胶囊（一般为5～200μm，囊壁厚度一般为0.2微米至几微米）。微胶囊形成过程如图8－2所示。

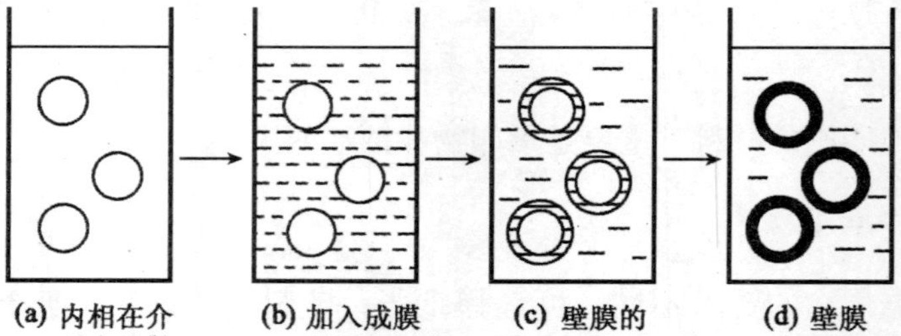

图8－2　微胶囊形成过程

（1）形成过程如下：首先将微细的心材分散入微胶囊化的介质中，再将成膜材料倒入该分散体系中。通过某种方法，将壁材聚集、沉积或包敷在分散的心材周围。微胶囊的膜壁是不稳定的，尚需用化学和物理的方法处理，以达到一定的机械强度。

微胶囊具有许多特殊的功能，它能够储存微细状态的物质，并在需要时释放出来。在印刷方面的应用主要有降低挥发性、控制释放、隔离活性成分、良好的分离状态等功能。

（2）微胶发泡油墨配方：

微球发泡油墨配方一

丙烯酸酯类共聚物	60%
微胶囊	20%
尿素	5%
色浆	10%
其他成分	5%

微球发泡油墨配方二

交联型尿烷乳剂	61%
微胶囊	30%
环氧乙二醇	5%
消泡剂	0.1%
增稠剂	1%
水分散型颜料	2.9%

2. 沟底发泡油墨

沟底发泡油墨主要是以聚氯乙烯树脂为基础，将发泡剂溶解在液态的聚合物中。当油墨受热时，发泡剂气化、传油墨层形成无数微小的气孔，图文发泡体凸起。

（1）沟底发泡技术

沟底发泡油墨主要是在油墨中加入发泡剂。在空气中的分解温度为195～210℃，在塑料中的分解温度为155～210℃，发气量为190～220ml/g，分解时折出氮气及固体残渣乙二酰胺。发泡剂是沟底发泡油墨形成发泡技术的重要因素。这种发泡剂不溶于一般溶剂和增塑剂，但在高聚物中却很容易分散。

（2）沟底发泡油墨配方

聚氯乙烯树脂	100kg
碳酸钙	45kg
苯二甲酸二辛酯	90kg
二盐基性亚磷酸铝	5kg
偶氮二甲酰胺	5kg
颜料（着色）	适量

将以上原料充分研磨，配成糊状的树脂，并加入适量的溶剂稀释。

第三节　发泡印刷工艺

一、微胶发泡印刷工艺

微胶发泡印刷的发泡效果取决于发泡剂和树脂的比例关系。一般讲，发泡剂的比例量多，则发泡的凸起部分就高，反之则低。印刷方式有丝网印刷、凹版印刷、点字印刷等。

1．丝网印刷或凹版印刷

利用微球发泡油墨进行丝网印刷或凹版印刷，然后将印刷品输送到发泡机里加热，发泡剂受热分解产生气体，油墨层发泡。发泡剂在油墨中的发气量和作用程度，取决于它的发泡剂的多少以及它的分解温度有着直接的关系。

微球发泡采用丝网印刷或凹版印刷的工艺流程如图 8－3 所示。

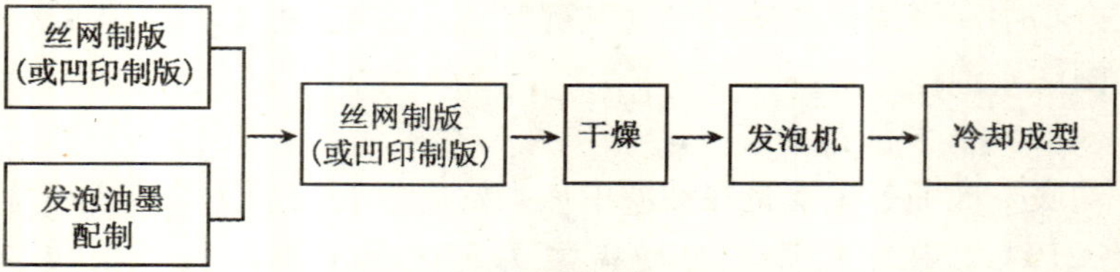

图 8－3　微球发泡采用丝网印刷或凹版印刷工艺流程

微球发泡印刷工艺：

（1）丝网印刷制版要采用耐水型感光胶。

（2）选择丝网目数不要太高，一般情况，以 80 ~ 120 目/英寸为宜。

（3）凹印制版的版纹深浅程度必须根据发泡印刷的产品凹凸部分的要求来决定。

（4）严格控制凹印压力、刮墨刀的角度及位置。

2．点字印刷

微球发泡印刷广泛地应用于新的点字印刷技术系统。点字印刷系统同原来的点字制作方法不同，新的点子印刷方法是使用计算机。用发泡油墨印刷点字，经加热后，点字部分凸起。因此，不仅可以快速大量印刷，而且可使用纸的两面进行印刷，也可以印刷图案。点字印刷工艺流程如图 8－4 所示。

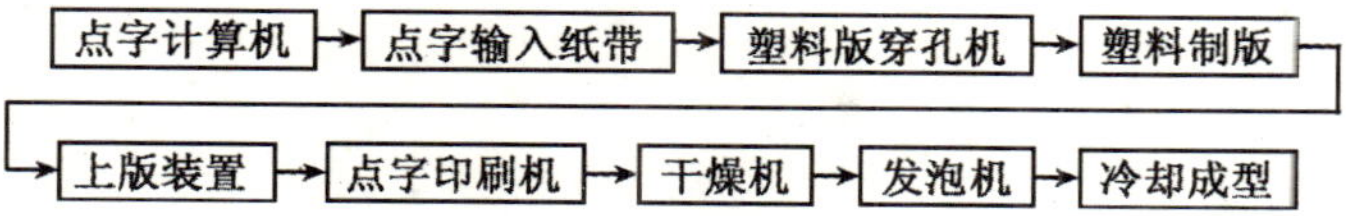

图 8－4　点字印刷工艺流程

新的点字印刷系统有下列优点：

（1）由于使用计算机，可大大减少制版工艺过程，并且可大量快速印刷盲文书籍。

（2）点子印刷不仅可以印刷盲文凸字，而且还可以印刷凹凸形状的图案。

（3）纸张两面印刷，一册书的厚度只有原来用锌版点字印刷的 2/3，因而可以减少使用的原料和费用。

（4）由于使用发泡油墨印刷、点字耐用，不易破损。

二、沟底发泡印刷工艺

沟底发泡印刷一般用丝网印刷或凹版印刷的方法后再进行机械压花后加工处理。

沟底发泡印刷工艺是将配制成糊状的发泡油墨涂刷或印刷在承印材料上，经过干燥，然后再送到烘道加热发泡并同时用压花滚筒进行压花加工，经冷却后形成凸起的图案。沟底发泡的印刷工艺流程如图 8－5 所示。

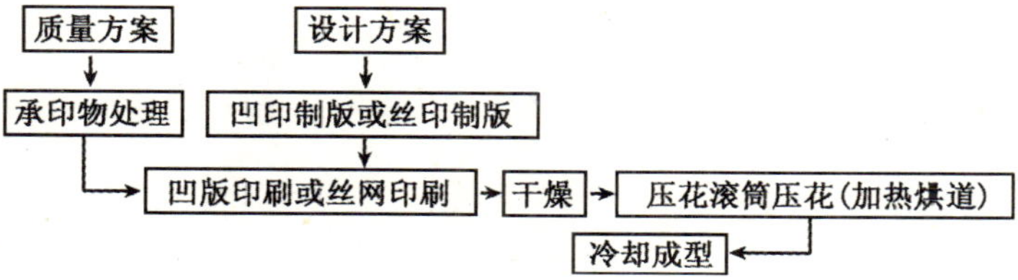

图 8－5　沟底发泡的印刷工艺流程

沟底发泡印刷的印刷品具有极细的微孔，带有光泽，轻而柔软、色调鲜艳，另外还具备良好的耐磨、耐压、耐水性能。

第四节　发泡印刷常见故障及排除

一、产品表面发黏

发泡印刷的过程中，配制的发泡油墨的增塑剂含量太多，引起产品表面发黏。

排除方法：减少发泡油墨中增塑剂含量。

二、产品变形收缩

发泡印刷后，发泡温太高或涂料中水分太多，引起产品变形收缩。

排除方法：适当降低温度以及排除涂料中水分。

三、产品表面有道痕

产品表面有道痕的原因主要有刮墨刀损伤、刮墨刀位置树、刮墨刀角度不正确、油墨中混入异物、油墨黏度太高、颜粒颗太粗、印版损伤等问题造成。

排除方法：使用剩墨前先过滤、调整油墨黏度、使用优质刮墨刀、调整刮墨刀的压力及角度，修正印版道痕等。

四、花纹不清

主要原因是套印不准、油墨太稀、压花滚筒的位置不对、表面温度不均匀等引起花纹不清。

排除方法：调整套印装置、调整压花滚筒位置、调整油墨稠度以及调整温度。

五、花纹厚薄不一

涂层厚度不均匀、温度控制不均匀等引起。

排除方法：调整印刷压力、调整刮墨刀及角度、调整温度。

六、印刷产品渗透

印刷产品图文渗透到印刷材料背面。其主要原因，油墨黏稠度太低、干燥速度太慢。

排除方法：增加油墨黏度、提高预热烘道温度、适当减轻印刷压力。

第九章　立体印刷

第一节　立体印刷的特点与作用

立体印刷是利用人的眼睛左右眼视差和覆盖光栅柱面板以获得有立体感图像的印刷方式，也称三维印刷。

光栅柱面板的主要作用是使图像断面像素差位聚焦，形成有前后远近之分的立体图像。当人的眼睛通过凹凸的柱面光栅片观察图像时，有一图像进入左眼，另一图像进入右眼，通过视觉神经的叠合，就出现立体图像。

立体印刷已成为特种印刷行业中非常重要的印刷方法。国内立体印刷起步比较晚，从 1964 年开始研究和试制立体印刷图片。

一、立体印刷的特点

1. 立体印刷的图像能逼真地再现物体，具有很强的立体感。
2. 产品图像清晰、层次丰富、意境深邃。
3. 立体印刷的原稿一般是造型设计、景物拍摄、电脑合成，而承印材料选用铜版纸、光栅板及高档油墨进行印刷。
4. 印刷产品表面覆盖一层光栅板或直接在光栅板背面印刷图案，就可以在自然光下观看全景画面的立体效果。

二、立体印刷的作用

1. 制作立体特大指示牌或产品立体动感宣传广告作用。
2. 广泛应用于烟酒、化妆品、医药产品包装等防伪标识的作用。
3. 室内立体灯箱、商业广告，具有一定诱惑力。

4. 为儿童玩具、文教用品、食品巧克力、立体制品进行精致包装。
5. 制作印刷立体地图和立体X光照片等，供分析研究。

第二节　立体印刷材料

一、光栅材料

早期的立体复制品必须借助一副镶有蓝滤色片和红滤色片的“眼镜”才能观看景物。这是很不方便的。后来人们研究不需要任何辅助工具，就可以直接观看到立体效果的全景画。其原理是在印刷品表面覆盖一层特殊的“眼镜”。这种特殊的“眼镜”就是画面上的一块凹凸柱透镜光栅片。

柱透镜的光栅是一张由柱透镜组成的塑料薄片，即将画面中物体的左视图与右视图区分开来，如图9－1所示。通过视觉神经的综合，便看到了具有立体感的图像。

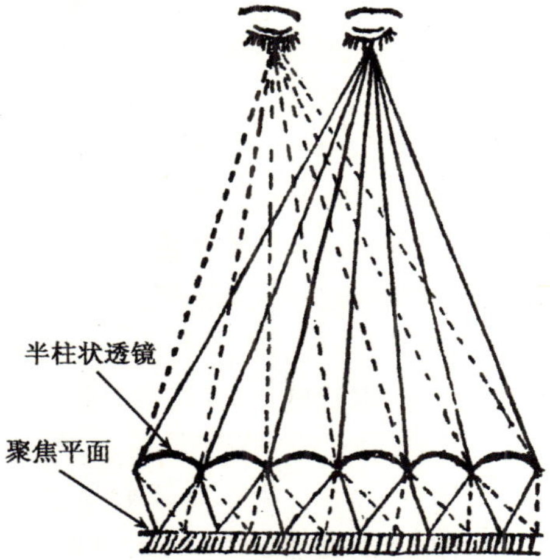

图9－1　立体光栅的视觉效果示意图

柱透镜光栅片是由许多柱面凸透镜并列组成的，镜片的背面与聚焦平面重合，形成具有前后、远近之分的立体彩色图片。

1. 光栅参数

光栅参数主要包括：栅距、分辨率、视角、曲率半径和光栅厚度等。光栅参数如图 9－2 所示。

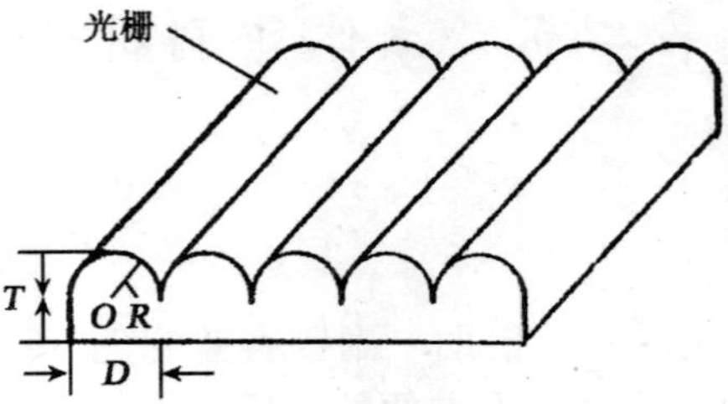

图 9－2　光栅参数

（1）栅距

栅距指每条光栅的宽度。人眼的最小分辨角为：

$$\Phi = 1.22\lambda/d$$

式中　d——瞳孔直径；

λ——入射的波长。

例：取 $d=3$mm，$\lambda=5500$A（视觉感受最灵敏的黄绿光）

$$\Phi min = \frac{1.22 \times 5500 \times 10^{-10}}{3 \times 10^{-3}} = 2.2 \times 10^{-4} \text{rad}$$

设栅距为 D（m），距人眼 S（m），对人眼的张角为 $\theta \approx L/S$，人眼恰能看清栅距时应有

$$\Phi \text{min} = \theta \approx L/S$$

故在一定距离以外观察立体图像分辨不出栅距。

（2）分辨率

分辨率指光栅透镜的柱镜密度（lpi），即每英寸内所包括的光栅条数。

光栅线数多，适合制作小画面的立体或变换图，有利于近距离观看；光栅线数少，适合制作大画面的立体或变换图，有利于远距离观看。

lpi 与栅距的关系：1lpi＝25.4mm/栅距

（3）视角

视角指形成图像或观察图像时所允许的视察角度。一般通过改变光栅的厚度来调节视角范围与可视距离。

视角小，如在25°以下，光栅厚的光栅片适合制作立体图像；视角大，如在45°以上，光栅薄的光栅片适合制作变换图像。如表9－1所示几种光栅材料。

表9－1　光栅材料举例

分辨率	厚度/mm	视角	最佳观看距离/cm	最大视距/m
15 lpi	2.48	47°	200～300	6.1
20 lpi	2.16	47°	200～300	6.1
30 lpi	1.32	49°	100～150	4.6
40 lpi	2.08	25°	100～150	4.6
75 lpi	0.475	43°	50	2.5
90 lpi	0.6	23°	30	2.7
160 lpi	0.305	27°	30	1.7

（4）曲率半径和光栅厚度

曲率半径和厚度的关系式为

$$R = T(n-1)/n$$

式中　R——曲率半径；

T——透镜厚度；

n——透镜材料的折射率。

光栅的厚度取决于光栅柱镜的焦距，在光栅分辨率一定的情况下，光栅视角越小，透镜的焦距要越长，光栅的厚度也必须加大。因此，制作大幅面的立体光栅图，就必须使用厚的光栅。曲率半径和光栅厚度如图9－3所示。

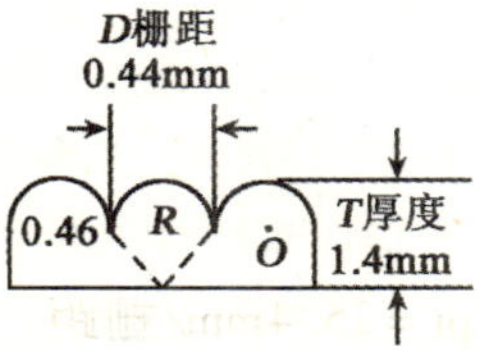

图9－3　曲率半径和光栅厚度

例：片基的折射率为 1.5，要刻制一副栅距 $D=0.44\text{mm}$ 的光栅板，假设栅板厚度为 1.4mm，则光栅板的曲率半径 $R=1.4\times(1.5-1)/1.5=0.4662\text{mm}$。

如果改变光栅板栅距和厚度，则可计算出一组不同的曲率半径。

2. 光栅分类

光栅分为柱透镜光栅和狭缝光栅，常见的光栅材料都是柱透镜光栅。

(1) 柱透镜光栅

柱透镜光栅材料又分为硬塑立体光栅片和软塑立体光栅片两种。

a. 硬塑立体光栅片

硬塑立体光栅片是采用聚苯乙烯原料经过注塑加工而成的凹凸柱透镜状光栅片。

聚苯乙烯是一种光色透明、易燃、硬而脆的热塑性树脂。聚苯乙烯的透明度为 88% ~92%，在 298k5893Å 的条件下测得折光率为 1.59，由于这样高的折光率使它有良好的光泽。它的拉伸强度为 352 ~633kg/cm^2，变曲强度为 612 ~984kg/cm^2，热变形温度为 70 ~98℃。聚苯乙烯吸湿性小，仅为 0.02%，在潮湿的环境中能保持一定的稳定性。

b. 软塑立体光栅片

软塑立体光栅片主要有 PET（聚酯）、PP（聚丙烯）、PVC（聚氯乙烯）三种，这三种光栅材料的性能比较，如表 9 -2 所示。

表 9 -2　三种光栅材料的比较

材　质	性能比较
PET	可用普通油墨直接印刷，干燥速度比 PP 慢；质料比 PP、PVC 硬，稳定性最好，画面质量最高，可以做立体效果也可以做多图变化，可采用高线数材料以增加细致度；原料无毒，材料的抗化学性高，故较难进行黏合加工，多用于玩具，高级宣传品等
PP	可用普通油墨直接印刷，但表面要做火花处理；较 PET 软但比 PVC 硬，稳定性较高，但一般只用于普通的立体效果；原料无毒，材料抗化学性低，故较易进行黏合加工，多用于产品包装、文具和低值产品上
PVE	质料柔软，质量稳定性低；这种材料抗化学性低，故较易进行黏合加工；但由于含有毒性，不可用于玩具及食品包装等产品

制作软塑立体光栅材料有两种成型方法：

第一种为热压成型法。热压成型法是用光栅板模具与塑料片密合后加热加压，使塑料片压制成凸面柱镜光栅板。在热压成型法中，片材经过光栅阴模形状的辊轮热压后成型，经冷却、加热整平、电晕处理后形成卷材产品或裁切为单张产品。

第二种为网版印刷法。将透明的立体光栅油墨直接在软塑材料上印出光栅条纹，再经紫外线瞬间固化，即制得所需要的光栅板。这种工艺不仅成本低，而且可以局部印刷光栅条纹，使图像局部立体化。因此，根据产品提出的要求整幅复制即可以在一个画面上一层立体图像，又有一层平面图像。

（2）狭缝光栅

狭缝光栅图像需要有强光背投才能表现较好的效果，而柱透镜光栅图像则没有这个限制。目前普遍使用的是柱透镜光栅材料。

二、胶黏剂

传统的立体印刷工艺是将立体印刷画面用胶黏剂与光栅片牢固地粘贴在一起，这种胶黏剂还能够保护油墨层在高温下不变色。

胶黏剂配方：

101 黏合剂	50%
422 上光油	50%

将 101 黏合剂和 422 上光油搅拌混合，若胶黏剂太厚，可以加入适量的醋酸丁酯、醋酸乙酯等溶剂稀释。

三、纸张与油墨

传统的立体印刷一般选用优质的铜版纸和耐高温的油墨进行印刷，这样才能获得光泽良好、颜色鲜艳的立体印刷效果。随着印刷技术的发展，立体印刷已经从单色套印工艺向多色机一次性套印工艺发展。另外，多色机套印工艺还应用于立软塑立体光栅片背面直接印刷图案。因此，立体印刷选择使用 UV 油墨进行印刷，利用 UV 固化原理使油墨光照后，瞬间固化干燥，提高印刷质量。

选用不同的光栅材料需要匹配不同的优质油墨，而且要综合考虑油墨的透光性、固化速度及油墨的遮盖性等因素。

第三节 立体印刷工艺

立体印刷随着相关技术的不断发展，立体印刷工艺也不断得到完善和发展。目前，立体印刷一般分为传统立体印刷、光栅直接立体印刷以及立体印刷新工艺。

一、传统立体印刷工艺

立体印刷品的制作精度高、工序多，每道工序之间必须互相紧密配合。如果某一个环节产生精度误差超过 ±0.02mm，就会直接影响整个画面的立体效果。因此，摄影图像、软件合成、光栅性能、制版网角、印刷套色、光栅复合等方面的质量对立体效果都会有很大影响。

立体印刷虽然可采用多种制版及印刷方式，如表 9－3 所示，但是都必须满足以下条件：网线数和网线角度符合光栅要求、套印精度高、色彩鲜艳、层次丰富、阶调齐全、印品立体感强。

表 9－3 立体印刷方式比较

版式	立体感	制版	印刷精度	耐印率	情况说明
珂罗版	最好	层次不稳	良好	低	立体感强，但不适合大批量生产
平版	较好	层次较好	良好	较高	立体感较强，适合大批量生产
凹版	较好	困难	差	高	立体感较强但套色误差大
凸版	较好	困难	良好	高	立体感较强，套色困难，版面易污
柔印	较好	一般	良好	高	细线制版困难，版面易污
丝印	差	一般	一般	一般	适于粗网线

传统立体印刷是一个系统工程，工艺流程分为原稿制作阶段→制版阶段→印刷阶段→后加工阶段，如图 9－4 所示。

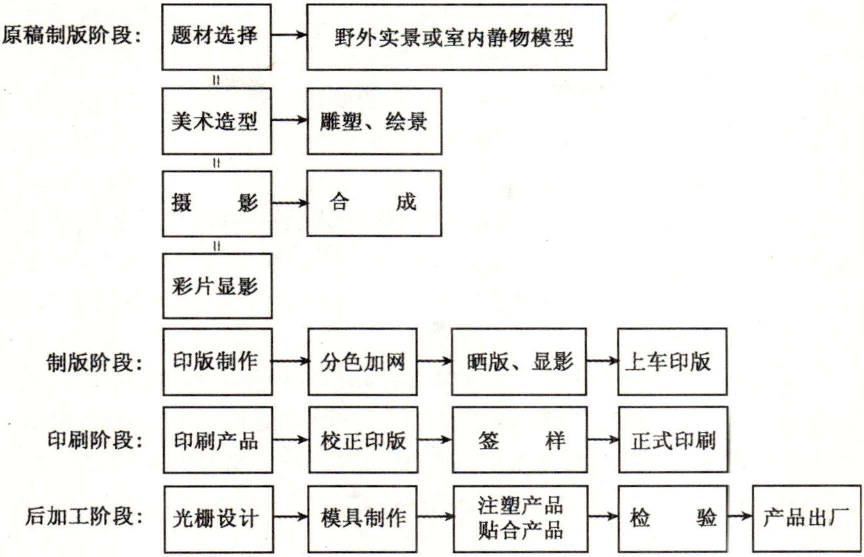

图 9－4　立体印刷工艺流程

1. 原稿制作阶段

立体印刷原稿的制作：

（1）立体摄影

立体摄影过程中，根据是否使用柱面透镜（凸透镜）可将其分为两种类型，即采用柱面透镜摄影法和不采用柱面透镜摄影法。

①采用柱面透镜摄影方法

采用柱面透镜摄影方法可以在有效角度范围内能拍摄出连续图像，同时，一次拍摄就能得到立体图像，但是这种拍摄适用于静止的物像，不能对运动的物体进行拍摄，另外，拍摄后放大非常困难。

采用柱面透镜摄影方法又可以具体分为四种拍摄方法。

第一种，被拍摄物移动法。这种拍摄方法与普通照相机移动法相反，是使被拍摄物回转或直线移动的摄影方法。如图 9－5 所示。

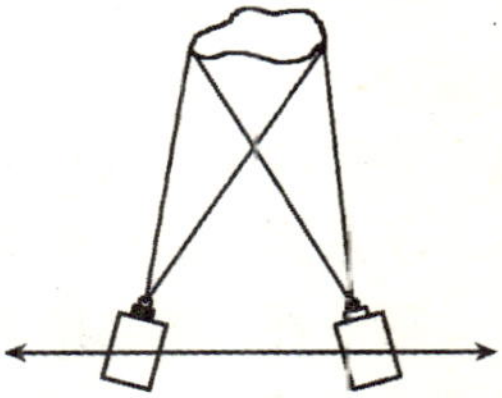

图 9－5　拃摄物移动法

将被拍摄物体的中心与回转工作台的回转中心相重合安装，回转工作台回转的同时进行拍摄。这种方法属于室内专用的照相设备，不能对运动物体进行拍摄。

第二种，照相机平行移动法。这种方法使用平行移动式照相机进行拍摄。随着照相机与被拍摄物之间距离的变化，照相机镜片操纵盘和彩色胶片可平行移动，并总指向被拍摄物的中心。但是，这种照相机只能作为室内拍摄的专用设备。

第三种，照相机直线摆动法。根据照相机平行移动法稍加改进，使其结构简化，即可制成直线摆动照相机。照相机在直线轨道上左右移动，同时使其机头朝被拍摄物中心摆动。这种方法应用范围比较广，室内、室外均可拍摄。

第四种，光圈移动法。将上述第二种和第三种所用的照相机的可运动部件减少，把被拍摄物限定在摄影室内较近的距离之内，用大口径的镜片。镜头的光圈可以移动，能拍摄出各方向的立体图像，如图 9－6 所示。

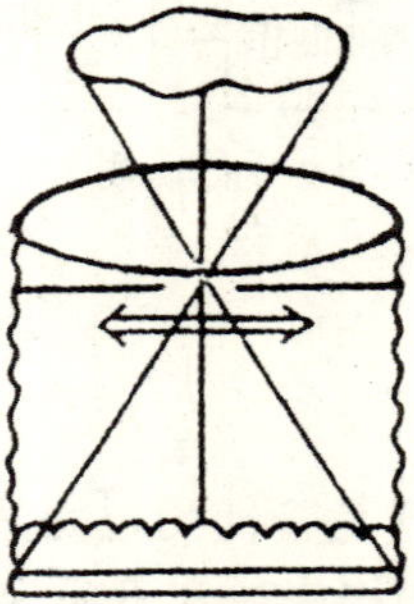

图 9－6　光圈移动法

这种方法由于光圈移动的范围不大，主要用于近距离拍摄，但是不会影响图像的立体视觉，特别是对人物肖像的拍摄更为有利。

②不采用柱面透镜摄影方法

使用这种方法摄影。与普通照相一样，进行一次拍摄或采用边移动边摄影，然后把各个方向图像通过柱面透镜合成。因此，各方向的图像是不连续的单张底片，一般由 6～9 张组成。

不采用柱面透镜摄影方法也分为三种摄影方法。

第一种，瞬间摄影法。使用带有 6～9 个镜头的照相机进行拍摄，如图 9－7 所示。这种照相机携带方便，最适于室外摄影，特别是移动物体的摄影。但是，拍摄后应进行合成，否则就不能形成立体图片。

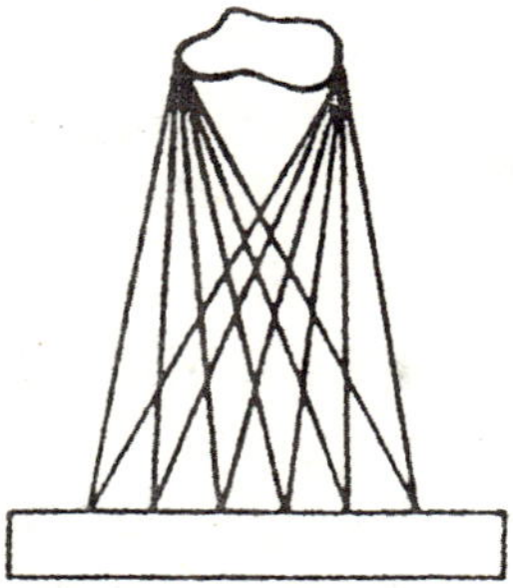

图 9－7　瞬间摄影法

第二种，普通照相移动法。在普通照相机上装设一个电动滑槽，边滑动边摄影，拍摄后再进行合成。这与上述瞬间摄影法相比，就是无须特殊的照相机。

（2）立体照相机

传统立体印刷选用的立体照相机一般分为连续摄影照相机、单镜头照相机、多镜头照相机等。

①连续摄影照相机。连续摄影照相机在直线或弧形轨道上移动连续摄影，照相机行程与快门开闭同步。拍摄时在相机上安装匹配的光栅板或黑白平行线条板。这种照相机适用室内和室外拍摄。

②单镜头照相机。使用单镜头照相机时被摄物以不同的角度拍摄，照相机立于轨道上，用手动方法从左到右拍摄数次或者将照相机安装电机驱动系统进行移动拍摄，然后合成。

③多镜头照相机。多镜头照相机一般是安装多架普通照相机并列组成。对被摄物取不同角度同时拍摄，然后通过暗房制作与光栅合成原稿。

（3）室内拍摄

在室内拍摄模型时，模型的前后景物不宜太远，否则前后像素差位收不拢。像素差位大，立体感强；像素差位小，立体感差。为了使图片既有立体感又保证清晰度和稳定性，前景物控制在距离拍摄中心点 7%～10%，后景物离中心点 15%～20%。

（4）外景拍摄

外景拍摄时，首先要掌握自然环境、画面安排、角度选择、拍摄时间第一手资料。合理安排前景、中景、后景，既要突出主题，又要有明显的立体感。外景拍摄因自然条件的限制，中心点位置选择更为重要，超前和超后都会使前景不突出，后景模糊，失去立体感。

2. 制版阶段

立体印刷制版过程包括分色、加网及晒版、显影等工序。

（1）分色加网

立体印刷制版的分色加网工序与其他印刷方法一样，但是立体印刷与普通彩色印刷加网角度不同，因为光栅板具有平直线条，极易与网线产生内动的光晕现象。

①立体印刷不适合选择0°角，因为横向的网线最明显，且0°角与像素、柱面透镜线正交，干扰了图像的清晰度和深度感。

②青、黑色版要采用相同的网目角度。不同栅距的立体印刷要有不同的四色网线组合角度，以避免干涉条纹的产生。立体印刷中青、黑版加网角度一致，主要由它本身的特点决定。具体加网角度，如表9-4所示。

表9-4　网目角度比较

色　别	立体印刷			平版印刷
	栅距0.44mm	栅距0.31mm	栅距0.25mm	150线网目
	光栅58线	光栅81线	光栅100线	
黄	50°	66°	50°	90°
品红	20°	22°	20°	45°
青	65°	51°	65°	75°
黑	65°	51°	65°	15°

③实地密度

由于光栅板带有一定的灰度，网线比较精细，暗调区的墨量小，需要加深，所以立体印刷比普通四色印刷的彩色印墨实地密度要高，一般黄版为1.33～1.35、品红版为1.31～1.33、青版为2.00。

如果三色印墨叠印后接近中性灰，为减少第四次套印带来的误差，就不必再印黑版，可将黑版与青版取同样的角度以便灵活掌握。

（2）晒版、显影

以胶印为例，胶版晒版过程中，曝光过度、网点缩小或丢失、曝光不足等都会引起立体印刷的质量。同样，显影过度或显影不足也会造成立体印刷的质量。因此，在晒版、显影操作中必须利用测控条达到第三级变白的标准，这是合格的 PS 版。

3. 印刷阶段

立体印刷过程中，要求网线清晰、套印准确，一般采用四色印刷机印刷，避免纸张伸缩变形。套色误差不允许超过 0.02mm，最佳是 0.01mm。

4. 后加工阶段

（1）模具制作

柱面光栅板模具制作，首先按光栅尺预先画好样板，然后将样板复印在投影仪的对光板面台上，用金钢钻对刀具手工研磨，使刀的弧形符合所设计的几何圆弧。刻制光栅板的刀具采用合金材料，用这种刀具刻制的柱面光栅板的质量基本符合要求。

柱面光栅模具制作过程中，一定要认真细心，开制光栅模具后不能中断，必须连续将整块板刻完。刻制柱面光栅板的模具专用机床不能受到周围环境影响引起震动。

刻制的光栅在铜模上的栅距对夹角有一定的要求，即光栅板表面上的凹处必须尖锐，如图 9－8 所示，A 处为光栅夹角，B 处应接近于球面，其表面必须平整光滑。

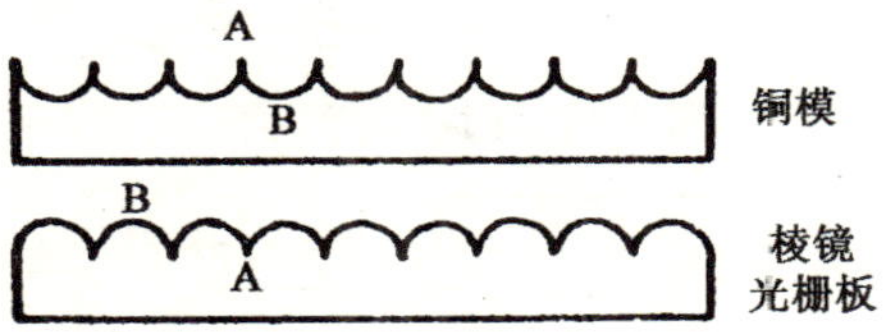

图 9－8　光栅铜模

（2）复合成型

柱面光栅模具刻制完成后，就是印刷品与光栅板复合成型。目前，传统立体印刷图片主要有硬塑立体图片和软塑立体图片两种。硬塑立体图片采用注塑机，该注塑机选用聚苯乙烯原料注塑成型的光栅板与印刷品复合成产品。

硬塑立体图片注塑机一般分为立式注塑机和卧式注塑机注塑成型立

体图片。软塑立体图片采用平压贴合法、滚筒贴合法等产品成型方法。选用 PVC、PET、PP 等软塑料薄膜材料在光栅压模机上与印刷品复合形成立体图片。

①平压贴合法。在四柱光栅压模机上，安装透镜模具，模具与塑料薄膜及已涂上胶黏剂的印刷品复合热压后，经冷却而成立体图片，四柱光栅压模机如图 9－9 所示。平压贴合法如图 9－10 所示。

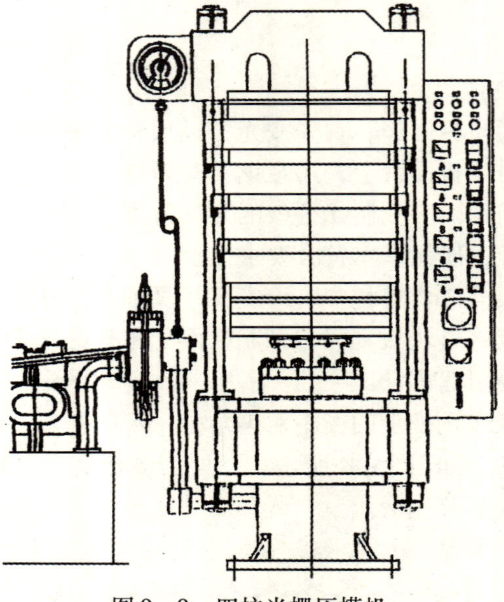

图 9－9　四柱光栅压模机

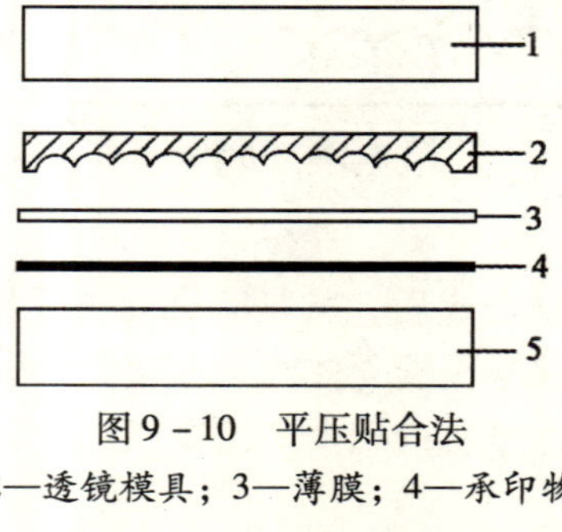

图 9－10　平压贴合法

1—加热板；2—透镜模具；3—薄膜；4—承印物；5—加热板

②滚筒贴合法。将卷筒的塑料薄膜预先充分加热与印刷纸重叠，并

从冷却阴模与压力辊之间通过，与柱面透镜成型的同时进行加压贴合。这种方法生产效率高，适用于大批量生产，但是与平压贴合法相比，阴模的再现性稍差一些。滚筒贴合法，如图 9－11 所示。

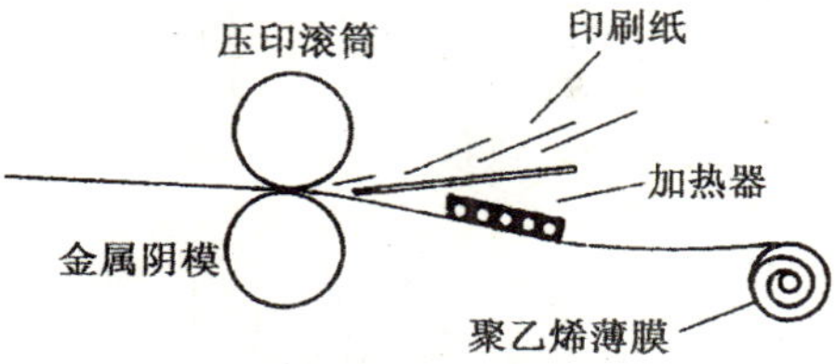

图 9－11 滚筒贴合法

二、光栅直接立体印刷工艺

光栅直接立体印刷就是通过印刷机直接在光栅板背面完成印刷。光栅直接立体印刷工艺流程：原稿制作阶段→制版阶段→印刷阶段→后加工阶段。

1. 原稿制作阶段

光栅直接印刷的立体原稿制作方法有两种：立体拍摄和软件设计合成。

（1）立体拍摄

光栅直接立体印刷的立体拍摄方法也是参照传统立体印刷拍摄的方法，前面已作介绍。

（2）软件设计合成

软件设计合成的开发成功是立体印刷技术的一大突破，无须复杂烦琐的立体摄影，只需普通图片转化为立体印刷的原稿。这样使立体印刷工艺变得更加简便，为一些规模较大的立体印刷企业发展立体印刷提供了新的技术优势。

现在许多立体图像设计是利用专业软件在平面图片的基础上进行设计，选择图片，充分利用各种图像资源的组合，更加使立体图片表现出强烈的立体感。

软件设计合成主要是使用专业的技术和软件，将多幅平面影像分解，压缩成条纹状，以左、右顺序把来自于不同图像的条纹交替排列组合。每个组合都适应于每个透镜的宽度，立体图像制作可以将其排列过程自动进行处理。其合成原理如图 9－12 所示。

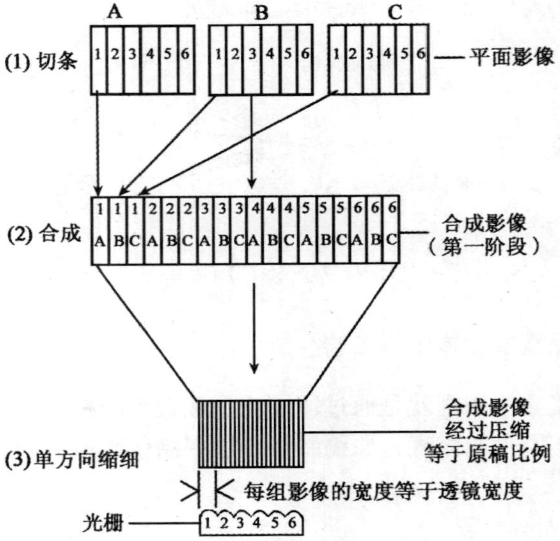

图 9－12　立体图像合成原理

为了获得更好的立体效果，不单以两幅图像合成制作，而是用一组系列的立体图像去组合构成。在这样的情况下，根据观察的位置不同，只要同时看到这个系列中的两幅图像，即可感受到三维立体效果。一幅光栅图像的构成，都是由一个图像系列互插而成的。组成光栅图像的图像系列中的每个图像称为“帧”。虽然印刷光栅图像是一个平面图像，但实际上它是一系列插入的“帧”组成。确定了“帧”的序列，通过“光栅合成器”就可以形成能够印刷的光栅图像。

光栅图的插入帧数与光栅的分辨率、光栅图像的分辨率有关，其计算方法如下：

$$N = IR/LR$$

式中　N——帧数；

IR——光栅图像分辨率，dpi；

LR——光栅分辨率，lpi。

例：采用 72lpi 光栅，光栅图像分辨率为 600dpi，通过计算可知，最多可插入帧数为8。

虽然光栅图像可由立体摄影的方法获得，但并不能直接获得一个满意的“帧”序列，而且还依赖于立体摄影技术。

2. 制版阶段

光栅直接立体印刷制版流程与传统立体印刷的制版流程一样。随着新技术的应用，CTP的制版技术的发展，不仅简化了制版工艺过程，而且减少各个环节影响质量的因素，缩短了制版时间。

3. 印刷阶段

光栅直接立体印刷一般采用胶印印刷操作工艺，选用高精度的海德堡、罗兰或高宝等四色UV装置的胶印机，这是因为在光栅背面直接印刷必须采用特别的对位系统，使印版上的条纹与片材上的光栅条纹精确对准。

立体印刷从单色到多色，从低速向高速的方向要求油墨在印刷机上不能快干，而印刷在承印物上时却能迅速干燥，不会产生粘脏现象。因此，必须使用紫外线光固化型油墨，即UV油墨。

目前，立体印刷主要以胶印为主，其原因是胶印制版印刷工艺可达到立体感最佳且适应大批量立体印刷产品。除了胶印之外，还有珂罗版、凸版、凹版、柔性版、丝网版等印刷工艺，但是印刷效果不及胶印。

4. 后加工阶段

光栅直接立体印刷后加工，主要是对印刷品进行模切、覆膜、背涂等加工工序。

（1）模切

模切是以钢刀片排成模框或用钢板雕刻成模，在模切机上把已经印刷的光栅板材料轧切成需要的形状，使立体图片的边缘非常精确光洁。

（2）覆膜

覆膜主要使立体印刷品耐摩擦、耐潮湿、提高反射率。若覆透明的高光膜，则可使立体印刷品更加光彩夺目，更加突出立体感效果。

（3）背涂加工

背涂加工是在印刷后的光栅背面涂一层透明涂料或白色涂料，这样不仅能够衬托正面图像的亮度，而且有效防止油墨褪色或脱落现象。

三、立体印刷新技术、新工艺

1. 立体专业软件

立体专业软件的开发成功使立体图像制作进入了一个新的领域。新的图像和图形处理软件具有自动校准及记录功能，操作者可以利用这些软件方便地将图像拆分为不同图层，再组合成一幅立体图像，这样就可以完成了立体图像制作工作。

2. 数字印刷技术

数字印刷技术的发展，为立体技术的应用提供了发展的前景。其优点如下：

（1）传统的胶印、丝印等已不再是立体印刷的唯一的印刷方式。

（2）适合制作小批量的立体产品，甚至制作几张的立体图片，利用打印机即可完成输出。

（3）大幅面喷墨打印精度及喷墨墨水技术的提高，为大幅面立体印刷图像的制作提供了条件，特别是在户外广告及个体化艺术品市场，必将有更大的发展。

3. 防伪技术

立体印刷本身的成像技术就相当于采用了光学加密防伪方法，除了利用裸眼可以全彩呈现3D立体影像外，以立体图像构成的防伪图案本身是活动的，在不同角度下图案会变化。不论采用拍照、扫描，还是影印等方法都无法仿制，而且肉眼可一目了然地辨别真伪。因此，立体印刷应用包装产品的防伪作用。

4. 照相与晒印

现在已经出现了轻型的、随身携带的四镜头立体照相机。这是一种多个凹凸镜片的照相机，同时拍摄四个影像，并且可以直接晒印。

四镜头照相机拍摄后，就用配套直接晒印立体照片的装置，如图9－13所示。

5. 新型光栅材料

新型的光栅卷筒材料的出现，为开发室外大型立体动画的广告发展提供了机遇。新型光栅材料彻底解决了纵向拼接难题。最新的可变视角分层卷式光栅材料是制作大型立体变画的理想材料。新型的软质光栅材料，长度可达到1050m，即在1050m内无须纵向拼接。

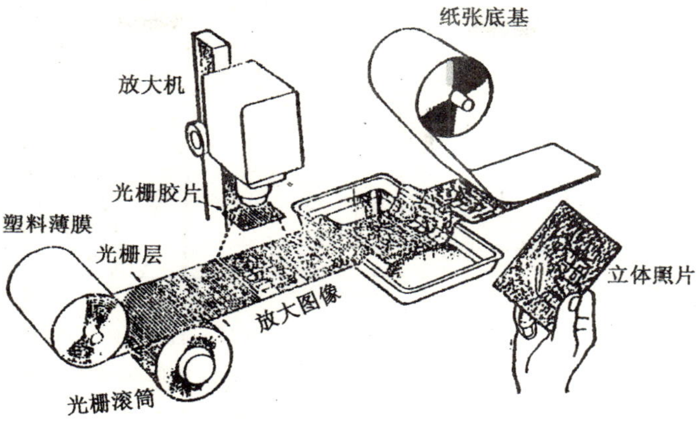

图9－13　晒印过程示意图

新型的光栅材料柔软度高、重量轻、不易变形与破损，有极高的韧性。当与有机玻璃板或其他透明材料介质合成后，具有防弹玻璃、防碎玻璃的功能和极好的抗UV能力及抗老化能力。最先进的光栅薄膜是采用PET聚酯合成材料，经过注塑压延后再辊压的连续生产方式，线性度和精度一致性均能达到理想的效果，可以实现大批量生产，从而也降低了生产成本。

6. 立体动画印刷

立体动画是普通立体印刷的延伸，只要变化观察角度即可产生动感的变化效果。

立体图片印刷是把六种图像拼组在光栅透明片的一个单元之中，而立体动画则把图像主要拼组在光栅透明片的两个单元之中，形成两个立体像。立体动画片经印刷并采用柱透镜光栅片后，不但可获得立体画片效果，而且还可以通过变动画面角度而获得具有活动效果的立体动画片。

立体动画片的原理，如图9－14所示，右眼和左眼观察不同的像素线L和R，在瓦楞状透明片下的数百条L和R，通过组合，由于两眼观察角度不同，就能得到全部画面的立体像。

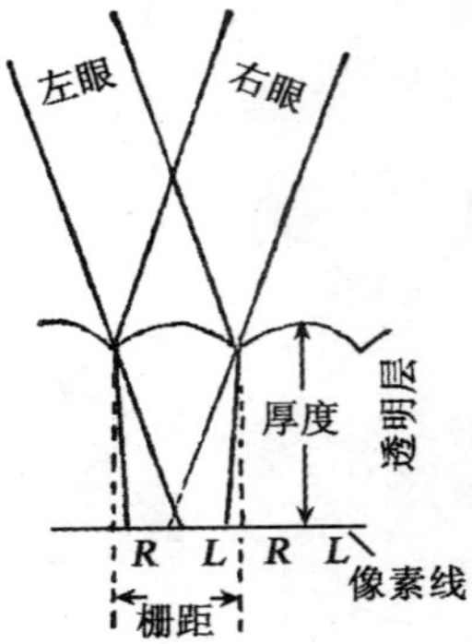

图 9-14 立体动画片原理

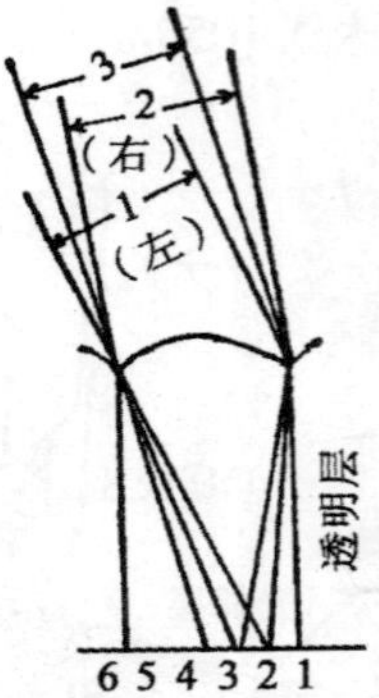

图 9-15 任一角度观察图画时均能获得立体感

此外，被观察的图画，在任一角度观察时均能获得立体感，如图 9-15所示。在瓦楞透明片的每一瓦楞单元下可以积蓄 1、2、3……像素线，当左右眼的位置移动时，像素线 1 与 2、2 与 3、3 与 4、4 与 5……成对组合，这样就可以通过透明片放大后连续看到。

动画的情形是使瓦楞透明片的纹理构成横向水平位置，两眼一起观察像素线 1、2、3……这些像素线在栅距 0.6mm 的每一柱镜单元内容有 18 条，然后按晒印方式制成动画片。也可以说是将 18 张原画（相当于电影的 18 片格连续画面）蓄在一张照片中，在其上面横放一光栅透明片，由前后摇晃，则相当于电影在一秒种内可表现出的动作画面。

立体动画包括物体形状、色彩、旋转、大小等多种变化。我们可以将动画的各个组成画面理解为分镜头，通过连续播放分镜头，达到动画的效果。在软件中设计动画分档时，每个图层的画面主就是一个分镜头，FSD 图层的上下顺序即为动画顺序。

原稿设计合成制作，由于原图像素材的色彩、明暗度、对比度、饱和度等因素都会影响到输出后动画的观看效果。

（1）亮度均衡

把每幅素材图像的平均亮度加权到一起所得出的平均亮度作为亮度标准，再参考此标准增加或者减少动画的输出亮度。

亮度均衡调节，可以减少素材图像的亮度反差，掩盖动画中过于突出的色彩缺陷，使其在翻变的更加清晰顺畅。

（2）墨量限制

“残影”是制作动画存在的较普遍的现象，尤其是颜色差异较大的两个或多个图像，在浅颜色的图像底上经常会留有深颜色图像的“残影”，往往造成后续印刷工序中出现问题，严重影响动画输出的质量。因此，正确进行墨量限制的调节，可以有效避免这种“残影”现象的产生。每一幅动画的素材图像进行分析后可生成一个图像组合，该组合具有以下规律：中间一幅为原始图像，从中间向两边的图像颜色逐渐变浅。给定的墨量限制范围越大，图像变浅的速度就越快，从而保证动画之间不出现突变，而是由一个颜色到另一个颜色的渐变过程，这样便有效消除了“残影”现象。

（3）自适应均衡

在使用饱和度差异很大的图像制作动画时，饱和度高的图像总是覆盖在饱和度低的图像上面，使整个动画的灰度层次不分明，通过自适应均衡可以得到改善。

根据低饱和度图像的灰度，把其图像合成到高饱和度图像当中并生成一个图像组合。所选择自适应均衡范围的数值越大则对高饱和度图像的灰度调节也越大，这样就可对低饱和度图像进行有效补偿，保证动画输出时每一幅图像都具有足够的灰度。

第四节　立体印刷常见故障及排除

一、出现条纹

在印刷过程中，两个以上有规则的色版叠合在一起会发生光学现象，在视觉上产生有规律的条纹，称为龟纹。

立体印刷与普通彩色印刷加网角度不同，若立体印刷的网点角度选择有差错，就会导致条纹故障。

排除方法：加网角度不能差错，必须按照立体印刷特殊的加网角度制作。

二、图像出现眩晕

印刷图像伸缩，会脱离光栅栅距的制约，造成图像视觉定位的改变，出现错像和视觉上的眩晕故障。

排除方法：严格控制印刷品的伸缩误差能确保光栅线与印刷品上的光栅线精确对位。

三、光栅材料修边

光栅材料修边的统一程度、互角度、外观三个方面出现问题就会影响立体产品的观察角度。本来正对角度观察即可，如果出现修边问题，结果要偏一角度才能看得出较好的效果。由于要求与印前制作的光栅条纹图案对位，如果角度不对，会使立体图案发虚，外观上的瑕疵以及光栅材料厚度偏差，都会造成立体印刷加工过程出现故障。

排除方法：光栅材料的修边操作工艺，必须严格按工艺标准执行。

第十章　静电印刷

第一节　静电印刷的特点与作用

静电印刷不借助压力，而用异性电荷相吸引的原理获取图像的印刷方式。静电印刷是近年来发展起来的一种新的印刷工艺。对纸张进行静电印刷利用一种比较简单的静电装置，即印刷油墨与纸张之间保持一定间隔，在不直接接触情况下，由静电场作用使印墨转移到纸上。静电印刷在某些方面有传统印刷所不及的特点和作用。

一、静电印刷的特点

1. 静电印刷是无版无压印刷方式，它在成像印刷过程中，既不需要印版成像，也不要通过压力转移油墨图文。

2. 静电印刷可以在普通纸上成像，而且呈色剂采用颜料，它与传统的胶印油墨非常相似，既可以实现黑白印刷，也可以实现彩色印刷。

3. 静电印刷其印刷速度可达到每分钟十张至数百张。

4. 静电印刷的印刷质量较好，其综合质量可达到中档胶印水平。

5. 静电印刷，对原稿的适应性强、复制品耐久性好。

二、静电印刷的作用

1. 静电印刷可与显微阅读相连接，显微阅读复印机可在查阅微型胶卷资料时认为需要的资料，只要一按按钮，立即可获得放大复制品。

2. 静电印刷可与传真系统相连接，激光高速传真机传送一页文件仅需要数秒钟，将数字信息传输给复印机，输出印刷品，这种复印机已演变成数字印刷机的作用。

3. 静电印刷在黑白文字、彩色个性化产品、按需产品印刷等方面发挥了显著的作用。

4. 静电印刷不需要制版，在文件、图纸、书刊、杂志、包装广告的少量再版印刷方面的作用更加突出。

第二节 静电印刷工艺

静电印刷是利用静电特性来获得图文的基础。包括静电照相、静电植绒印刷、静电数字印刷等。

一、静电照相

静电照相也称电子照相，就是把物质的光导电性能和静电现象结合起来进行照相、记录、印刷等系统工序进行印刷品复制。

当某种光导材料，例如氧化锌、硫化镉等物质处于暗处时为绝缘体，但在光亮处则呈现导电性。静电照相就是利用光导体材料的上述光电效应。原来表面均匀带电的基体，通过文字或图像原稿的曝光，产生电位变化，形成相应的原稿图文静电潜象，经显影、转印、定影等，制得复印品。静电照相的工艺流程如图 10－1 所示。

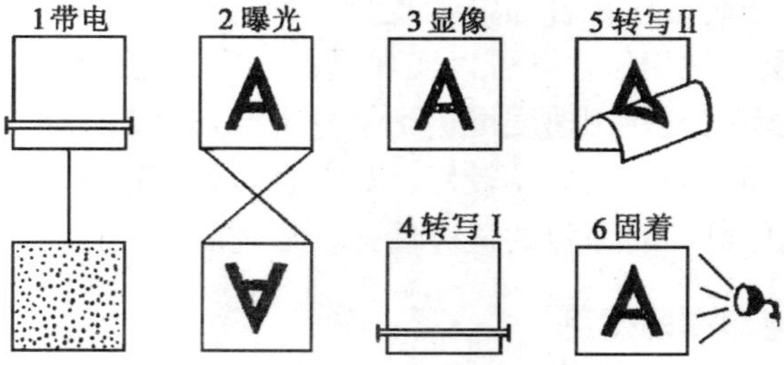

图 10－1　电子照相

1. 带电

用光导电物质作感光版材，利用电晕使版材带静电。如果采用光电导体，则带正电，而采用氧化锌则带负电。

2. 曝光

利用照相机的镜头，把图像投射到光导感光版材上，图像以外的部分受强光照射，电荷扩散，几乎无电荷，而在图像部分则有电荷，形成静电潜像。

3. 显影

采用带色的合成树脂粉末代替油墨，并使它们带有和光导物质版材相反的电荷，当靠近感光版时，由于异种电荷互相吸引，带色的粉末被吸附到光导版的图文上，形成了清晰可见的图文。

4. 转印

把纸张放在粉末图像上，用电晕在纸张的背面放电，产生的电荷应和粉末所带的电荷相反，则在光导感光版上面的图像部分的粉末被吸引到纸张表面。

5. 固着

对含有溶剂的树脂粉末加热，随着温度升高，溶剂挥发，粉末即固着在纸张表面上，形成文字和图案。

静电照相不但操作简单，成像快速，而且既能在软、脆或凹凸不平的材料上进行印刷，也可以在材质粗糙的新闻纸、瓦楞纸上印刷。

根据静电照相的原理制选静电复印机。静电复印技术是集静电成像技术、光学技术、电子技术和机械技术于一体的综合体现。

二、静电植绒印刷

静电植绒印刷是利用高压静电场的作用，将一些细小的毛绒物质吸附到承印物的表面。

静电植绒印刷主要采用凸版或平版的印刷方法，在纸张或其他的承印材料上，印上胶水或淡色油墨的图文，再放在静电场的一块金属板上，在与这块金属板形成静电场的另一块金属网之间放入细小的绒毛，当静电发生时，绒毛就纷纷飞向承印物，呈竖立状附着于图文之上，组成凸起的文字或图案，色彩鲜艳，立体感强。

当接通电后，绒屑被高压吸引，附在承印物的图文处。当断电后，绒屑立即落下，即可以取出承印物，待稍干后掸去未黏住的绒屑，就完成了静电植绒印刷的工艺过程。

三、静电印刷

静电印刷系统使用的成像和印刷设备类似于静电复印原理。它们是使用涂光导体的滚筒或感光鼓，经电晕电荷充电，然后激光扫描曝光，受光部分的电荷消失，而未受光的部分通过带有与感光鼓上电荷极性相反的色粉或液体色剂附着其上，构成图文部分，再转移到承印物上，最后通过加热、溶剂挥发或其他固化方法使墨粉固化，形成印刷品。

静电印刷成像过程可分为充电、曝光、显影、封印、固化、清除等流程，如图 10－2 所示。

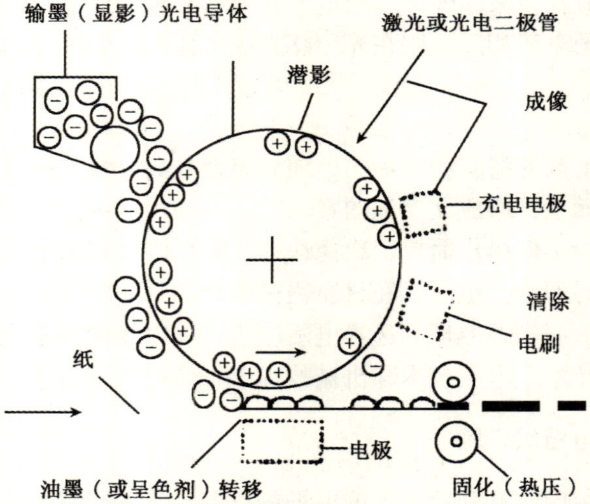

图 10－2　静电印刷基本过程

第三节　静电印刷常见故障及排除

图像和文字脱落故障及排除。

图像和文字转移到纸上后仅仅保留相当弱的静电力。

排除方法：图像和文字传移后，立即根据不同的显影方法，采用不同的定影方法进行处理。

第十一章　喷墨印刷

第一节　喷墨印刷的特点与作用

喷墨印刷是一种特殊的印刷方法，它采用无压力印刷，不同于一般常规印刷，而是通过计算机控制从喷嘴射在承印物上的细墨流获得需要的图像文字。

喷墨印刷主要特点是：

1. 不使用印版。将原稿的图像文字，变成信号通过彩色扫描器和电子摄像机，输入印刷主存储器存储，替代一般常规印版，使印刷工艺简化。

2. 不直接接触承印物。喷头喷出墨水保持一定距离，射在承印物上，这种印刷方法的环境清洁，没有污染和噪声干扰，印刷承印物不承受任何压印力。

3. 用电子计算机直接控制墨滴，全部操作过程实现自动化，可以承印单色或多色的产品，同时可以减轻劳动强度，提高效率。

4. 对承印物材料选择的适用范围较大，可以适用承印纸张，也可以适用承印塑料、金属、玻璃等无渗透性能的材料。

5. 对承印物不同造型选择，有独特的作用。可以适用平面承印物，也可以适用于各种曲面异型的承印物。

6. 可以采用无毒、无菌或可以食用的油墨或染色剂，有利在制药、食品等净化要求较高的工业中进行推广。

7. 印刷工艺简化，生产周转环节减少，有利降低成本、提高企业利润、开拓新的市场竞争。

8. 机械结构简单，体积小、重量轻、占用生产场地少、安装方便。

综上所述，喷墨印刷采用现代电子技术控制，具有无压力、无接触以及工艺简化、适用范围较广的优越性，它将逐步在包装装潢印刷中得到应用推广。

第二节 喷墨印刷设备材料

喷墨印刷的基本装置，是由喷头、喷墨控制器、印刷进纸装置以及系统控制器等部件构成（见图 11－1）。

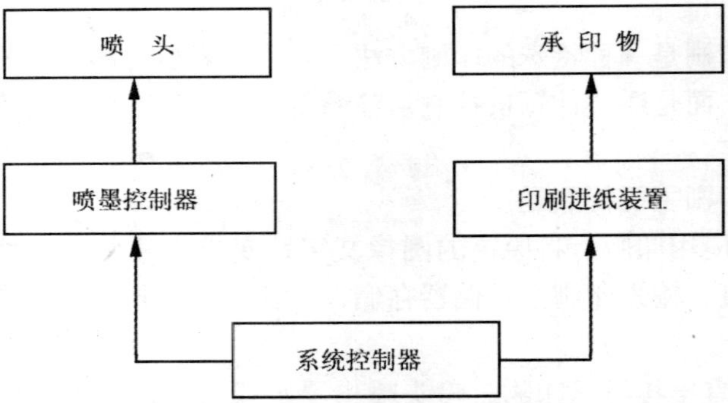

图 11－1　喷墨印刷设备基本构成

喷墨印刷结构装置主要有两种：

1. 单色喷墨印刷。这是一种单色结构装置，喷头只能进行一种单色墨水的喷射，机械结构和墨水系统装置较为简单。

2. 多色喷墨印刷。这是一种多色结构装置，具有四个以上喷头，可以同步或异步进行多种色彩墨水的喷射（见图 11－2）。这种多色喷墨印刷机能从多种不同信息接收彩色信息，信息源把三种辅助基色（红、绿、蓝）信息送至接口，将复制的信息存入主存储器，红、绿、蓝三色信息通过色彩转换器转换为青、品红、黄三种墨水及黑色信号，再由灰度控制器控制中性灰，经过灰度控制器的四种颜色信号，分别送至相同色别喷头的电极上，以控制喷头喷射墨水。微墨滴控制系统起着控制墨滴的产生与稳定作用。墨水系统起着供应墨水和回收的作用。自动进纸装置把印刷用纸自动输送到纸架上，接受喷墨印刷。

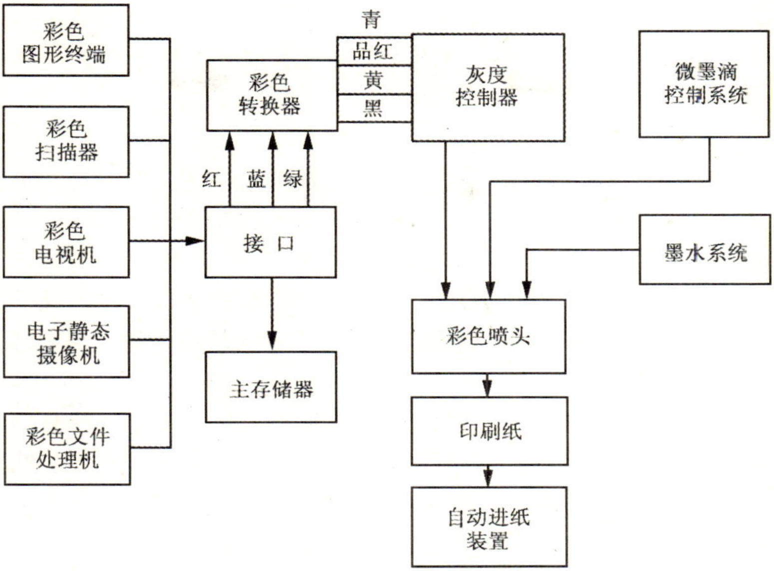

图 11－2　多色喷墨印刷机结构

第三节　喷墨印刷工艺

喷墨印刷工艺在完成它的印件过程中，采用主要方法有三种：

1. 连续喷墨。从喷头上喷射墨水，在一定距离内，出现断成不规则的墨滴。振动频率正好形成自然的连续墨滴，喷射到纸面上，操纵感应控制装置，能对每一墨滴产生静电荷，通过一个固定的静电场，墨滴在偏转范围内形成印刷图像。

2. 间断喷墨。对喷头施加轻微压力，形成凹凸体状，加上静电压作用下，带等量电荷的间断短小墨滴流即会从喷头中喷射出来，不经过偏转而被吸引到承印物表面，通过控制静电场的变化，形成印刷图像。

3. 脉冲喷墨。墨源处在压电晶体下面凹陷部位，在脉冲作用下，促使墨滴从喷头中喷射出来，可将 7～12 个喷头排成系列，同时喷射墨滴，形成印刷图像。

第四节　喷墨印刷常见故障及排除

1. 喷墨印刷位置不准。这是由于墨滴喷射计算位距和角度不够精确，或由于墨滴喷射速度减低以及受喷射压力、电荷效应的影响。也可能是由于承印物移位等因素，需要及时调整。

2. 喷头喷射墨水量小或堵塞不通。这是由于墨水成分不纯，内含杂质，部分或全部堵塞喷头通道，或是由于墨水快速干燥，沉积堵塞喷头通道，需要及时调整。`

3. 喷头喷射墨水达不到原定压力要求。这是由于感应控制装置通过静电场的作用，不能正常发挥作用。也由于喷墨系统的密封性能不佳，发生漏气现象，需要及时调整。

4. 承印物表面图文不清晰。这是由于喷射墨量过多或过少、承印物移位，以及承印物表面严重不平整，需要及时调整。

第十二章　热转移印刷

第一节　热转移印刷的特点与作用

热转移印刷是生产印刷品的一种新工艺方法，先用特种油墨在纸张或薄膜上印刷图案和文字，然后通过加热和加压把图案和文字转移到承印物上。

一、热转移印刷的特点

1. 印刷稳定持续，即使长时间印刷，其印刷精度也不会改变。
2. 不需要干燥装置，可以连续多色印刷。
3. 可以进行柔软接触印刷，能在柔软物品以及脆弱的物品上进行印刷。
4. 操作工艺简单，使用方便。
5. 成本较低。

二、热转移印刷的作用

1. 热转印打印机通过加热特印色带，使涂布于色带上的黑转印到纸上形成图案。

2. 升华转移印刷不需要水洗和干燥处理。转印图案的色彩鲜艳、层次丰富、产品经久耐用。

热转移印刷采用特种类型的油墨载体转移图案和文字，按油墨品种分为升华型热转印和热压型热转印。

第二节　升华型热转印

传统的升华型热转印是指通过丝网印刷将升华型热转印油墨印刷到纸或塑料薄膜上，然后与织物重叠在一起加热。加压或减压，纸或塑料薄膜上的染料就升华成气相状态转移到织物上。随着高科技的发展，不仅可以特印在织物上，还可以转印到陶瓷、金属等制品上。

一、织物升华热转印

织物升华热转印也称织物气相转移印刷。织物升华热转印的基本方法是先将适用的染料制成油墨，然后印刷成花纸。转印过程要加热、加压，不只是为了使染料升华，同时受热的纤维分子也会膨胀，分子间距离扩大，气相染料分子才能迁移其中。冷却后，将其“闭锁”在织物纤维之中，这是这种印刷特点。因此，这类转移印刷属于升华热转移印刷，如图 12 – 1 所示。

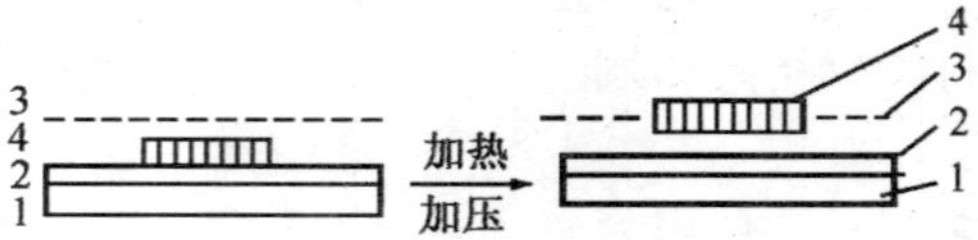

图 12 – 1　升华热转印

1—纸基；2—涂布的胶层；3—织物；
4—图面墨层（用升华性分散染料）

二、升华热转印油墨

升华热转印油墨主要由连结料、升华性染料、溶剂等组成。

1．连结料

连结料的作用是使染料均匀分散，并赋予染料具有合适印刷黏度、流动性、固着性等。印刷干燥后，它使染料在纸面上固着。

常用升华热转印油墨的连结料有：天然树脂、树胶、醇酸树脂、纤维素制品、酚醛树脂、丙烯酸系衍生物等。

2. 升华性染料

热转印印花用的染料必须具备如下条件：

（1）染料相对分子质量一般不宜超过350。

（2）染料气体与纤维之间具有分子间作用力，并能向纤维内部扩散。

（3）染料升华温度在200℃以下较为合适。

（4）转印到纤维上的染料牢度符合穿着要求。

（5）纤维上的色泽鲜艳度好。

（6）染料与基纸无亲和力。常用于升华转印的染料有：蒽醌染料、偶氮染料、阳离子染料等。

3. 溶剂

常用溶剂有：松节油、松油醇、高沸烷醇、芳烷烃、溶纤维等。溶剂的作用是控制转印油墨的黏度和流动性。溶剂的选用主要根据印刷方法的不同而不同，如柔性版印刷和凹版印刷选用乙醇、乙酸乙酯等溶剂，丝网印刷选用乙二醇，丙醇等溶剂。

4. 油墨配方

配方一：分散染料16%、硫酸钡16%、乙基纤维素6%、磷酸三甲苯酯0.9%、甲基异丁基酮61.1%。

配方二：分散染料2%、乙基乙醇10%、特种环氧树脂2%、水86%。

三、热升华转印纸

转印印花用的原纸必须选择耐高温、耐高压、防止渗化、染料气体渗透性低并有较高抗张力的纸张。另外，需表面平滑度要高，以便印刷精细的花纹。

转移印花纸具体要求如下：

吸收性	40～100g/m^2	pH值	4.4～5.5
透气性	500～2000ml/min	尘埃	不允许
定量	60～70g		

转印印花用的原纸，必须进行预处理，其作用是使这种纸对染料油墨既要有一定的吸附能力，又要有一定的脱墨能力。一般预处理方法有

两种：底涂处理和覆膜处理。

1. 底涂处理

（1）在印花原纸表面先涂布一层糊精，填平纸面纤维间的空隙及低凹处，以提高纸面的平滑度。

（2）糊精干燥后，再在上面涂布一层混合底涂材料，成为印刷图文的脱离层。

混合底涂材料的配方：

陶土	80 份	甲基丙烯酸甲酯丁	5 份
碳酸钙	20 份	水	150 份
糊精	30 份		

（3）底涂材料干燥后，再予以轧光处理。

2. 覆膜处理

在印刷原纸上先覆一层聚乙烯塑料薄膜，再在薄膜上施涂一层硅酮树脂，作为印刷图文的脱离层。

四、升华转印纸的印刷

升华转印纸常采用凹版印刷、丝网印刷。考虑到织物的经纬织造结构，一般升华转印纸采用专色制版实地印刷。

五、涂布保护漆

通常升华转印纸进行图文印刷后，需要在图文表面再涂布一层保护漆。其目的如下：

1. 保护印花的图文，防止因相互摩擦而破坏图文，提高转印纸的储存的稳定性。

2. 赋予印花图文一定的假黏性。所谓假黏性就是印花图文在转印时因温度升高而产生弱黏性，便于与织物假黏合，可以防止印花图文发生偏移或边缘不清的情况。

升华转印纸的保护漆，不仅要保护印花图文在转印时的顺利进行，而且不能阻碍染料的升华或造成油墨的渗化现象。升华转印纸的保护漆材料为：聚乙烯醇、乙基纤维素、醋酸纤维素等树脂。

六、升华花纸转印

升华花纸转印时，必须使印刷图文面与织物的正面贴合，通过加热加压，转印纸上油墨中的染料受热升华汽化，转移到织物纤维上，同时在织物纤维温度的影响下，纤维表面的染料进一步扩散到纤维内部，形成织物上的彩色图案。

升华花纸转印设备主要分为三种类型。

1．平板式热转印机

主要用于服装、装饰品印刷。平板式热转印机结构如图 12－2 所示。

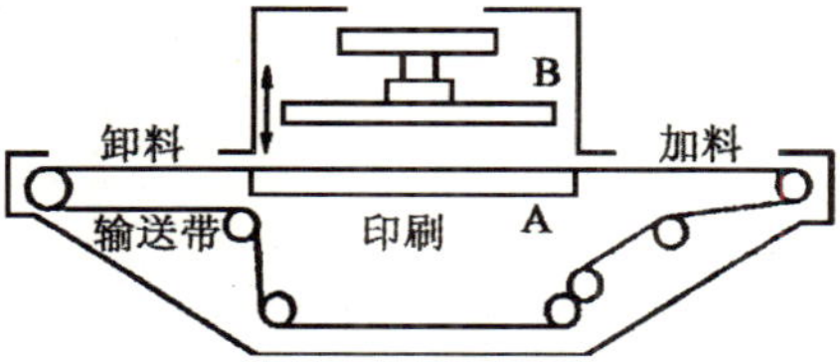

图 12－2 平板式热转印机结构

转印时，底板 A 被加热，转印纸放在输送带上，图案向上，然后将织物仔细地放在转印纸上，经输送带送至转印部分，随之同时在三个位置进行放置转印材料，进行转印、卸料等流水作业。B 为衬垫，按需要时间加压，温度为 180～220℃，时间约为 15～60s。

2．连续化圆筒型转印机

这种转印机适合成卷织物的热转印。

3．真空转印机

这种类型的转印机适合特殊要求的织物热转印，例如厚实织物、毛毯、壁毯等。

七、升华花纸转印工艺要求

1．转印温度和时间

升华花纸转印的温度和转印时间对转印的质量有很大的关系。若转印温度低于 180℃，转印时间少于 10s，只能达到表面染色效果；若转印温度高于 230℃，转印时间达到 40s 以上，印刷后织物则会手感粗硬。分散染料在不同的织物中转印条件是不同的，如表 12－1 所示。

表 12－1　分散染料在不同织物中的转印条件

纤维	玻璃化温度/℃	一般转印机		真空转印机	
		温度/℃	时间/s	温度/℃	时间/s
二醋酸纤维	190～250	185～195	10～25	185～195	8～12
二醋酸纤维	200～240	200～285	20～30	185～200	10～15
尼龙 6	180	185～195	10～15	185～195	5～8
尼龙 66	230	185～195	15～20	185～195	8～10
腈纶	190～240	200～205	10～15	185～195	10～15
聚酯	230～240	200～230	20～40	210～220	10～20
聚酯/毛	—	200～230	20～40	200～230	10～20
聚酯/棉	—	200～230	20～40	200～230	10～20
三酯酸纤维/尼龙	—	185～200	20～25	185～200	10～12

2. 转印压力

除了温度和时间外，转印印花的压力是一个十分重要的条件。压力如果过小，织物与花纸之间空隙大，纱线呈圆形，使染料气体分子与空气大量碰撞而逸散，造成效果差，同时染料也容易渗开，线条粗而花纹模糊。压力如果过大，则会使织物变形，在织物表面产生发亮的“极光”，带来手感粗硬和着色表面化缺点。一般压力控制在 98.07～196.13kPa 之间。

第三节　热压型热转印

热压型热转印技术主要采用丝网印刷、凹版印刷等方式，将图文印刷在热转印纸或塑料薄膜上，然后通过加热加压过程，使图文转印到织物、皮革等承印物上。

一、热压型热转印

升华型热转印工艺虽然能够广泛在合成纤维织物上应用，却不能适用天然纤维与合成纤维的混纺比超过 1∶3 的织物，而且又局限于在浅色上转印花纹。热压型热转印工艺具有独到之处，它不仅适用于涤纶、腈纶、锦纶、维纶等各种合成化纤织物，而且还可适用于棉、毛、丝、麻等天然纤维织物及其与各种化纤混纺的织物；不仅可用于机织物，也可用于针织物；不仅能使用各种颜料、涂料，也能使用功能性颜料，如发泡与热压型热转印相结合；热压型热转印还可以与植绒技术相结合。热压型热转印工艺装饰的器物花色鲜艳、立体感强、墨层厚实，特别适用于深色的印刷。

二、热压型热转印油墨

1. 网印热转印油墨

网印热压型热转印油墨选用的热塑树脂是经甲氧甲基化处理的N－甲氧甲基化聚酰胺共聚物。一般的聚酰胺溶于乙醇，可以用作热熔黏合剂，但溶解度有限，在短期内易产生冻胶，不能作为油墨成分。若用甲氧甲基团偶合至醇溶性聚酰胺共聚物的氮原子上的方法，制得的甲氧甲基化聚酰胺共聚物，可提高在乙醇中的溶解度，溶液稳定性好，长期存放也不易形成冻胶或改变黏度，可以用来制作油墨的连结料。

网印热转印油墨配方：N－甲氧甲基聚酰胺19%、苯甲醇40%、甲苯17%、乙醇6%、膨润土9%、颜料9%。

2. 凹印热转印油墨

将热熔油墨加热熔化并印刷在基材上作为热转移印花纸（薄膜）。

热熔油墨组分：

（1）1，2－亚甲基醋酸乙烯酯共聚物5%～50%。取代化合物有：苯乙烯－丁二烯共聚物、1，2－亚甲基丙烯酸酯共聚物、纤维素衍生物、聚酯、聚甲基丙烯酸甲酯、聚乙烯醚以及氨基甲酸乙酯。

（2）胶黏剂20%～80%。可选用萜烯树脂、氢化松香与松香多元醇酯以及酯环碳氢树脂（烃类树脂）。

（3）颜料或染料0.1%～30%。

3. 油墨配方举例

（1）彩色油墨配方：1，2－亚甲基醋酸乙烯酯EVA（含醋酸乙烯28%，熔融指数40g/10min）40%、氢化松香季戊四醇醇酯25%、聚乙烯蜡（相对分子质量4000）25%、黄颜料（或红颜料、蓝颜料）10%。

（2）黑色热熔热转移油墨配方（质量比）：EVA（醋酸乙烯含量28%，熔融指数150g/min）20%、氢化松香甘油酯50%、氢化二环戊二烯树脂 27%、黑颜料 3%。

三、热压型热转印基材

热压型热转印基材有纸基和塑料薄膜材料。热压型热转印的纸基是涂有有机硅涂层的纸基或聚丙烯/纸复合纸基。

我国研制的纸基是涂有机硅涂层的纸，用这种纸基可在 120 ~ 230℃温度下转移。

聚酯薄膜作纸基，厚 25μm，表面可涂布蜡质涂层，使墨层易于剥离下来，并使转移温度低、速度快。

四、热压型热转印纸的印刷

热压型热转印纸的结构有三种类型，每一种类型的结构转印纸都有不同的印刷工序。

第一种类型：由热转印纸、油墨层和黏合剂层构成。如图 12－3 所示。

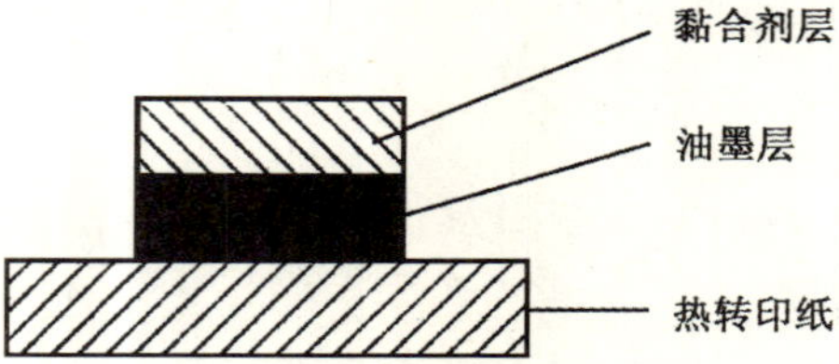

图 12－3　热压转印纸结构

将油墨直接印刷到热转印纸上，再在上面印刷黏合剂后固化。

第二种类型：由热转印纸、透明脱离层、油墨层和黏合剂层构成，如图 12－4 所示。

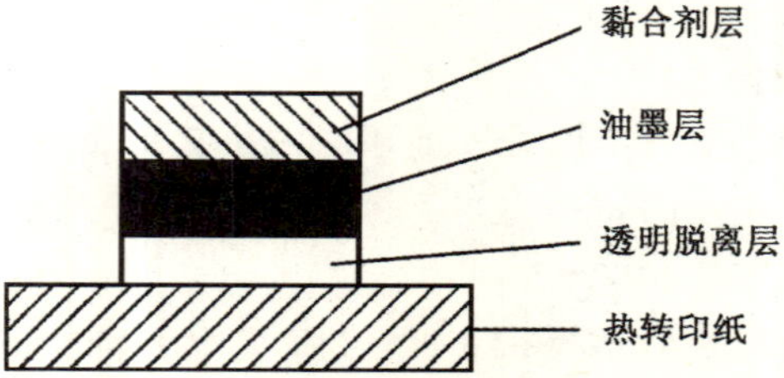

图 12－4　热压转印纸结构

首先在热转印纸上印刷透明光油，然后印刷油墨，最后印刷黏合剂。这种印刷方法获得的热转印纸，转印后上部的透明涂膜可作为油墨的保护层。

第三种类型：由热转印纸、透明脱离层、油墨层、黏合剂层和热熔胶粉层构成，如图 12－5 所示。

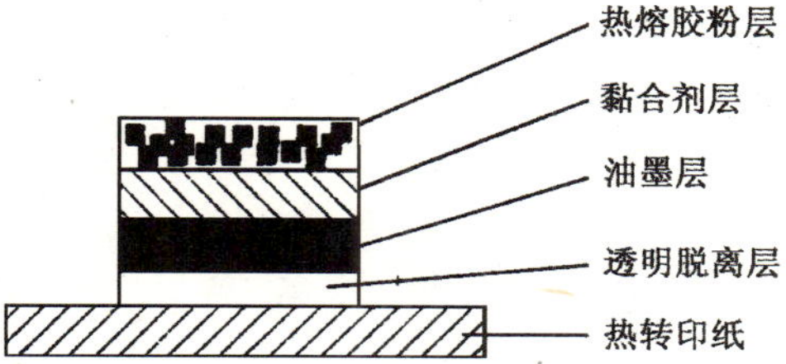

图 12－5 热压转印纸结构

首先在热转印纸上印刷透明光油，然后印刷油墨，最后印刷黏合剂，在黏合剂未完全干燥之前撒上热熔胶粉末。涂有热熔胶粉层的热转印纸所转印出的成品耐摩擦性佳、坚牢度和附着力非常好。

五、热压型热转印

热压型热转印是将织物与转移花纸压实，在加热、加压下，图面墨层熔融，并嵌入在织物中。由于熔融的墨层与织物的黏附力大于其与隔离层的附着力，墨层便顺利转移到织物之上。由于全部墨层都转移到织物上，所以也称为涂料转移印刷，如图 12－6 所示。

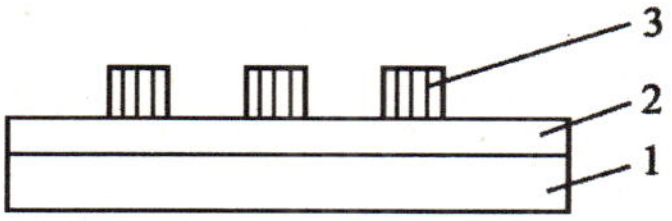

图 12－6 花纸结构

1—纸基；2—涂布的隔离层；3—图面油墨

烫印工艺技术指标，如表 12－2 所示。

表 12－2 烫印工艺技术指标

品　种	温度/℃	时间/s	压力	脱法
高　温	180～190	12～15	中压	冷
低　温	120 左右	3～5	一般	冷
植　毛	150～170	10～15	一般	热
渗　透	180	8～10	中压	热
渗透发泡	170～180	4～8	中、强压	热

第四节　热转移印刷常见故障及排除

一、升华型垫转印

1. 温度

（1）过低。升华不足，颜色浅。

（2）过高。颜色变得太深及损害织物。

2. 压力

（1）过低。颜色变得太浅，有鬼影。

（2）过高。有损织物。

3. 时间

（1）过短。升华不足，颜色浅。

（2）过长，颜色变得太深，图案混沌。

排除方法：调整温度、压力、时间。

二、热压型热转印

1. 转印纸图案面没对准织物。

2. 熨斗或转印机，加压加热不正确。

3. 撕去底纸

（1）冷脱。没有完全冷却后慢慢撕去底纸。

（2）热脱。没有趁热立刻撕去底纸。

（3）湿脱。没有待几秒钟，温热时撕去底纸。

4. 烫丝袜时要在承印面下加硅油纸、防止热胶下渗。

排除方法：按工艺标准操作。

第十三章　电化铝烫印

第一节　电化铝烫印的特点与作用

商品包装装潢的图文，以往常用金墨、银墨印刷。在实际使用中发现金墨与银墨长期与空气接触会发生氧化反应，金色、银色逐渐变暗发黑，影响使用效果。后来采用金箔（用纯金合成压制成极薄的箔片）在印刷品表面烫印图文，效果良好。但是金是贵重金属，成本太高，不可能广泛使用。20 世纪 60 年代我国试制电化铝箔成功，从此就以电化铝箔代替金箔，广泛用于印刷各种包装装潢、商标图案、书刊封面、产品说明书、宣传广告，甚至各种书写工具、塑料制品、日用百货等的印刷品，为衣食住行的各种不同商品增添了色泽鲜艳、晶莹夺目的装饰图文。

在印刷品表面烫印电化铝，能增强印刷品的艺术效果，使主题突出醒目，起到突出宣传主题的效果。图文烫印电化铝箔后，表面光亮、鲜艳。电化铝箔的化学性能比较稳定，可以经受较长时间的日晒、雨淋而不褪色。电化铝箔的色彩丰富，适合印刷各种印刷品主色的需要。

第二节　电化铝烫印材料

一、电化铝箔的结构

电化铝箔一般由 5 层不同的材料组成（见图 13 －1）。

1．基膜层。基膜层，也称片基，由双向拉伸的涤纶薄膜组成，主要起电化铝箔的支作用。基膜的厚度一般为 16μm。电化铝箔的各层组成物质均依次依附在基膜上。

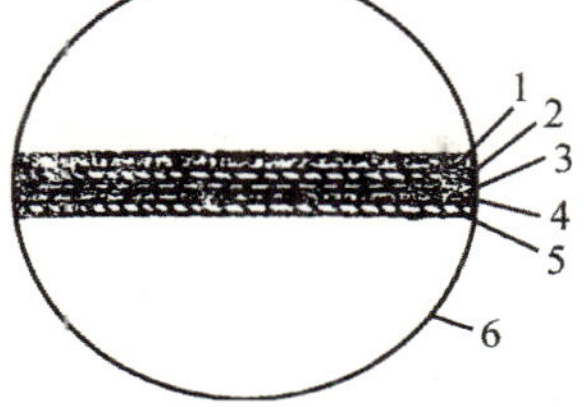

图 13－1　电化铝箔结构放大示意图

1—基膜层；2—隔离层；3—染色层；

4—铝层；5—胶黏层；6—放大镜

2．隔离层。隔离层的作用是使电化铝箔与基膜层相互隔离，烫印时便于脱箔，所以隔离层又被称为脱离层。隔离层一般采用有机硅树脂的溶液，或黏附力较小的连结料，均匀地涂布在基膜层表面，极易与基膜层分离。

3．染色层。染色层主要是显示电化铝箔的色彩，所以染色层又称颜色层。

电化铝箔烫印后，罩在图案的表面。染色层是由具有成膜性、耐热性、透明性等特性相适宜的合成树脂和染色料组成涂布液，经涂布在隔离层表面，再烘干而形成的一层有色薄膜。

常用的树脂有聚氨基甲酸酯、硝化纤维素、三聚氰胺甲醛树脂、改性松香脂等。将树脂和染料溶于有机溶剂中配成色液，就成为保护层的涂布液。

4．真空喷铝层。真空喷铝层的作用是利用金属能较好地反射光线的特点，呈现出金属的光泽。

把涂布染色层薄膜的基膜，置于真空涂膜机的真空室内，通过电阻加热将铝丝熔化，并连续蒸发到薄膜的染色层表面，即形成均匀的真空喷铝层。“电化铝”的名称，就由此而来。

5．胶黏层。胶黏层的作用是烫印时使电化铝箔与烫印材料接触，遇热后起良好的黏着作用。

胶黏层主要是易熔的热塑性树脂（如甲基丙酸甲酯与丙烯酸的共

聚物）与古巴胶或虫胶，或松香等其他不同的树脂溶于有机溶剂，或配成水乳液组成的涂布胶液，通过涂布机均匀地涂布在真空喷铝层的表面，经烘干制成的一种胶层。

组成胶黏层的胶黏材料性能不同，电化铝箔胶黏的性能也就不一样。烫印加工的材料性能不同，应选用不同性能的电化铝箔。

二、常用电化铝箔的种类

1. 电化铝箔的色相。常用电化铝箔以黄铜色最普遍，黄铜色又称金色。随着科学技术的不断发展，电化铝箔的颜色由黄铜色向色彩系列化发展，而且色彩越来越丰富、鲜艳。我国生产的电化铝箔，除金色以外，还有银色、大红色、橘红色、棕红色、蓝色、宝蓝色、绿色、草绿色、翠绿色、淡绿色等。

2. 电化铝箔的型号。常用的电化铝箔，有#1、#8、#12、#15、#18等不同型号（上海产品）。不同型号的电化铝箔，烫印的性能也有区别。

3. 常用电化铝箔的规格。电化铝箔的基膜的厚度有12μm、16μm、18μm、20μm和25μm等多种不同种类。商品电化铝箔的标准规格为：宽465cm，长60m。使用时可以根据产品规格的实际需要，分切需要的宽度。

三、电化铝箔的质量

衡量电化铝箔的质量，主要是以能否适应各种不同材料的特性，烫印出光亮、牢固、持久不变色的电化铝图文为标准。

根据电化铝烫印的操作特点，电化铝箔的质量标准应符合下列技术要求。

1. 光亮度。电化铝箔的光亮度要好，色泽符合标准色相，涂色均匀，不可有纹路、色斑、明显的色差存在，烫印后色泽鲜艳、闪光。

2. 黏着牢固。电化铝箔表面的胶黏层能与多种不同特性的烫印材料牢固地黏着，并且应在一定的温度条件下牢固地黏着，不发生脱落、连片等现象。

3. 箔膜性能稳定。电化铝色层的化学性能要稳定，烫印、贴塑、上光时遇热不变色。烫印成电化铝图文之后，应具有较长期的耐热、耐光、耐湿以及耐化学性等特点。

4. 隔离层易分离。隔离层应与基膜层稍有黏着，而又极易脱离。当遇到一定温度和压力时，即与基膜分离，使真空喷铝层顺利地转移到烫印材料表面，形成清晰的图文。没有受压、受热部分仍与基膜黏着，不能转移。

5. 图文清晰光洁。在允许的烫印温度范围内，电化铝箔不变色，烫印“四字号”大小的图文清晰光洁，线条笔画之间不连片或少连片。电化铝箔的色层涂布要均匀，镀铝层无砂眼、无折痕、无明显条纹。

6. 电化铝箔卷轴平直。电化铝箔卷轴平直，松紧均匀，不粘连。

四、电化铝箔的烫印范围

电化铝箔的型号和性能不同，适烫的材料和范围也就不一样。

烫印材料有各种纸张及纸制品、印刷油墨层成品、塑料薄膜、塑料制品、皮革制品、木材。各种不同的材料性质、结构不同，要求电化铝的烫印适性也就不一致。如白纸张与有油墨层的纸张，其性能不相同，电化铝的烫印适性也就不同。

烫印图文的结构有文字（大号字、小号字不等）、线条（粗线条与细线条不等）和实地三类。在一般情况下，结构松软的电化铝箔，染色层容易与基膜脱离，适宜烫印粗线条图文、大号文字，或适用于夏天烫印。结构紧硬的电化铝箔，染色层与基膜结合得较牢，则适宜细线条、小号字的烫印，或在气温较低的情况下烫印。

鉴别电化铝箔性能的方法为：用透明胶黏搭箔膜面，看是否容易脱落。也可用手揉擦，看箔膜脱落的难易。箔膜与基膜容易脱离，说明电化铝箔的性能是较松软的，反之就比较紧硬。

各种型号的电化铝箔，在一定的烫印温度、烫印压力和烫印范围内，烫印质量较好。在一定温度范围的下限，烫印速度应小些；在上限温度时，烫印速度则可快些。如果控制的温度过高，基膜会变形，烫印质量就差。

不同型号的电化铝箔，其性能与适烫范围也不一样。常见的电化铝箔与烫印材料的选用，可参见表 13－1。

表 13-1 电化铝箔型号与烫印材料

型　号	适应烫印材料
#1	纸张、纸制品以及印刷成品的油墨层膜面。皮革、丝绸等，黏性一般
#8	纸张、纸制品、皮革、丝绸、漆布、木材、印刷成品油墨层等，黏性一般
#12	聚苯乙烯、聚氯乙烯硬塑料制品、有机玻璃、铅笔杆
#12-1	各种硬塑料、铅笔杆
#15	聚氯乙烯塑料薄膜及其制品
#18	纸张印刷成品、皮革、丝绸等，黏性特强

第三节　电化铝烫印工艺

一、电化铝烫印机

电化铝烫印机目前用于生产的主要有三种：

1. 手摆平压式烫印机。它的机身结构与平压式凸印机基本相同，就是去除墨斗墨辊装置，改装电化铝箔上下送卷辊和收卷辊。由于是手摆平压式机，车速受到一定限制，时速为 1000~1200 印。

2. 自动平压式烫印机。它的机身结构和装置与手摆平压式烫印机基本相同，就是输纸和收纸都是机械咬牙递送，自动化程度有了提高，时速可达 1200~1400 印。

3. 自动圆压平卧式烫印机。它的机身结构与一回转平台凸印机基本相同，就是去除墨斗墨辊装置，改装电化铝箔前后收卷辊。由于是圆压平卧式机，压力负重和版面较大，适用于承印版面负重较大印件，时速达 1400~1600 印。

电化铝烫印机的机件主要组成结构：

（1）机身机架。包括立式或卧式外型机身及输纸台、收纸台等机架。

（2）印版压印部位。包括印版版框、印版电热板，可变电阻温度控制仪，以及压印平板或压印滚筒等。

(3) 电化铝箔送接装置。包括电化铝箔送卷辊和助送滚筒，以及电化铝收卷辊和控制转动间距齿轮等。

(4) 传动部位。包括发动机、运转轴、齿轮和摆动手臂等。

二、电化铝箔合理裁切

合理使用电化铝箔，对充分利用物质、节约原材料和降低成本都有很重要的意义。烫印前要精确计算用料，根据产品烫印的实际面积，确定横切面的规格（留有适当的余边）。

在生产实际中，为充分使用电化铝箔，一般采用下列方法。

1. 一次烫印。承印物的一面整个图文适宜一次烫印。一个版面一次烫印完毕，电化铝箔能得到比较充分的利用。

2. 多块烫印。承印物的一面有几个块面需烫印，使用整张电化铝会出现较多空位。为节约材料，可采用分块分段裁切，几条电化铝箔同步烫印。

3. 多次烫印。承印物的一面有几个块面需烫印，各个烫印的图文位置不适宜采用几条电化铝箔同步烫印，可采用分块多次烫印，组成整面电化铝图文。

4. 倾斜烫印。需烫印电化铝的图文在承印物表面呈不规则位置，如果采用直条输送、直条烫印，电化铝箔浪费较多。此时，可根据实际情况将规矩位置按图文方向改成倾斜角度，使电化铝箔得到充分利月。

5. 扣套烫印。已经烫印过的电化铝箔，如果尚有较多空余部分，而又有规则，可以选择适当产品再次使用。

电化铝箔单件烫印合理裁切使用，可以降低材料成本费用。单件成本计算公式：

$$单位成本 = 每卷价格（元）\div \frac{每卷面积（长 \times 宽）/平方厘米}{单件消耗量（长 \times 宽）/平方厘米}$$

三、装版

电化铝烫印版与一般凸版印版相同，采用以照相制版方法制成线条、块面以及文字的铜锌板。装版工艺如下：

1. 按照版面大小选用合适的电热板规格（电热板应具备大小不同

规格，便于不同规格印件选用）。同时考虑纸张压印时应留有合适的针脚规矩地位，避免发生针脚规矩块与电热板相碰。

2. 印版装在电热板上时其位置应尽量居中，使印版温度保持均匀。遇到不规则的规殊规格，可以将印版装在侧斜的合适位置，但还应考虑纸张在压印时有合适的针脚规矩地位和充分利用电化铝箔在条形运转时烫印部位所占面积。

3. 电热板在版框中间，周围用金属块和金属枕塞闭紧固定。它的位置和支撑点要均匀适当，防止松动翻版。切忌使用木条和木枕塞，因为当电热板通电后会散发相当热量，使木条和木枕塞受热收缩，容易发生散版事故。

4. 印版黏固在电热板上的方法：

（1）用砂皮将印版背面和电热板表面擦净并去除杂质，同时在面上留有粗糙的细纹划痕，便于黏固。

（2）将印版放在电热板上的准确位置，用粉笔画出地位线，再用8号黄纸板剪成与印版大小一样的轮廓，均匀地涂上浆糊，粘贴在电热板上。然后将印版用浆糊黏在黄纸板上。

（3）在不是印面的印版底基连接部分，用黄纸板剪成适当的轮廓垫实，上面铺一二层纸板，将平板压上，开启电热板传热，紧压20分钟左右放开，印版即固定在电热板上。

5. 印版地位固定后，用胶辊揩上油墨，在纸上试印，发现轻重不匀，可以在印版的电热板背部基本上垫实，然后在平板部位进行剪贴细垫，达到烫印表面结实光洁。在压印平板面层加一垫层包衬，如印厚纸可用硬垫（塑料片、硬纸等），如印薄纸可用软垫（橡皮布、软塑片、软纸等）。

四、烫印

1. 开车试印必须由慢到快，逐渐进入正常运转。发现不正常情况，立即停车检查。

2. 印版电热板通电传热，可用变压电阻温度控制仪掌握温度升降，一般情况下控制在120～150℃之间，最高控制在180℃。印版上实际传热温度较可变电阻温度控制仪温差达30%～50%。因此实际温度的确定，必须按照印版实际温度和电化铝箔所能承受的温度，除去各种因素对热量的损失，在纸张烫印后取得较好的效果为准。温度过高过低对烫印质量都是不利的。

3. 在已经印刷过的墨层上烫印，必须待墨层干结牢固并不粘连，防止烫印时拉底。同时防止烫印发花或印不上。

4. 烫印过程输纸必须准确，经常检查针脚规矩是否准确、松动或移动，防止造成烫印在纸张上的误差。

5. 电化铝箔在运转过程中，掌握上输下收间距准确，防止过快过慢或偏离印版位置。

第四节　电化铝烫印常见故障及排除

1. 图文发花、露底或烫印不上

（1）印版烫印温度过低。印版温度过低，达不到电化铝箔转移脱离应具有的最低温度，图文烫印时，铝箔层没有完整地转移，致使图文发花，露底或烫印不上。发生上述质量故障时，应该适当提高印版的烫印温度。

（2）烫印压力过轻。如果印版的烫印压力不足，图文对电化铝箔施加的压力过轻，则铝箔无法顺利转移，使烫印的图文不完整。解决的办法是增大烫印压力，使印版的压印力结实、平服。

（3）底色干燥过度、表层晶化。如果承印物表面的印刷墨层发生晶化，就会发生电化铝箔烫印不上的故障。防止印刷墨层发生晶化的有效办法，是采取措施缩短生产周期。一旦发生墨层晶化现象，可以适当增大烫印压力，并对晶化了的墨层进行适性处理。

2. 烫印的图文发虚、发晕

（1）烫印温度过高。印版的烫印温度过高，使电化铝箔超过所能承受的限度，烫印时，铝箔向图文四周扩展而产生发晕、发虚现象。烫印电化铝时，必须根据电化铝的特性，将印版温度调整到合适的范围。

（2）铝箔受热“焦化”。如果烫印过程中因停机过久，使电化铝箔的某一部分较长时间与电热高温的印版接触而发生了“焦化”现象，图文烫印后就发晕。正常生产过程中，停机时应降低温度，或将电化铝箔移位，或在受热的印版前放一张硬纸，使铝箔与印版相互隔离。

3. 烫印的图文印迹不光洁

（1）印版压力不匀。装版时，若印版的压力调节不当，如压力过重或版面压力轻重不匀，则版面图文受力不匀而使铝箔层不光洁。烫印电化铝箔的印版，必须使烫印的压力结实而不过重。

（2）压印机构垫贴不精确。压印机构的垫贴层应按块面图案的面积精确地黏合，不移位，不错动，烫印时图文与垫贴层相吻合，图文印迹的四周就不会发毛。

（3）印版的烫印温度过高。烫印电化铝时，应按电化铝的特性，合理控制印版的烫印温度，保证图文四边光洁，不产生毛边。

4. 烫印图文残缺不完整

（1）电化铝箔偏差输送。电化铝箔横向方向裁切时留边太小或裁切歪斜，放卷输送时发生偏离，使铝箔与印版图文不吻合，部分图文露边而造成残缺不齐。为此，分割裁切电化铝箔时，裁切要整齐平整，而且应该适当增加留边尺寸。

（2）铝箔输送速度与紧度不合理。电化铝箔放卷（送料）与收卷（接料）装置发生松动移位或铝箔卷芯与放卷轴之间松动，放卷速度发生变化，使图文烫印发生偏离而造成图文残缺。

（3）印版移动或垫贴层移位。印版部分在底版的位置移动、失落，或者压印机构的垫贴层移位，使正常的印刷压力发生变化，使图文烫印层残缺不齐。在电化铝烫印过程中，应该经常检查印版烫印质量，注意印版或垫贴物的移位故障。一旦发生故障，应及时调整，保证烫印质量。

第十四章　凹凸压印

第一节　凹凸压印的特点与作用

凹凸压印，顾名思义，是由凹凸两个方面组成。凹面就是印版，凸面就是将印版在压印机上进行覆模制凸型平版，经压力压制成凹凸印件。

凹凸压印是印刷工业中一种特殊的加工工艺。它主要是在已经印刷的纸面上进行艺术加工，增加印刷纸面的立体层次。凹凸压印工艺是浮雕艺术在印刷上的移植和运用。没有印刷、雕塑艺术的发展，不可能有凹凸压印工艺的发展。

浮雕艺术的基本特点，要求在面积不宽、厚度不深的平面上创造出的图案达到：层次清晰，表达愈丰富愈好；立体形象压缩，表达愈严密愈好；透视角度准确，表达愈真实愈好。浮雕艺术基本特点是凹凸工艺表达应该做到的。凹凸压印工艺主要表现的对象是纸张，一般纸张能够承受凹凸压印的厚度仅零点几毫米到1毫米左右，要求在这个厚度范围内创作丰富多彩的图案，它的复杂难度可想而知。

凹凸压印工艺在我国运用和发展已有半个多世纪，从20世纪20年代开始，在我国逐步形成一个独立的工艺体系。随着印刷工业的发展，凹凸压印工艺将发出它更加灿烂的光辉，在包装装潢上的应用将会有更大的发展。

第二节　凹凸压印制版工艺

一、凹凸压印印版艺术特色

凹凸压印印版一般采用铜版作版材，厚度在 1.5～3mm 之间，雕刻深度需根椐纸张承受压力程度到不破碎为宜，一般深度控制在铜版厚度50%。一个好的刻版技术工作者，在进入创作之前，必须认真分析作品的特点，制定刻版施工计划：确定主体表现的主题，分清主次层次；确定图案与线条表现方法：根据不同特征采用不同刀法；参考不同纸张考虑块面与线条的深度。厚纸，过细的刻纹压印效果差；薄纸，过深的图面压印易碎。雕刻两个块面衔接之处，需认真处理，要有一个由浅入深或由深入浅的坡度，从而达到整个印面和谐统一、主体突出、层次丰富、立体感强。这里就各种图面雕刻特色作些剖析：

1. 人物。主要表现面部和衣服特点。面部一般能反映出轮廓，重点是眼睛、面颊和嘴唇。最难掌握的是鼻部，它的正面只能局限于一个不深的凹面，深度接近眼、嘴部位。它的侧面也只能局限于一个不深的凹面，太深在印面明显凸出，反而弄巧成拙，破坏整个面部轮廓。头发也是较难表现的部位，把头发排列整齐一律，显得呆板失真，把头发杂乱堆叠显得形象太丑。必须掌握既有发型规律，又有自然美。衣服部位一般能反映轮廓和折纹质感，时装表达比较单调，古装仕女里外衣服、帽带易表达质感，深浅层次要考虑周密，切忌层次颠倒失真。对毛皮制的衣服帽子，采用针刺尖刀纲刻，疏密适宜，效果较好。

2. 动物。主要表现体型和表皮特点。例如熊猫的重点抓住丰满的体型和眼睛部位，它的腿部与身躯只能有轻微较浅差别，过深差别就表达不出丰满圆沌的特色。熊猫的表皮用尖刀针刺精刻，这样有真实感。鹦鹉的重点抓住头部层次和羽毛，冠羽、眼睛、尖嘴层次予以充分表达。金鱼重点抓住尾帮和鱼鳞，尾部层次丰富，既有块面、线条结合，又有深浅、交叉结合，表现得当生动活泼，犹如水中飘游。鱼身部位有一定深度反映金鱼体型，再刻出细弧形鳞片斑斑，注意掌握深度，防止过深压碎纸面。

3. 花朵。主要表现花瓣特点。牡丹的重点是每片花瓣内外、正反不同块面，深浅度按照花瓣的质感来控制，处于平面状的浅些，处于曲面状的深些。由于每朵花由很多花瓣组成，注意花瓣之间衔接的深浅层次，有分有合。每片花瓣有不同表现方法，防止千篇一律，生硬呆板。菊花的重点是条形花瓣层次，它是花中形象最变化多端的，掌握层次难度大，粗放的或细巧的形象都需给予恰到好处的表达，既有单片花瓣轮廓特色，又有不同侧面和相互交叉的复杂层段，继续延伸关系需处理好，表达方法上避免条理紊乱，失去美的感觉。象牙红的重点是花瓣单片轮廓和茎条清楚，每片大小和前后有不同深度，相互衬托关系要处理得当。

4. 建筑物。主要表现轮廓结构景深层次。例如《毛主席纪念堂》，气魄非凡，但要在几平方公分大小的纸面、1mm 多的深度上充分表现是有很大难度的。首先分清主次深浅层次，按照近深远浅、大深小浅的要求来表达，把屋檐、立柱、外层栏杆、后梯阶安排在较深的部位，把装饰壁嵌、里屋栏杆、后梯阶安排在中间的部位，把里层门窗安排在较浅的部位，每个部位之间布局协调，突出主要线条轮廓，使整个图面庄重肃穆。

5. 日用品。主要表现物体的真实感。儿童玩具重点表现物体轮廓，抓住主要外形特点分清深浅层次。一辆玩具汽车在车前窗面部位及车轮部位可给予更多的处理。手表的重点表现外壳和计时字针，使其主要部位突出醒目。花瓶的重点表现外形圆弧轮廓和艺术花纹，圆形、椭圆形等造型线条给予充分的反映，尽量表现它的透视质感。常用各种工具扳手，重点表现外形及其主要特征，使人很快地感受到它的造型立体感。

6. 文字花纹。主要表现轮廓的艺术感。我国文字有它严谨的结构和艺术性，运用凹凸压印工艺可以更加增添它的艺术光彩。文字的表现方法有线条型、平方型、胖圆型等几种，可以根据各种需要采用。一般文字较小的采用线条型较多，字体轮廓方正的采用平方型较多，难度高的手写体粗笔字采用胖圆型效果好。雕刻时运用粗细深浅手法进行艺术加工，充分反映文字的笔触笔锋，务必使字迹精神饱满。花纹图案是凹凸压印工艺常用的表现方法，有的是不规则的花纹，有的是有规则的花纹，它的表现方法基本与文字表现方法类同，根据需要采用线条型、平方型、胖圆型雕刻加工。

二、凹凸压印印版制作方法

1. 凹凸压印印版

凹凸压印印版采用金属凹面印版，通常有以下三种：

①铜刻版。选用1.5～3mm厚度的铜板，用照相晒版或手工描绘在铜板上构图，然后按需要进行手工雕刻成为有层次轮廓的凹面印版。

②腐蚀版。在铜板上直接晒版腐蚀，加工时间较快，但这种凹面印版轮廓虽然得到显现，但缺乏凸面的层次。有时可根据需要在腐蚀的基础上进行雕刻加工。

③钢刻母版与复制电镀子版。选用一定厚度（与一般印版厚度相等）的铸钢板作为钢刻版，将其雕刻成为凹面印版，可以直接上机进行凹凸压印，或用作母模，先复制铅版凸版，再在电解铜液内电镀复制，这样可以用母版一块，复制子版多块，提高效率，适宜用于印数较多的多联拼版。

2. 凹凸压印印版刻版工艺

刻版工艺是一门工艺技术，它要求美术、印刷与雕刻三者很好的结合，需要在不断实践过程中练成过硬本领。凹面印版一般采用铜版作材料，厚度在1.5～3mm之间。

①分清图面的主要层次，确定以主体表现为主题，运用刻刀分清深浅层次，构成一定深度的主体轮廓。然后以主体表现为中心，构思其他图面的次要层次。

②确定图形与线条的表现方法，主体与一般的层次要协调，版面深处与浅处要协调，一个图面的轮廓由浅入深要有坡度，自然连贯，显示图形柔和协调。雕刻图面运用透视原理，表现近深远浅。

③掌握由浅入深逐步加深的雕刻技法要求，做一步看一步，细细琢磨，渐入佳境。观察刻版效果，可用塑泥或膏药黏在刻版上复模下来，可见凸面正图，不断进行修正，达到满意程度。

④基本完成图面轮廓雕刻，再进行最后精工细琢，用细致动作加工修饰，达到整个版面光洁匀润、形成一体，才能进入压印生产。

凹凸印刷产品所以能在平面纸张的表面获得与实物相似的立体感效果，其印版的质量是一个关键。印版图文的加工效果、立体效果、块面与线条的设计效果将直接影响凹凸印刷产品的质量。每一幅画面中，凸出的图文超过画面的一半，其结果是凸出的部分反而显不出优美感，而凹下的部分（实际上是纸张的原有平面）反而成为主题，压印效果就不好。

刻版工艺主要工具是刀具和小锤子。刀具是用质地较硬的锋钢制成，一般长度为 8～10cm，宽度为 0.3～0.5cm。刀具按不同用途分为四类：

（1）尖刀，用来雕刻线条和尖角的图面。

（2）平刀，用来雕刻平面的图面。

（3）圆刀，用来雕刻弧圆形的图面。

（4）排刀，用来雕刻整块图面的地纹或块面的平整。

以上四类刀具，每类又按雕刻面积大小和生产的实际需要，制成各种大小不同的刻刀。

第三节　凹凸压印工艺

一、凹凸压印机

目前实际使用凹凸压印机有两种：

1. 平压平立式压印机。一般凹凸压印承印版面较小，受压较轻的印件，可采用平压式凸版印刷机，其中以鲁林机较为适宜。如果承印版面较大，受压较重的印件，可采用对开平压式压痕机。平压平立式压印机由于平压冲击力大，印件凹凸轮廓层次较好，但机速较低。

2. 自动圆压平卧式压印机。它的机身结构与一回转平台凸印机基本相同，就是去除墨斗墨辊装置。圆压平卧式压印机由于运转阻力小，机速较高，但由对圆压平式的压力冲击力小，印件凹凸轮廓层次不及平压平式压印好。

二、装版

1. 将雕刻凹面印版配上合适的金属板，中间衬入一层卡纸黏牢，它的厚度与一般印版一样。

2. 凹面印版的定版地位尽量居于铁框中间，防止受力不平衡或版面走动，支撑点的地位必须选得适当，枕塞松紧要适宜。

3. 铁框放入版台地位时需将紧闭螺丝扣紧，防止上下左右发生松动。

4. 压印平板（或压印滚筒）糊上一张八号黄版纸，面积应大于印版四周二三厘米左右，用胶水涂匀黏牢，平服不弓。

5. 用墨辊在凹面印版揩匀油墨，进行试印，对版面不细之处，必须先在凹面印版背部基本垫平后，再在平板部位匀垫。

6. 对版面轮廓层次较多部分按层次深浅程度，用宝塔型垫法按层剪贴垫实。然后在上层粘贴与印面大小一致的黄版纸，洒水浸湿，开机连续试轧成凸面纸型。

7. 在剪垫层次基本形成凸面纸型的基础上，铺上石膏层（不要省略剪垫这一步，光靠石膏层补足是不耐压的），石膏层采用细净石膏粉拌入胶水调和，厚度以拿起不会掉下为宜，版面小、用量少则可厚些，版面大、用量多则薄些。石膏浆容易干燥，在用较薄石膏层时，应使干燥时间适当延长，便于版面大的印件进行操作。

8. 石膏层铺面方法有两种，一种可将石膏浆直接铺到剪垫凸面纸型上，再盖一张薄型纸；另一种可将石膏浆均匀地刮在薄型纸上，然后盖在剪垫凸面纸型上。铺石膏层时准备工作必须安排充分，操作要快而利索，防止石膏层干硬，铺面不匀而返工。

9. 当石膏层铺面将干未干时进行凹凸试轧，事先在凹面印版轻刷火油以防黏坏，然后由轻到重用手盘动飞轮试轧，开始时用慢速，避免石膏层受力过猛迅速铺开。等到石膏层完全干硬成型后，才可用正常车速压印。

10. 试轨凹凸压印图样，如有不符合质量要求的，可以再用薄石膏层进行修补，直至达到质量符合要求。当石膏层基本干硬时，立即将不是凹凸印面的四周石膏层用刀细致刮清，然后校正针脚规矩地位，覆上一层牛皮纸，以便于输纸压印。

三、压印

1. 开车试印必须由慢到快，进入正常运转。发现不正常情况，立即停车检查。

2. 输纸必须准备进入针脚规矩位置，防止双张进入加重压印负荷使平板凸型石膏层压缩或压碎，影响以后凹凸压印质量。

3. 压印过程经常检查印版松动、移位情况，尽量不要移动印版和版框，防止套印不准。

4. 经常清刷印版杂质，防止垃圾碎粒轧入，损坏凹凸印版和石膏层。

第四节 凹凸压印常见故障及排除

一、图形线条轮廓不清

1. 装版时垫版不实，剪贴垫层不细，压力不够，应该适当加重压力，进行细垫。

2. 石膏层分布不匀或石膏层测铺时，车速过快、冲力过猛，使石膏层厚度不够，应该修正。

3. 压印机精度差，压印过程凹面印版与凸型石膏层不紧凑，有移位情况，应该修正。

4. 印数过多，凸型石膏层压缩，应该修补加层。

5. 纸张厚薄不一或双张压印，影响压印负重能力。

二、轮廓地位不准

1. 印版雕刻位置不符，印版位置较所需凸印面小。可以将印版重新雕刻修正。

2. 印版位置较所需凹凸印面大，误差大的必须重制，印片误差小的可以在平版石膏层修正。

3. 针脚规矩位置不符，应该调整。

4. 印版版框移位，使凹面印版与平版凸型石膏层的位置不合。

5. 同一印版图文分布多处，无法全面套准，可以分二次压印，石膏层不同部位分二次铺面。

三、凹凸表面斑点

1. 石膏粉或胶水不净，含有杂质未清除，应该事先检查清除。

2. 纸张质差含有杂质，压印时损坏凸型石膏层铺面，应该修补加层。

3. 印版黏上石膏屑或其他杂质，应该清刷洗净。

四、平版凸型石薄层压薄残缺

1. 铺面石膏层在拌成石膏浆时，加入胶水成分太少，或石膏粉质量差，黏性牢度不够，应该修补调整。

2. 压印过程中版框和印版移位，压碎平板凸型石膏层，应该防止。

3. 压印过程中突然增加压力或双张压印，应该防止。

第十五章　覆膜

第一节　覆膜的特点与作用

印刷品覆膜是印刷品表面装饰加工技术，印刷品覆腹工艺简称覆膜或贴塑。覆膜就是将涂上黏合剂的塑料薄膜和纸张印刷品两类不同类型的印刷材料，经过加温、加压处理，使材料与印刷品黏合在一起，形成纸塑合一成品的加工技术。

覆膜在不改变包装纸盒或包装品原有印刷色彩和图文信息的前提下，有效提高了产品表面光泽度，使之美观且大气，同时还为其增加了耐水、耐湿、耐光、耐摩擦、耐折叠、耐穿透性、耐气候性等特点。

覆膜技术在我国产生于20世纪60年代中期，20世纪80年代后进入较快发展时期，不仅越来越广泛地应用于商品包装表面装饰，而且对印刷品起到保护作用。

第二节　覆膜材料

覆膜印刷品的一般材料为塑料薄膜和胶黏剂等。覆膜印刷产品的材料结构，如图15－1所示。

图15－1　覆膜印刷产品的材料结构

1－塑料薄膜；2－黏合剂胶层；3－印刷品

一、塑料薄膜

塑料薄膜一般指以高分子树脂为原料制成的膜片状物。用于覆膜的塑料薄膜有聚丙烯薄膜、聚氯乙烯薄膜、聚酯薄膜、聚碳酸酯薄膜、聚乙烯薄膜、双向拉伸聚丙烯薄膜等。

1. 聚丙烯薄膜（PP）

聚丙烯薄膜。有较高的透明度和良好的光泽、机械强度好、不易断裂、耐热和耐摩擦、化学稳定性好。

2. 聚氯乙烯薄膜（PVC）

聚氯乙烯薄膜是一种无色、透明、有光泽的薄膜，耐光、耐老化，其缺点是抗冲击性差、抗寒性差，低温易发脆。

3. 聚酯薄膜（PET）

聚酯薄膜材料是用于覆膜的双向拉伸薄膜，它的特点是无色、透明度高、高光泽、柔软、收缩率很小、耐酸、耐湿、强度高。

4. 聚碳酸酯薄膜（PC）

聚碳酸酯薄膜，具有良好的透明度、高强度的机械性能、良好的尺寸稳定性和光稳定性、耐水性好。

5. 聚乙烯薄膜（PE）

聚乙烯薄膜，具有吸水性小、化学稳定性好的特点，缺点是很难进行黏合。

6. 双向拉伸聚丙烯薄膜（BOPP）

双向拉伸聚丙烯薄膜具有透明度高、光亮度好、无毒无味、柔软、耐磨、耐水、耐热、耐腐蚀等特点，是目前应用最广的新型双向拉伸聚丙烯薄膜的覆膜材料。

常用的覆膜塑料薄膜幅宽有 450mm、700mm、1000mm 等规格，厚度在 15 ~20μm 之间，进口薄膜为 10μm 厚。常用有关薄膜物理指标，如表 15 -1 所示。

表 15－1　薄膜的物理指标

类别	透明性/（密度 g/cm^3）	抗张强度/（kg/cm^2）	伸长率/%	最高使用温度/℃	热收缩率/%	表面张力/（N/m）
BOPP	0.905	1760～2110	70～100	121	≥4	3.4×10^{-4}
PET	1.35～1.39	≥1200	70～130	121	≥4	3.5×10^{-4}
PE	0.926～0.941	135～140	225～500	82～104	≥4	3.0×10^{-4}

二、黏合剂

黏合剂又称胶黏剂，覆膜用黏合剂是覆膜加工重要材料。黏合剂一般由主体材料和辅助材料组成。主体材料是黏合剂的主要成分，能起到黏合作用。作为主体材料的物质有合成树脂、合成橡胶、天然高分子物质以及无机化合物。辅助材料是黏合剂中用以改善主体材料性能或便于施工而加入物质，主要有固化剂，增塑剂、填料、溶剂等。

覆膜常用的黏合剂有溶剂型、醇溶型、水溶型和无溶剂型等。溶剂型黏合剂具有很好的稳定性，但是，仍然大量地使用芳香烃类、有机酯类溶剂，有碍操作者健康。醇溶型和水溶型黏合剂低毒甚至无毒且成本低，但黏合牢度不够理想，性能稳定性差。覆膜常用黏合剂综合性能比较，如表 15－2 所示。

表 15－2　覆膜常用黏合剂综合性能比较

类型	品种	干燥性能	稀释稳定性	设备维护	污染状况
溶剂型	EVA 树脂类黏合剂	较低	好	容易	较大
	丙烯酸酯类黏合剂	较低	好	容易	较大
	聚氨酯类黏合剂	较低	好	容易	较大
	聚酯类黏合剂	中等	较好	容易	较大
	丁苯橡胶类黏合剂	较低	好	容易	大
	异丁烯橡胶类黏合剂	较低	好	容易	大
醇溶型	丙烯酸酯类黏合剂	中等	好	容易	较小
	聚氨酯类黏合剂	中等	好	容易	较小
	聚酯类黏合剂	中等	较好	容易	较小
水溶型	EVA 类黏合剂	较高	不够稳定	较容易	小
	丙烯酸酯类黏合剂	高	不稳定	较容易	小
	聚氨酯类黏合剂	较高	较稳定	较容易	小
	聚酯类黏合剂	高	不够稳定	较容易	小

目前，国内使用的黏合剂大致有以下几种：

1. EVA（乙烯—醋酸乙烯共聚）树脂黏合剂

EVA（乙烯—醋酸乙烯共聚）树脂类热熔黏合剂用量较大，应用最广，其特点是对各种材料有良好的粘接性、柔软性和低温性，而且EVA与各种配合组分的混溶性良好，通过各组分不同比例的配合技术，可以制成各种性能的黏合剂。

2. 聚酯类黏合剂

覆膜生产中常用的聚酯黏合剂，具有较高的粘接强度、耐热性、耐光性和耐油性。尤其适合对聚酯薄膜和大面积印金、银墨的印刷品黏合，也适合与铝箔的黏合。这种黏合剂是覆膜生产中应用较多的黏合剂之一。

3. 丙烯酸酯类黏合剂

丙烯酸酯类黏合剂包括溶剂型、醇溶型、乳液型。覆膜生产中用的黏合剂主要是溶剂型，分为热塑型和热固型两类。

丙烯酸酯类黏合剂粘接强度高，粘接范围大，对被黏合物表面性能要求低。这类黏合剂透明度好、光亮度高、耐光、耐水、耐矿物油，对各种纸张印刷品的适性范围宽。

4. 聚氨酯树脂类黏合剂

覆膜生产中所用聚氨酯树脂类黏合剂多为预聚体类，又可分为单组分和双组分。

聚氨酯树脂类黏合剂由于结构中含有极性基——NCD，提高了对各种塑料薄膜及印刷品的黏合力，同时对被粘物表面具有很高的反应性，能在常温或较低的温度下固化，黏合层剥离强度高。

5. 橡胶类黏合剂

覆膜中应用的橡胶类黏合剂是丁苯橡胶、丁基橡胶等。丁苯橡胶类黏合剂由于分子结构的特点对非极性材料的聚乙烯、聚丙烯薄膜有极好的黏合力。这种黏合剂流动性好、化学稳定性好和耐老化性优良、成本低、制作简便，但是其溶剂采用甲苯、环已烷、120#汽油，其中有些溶剂毒性较大，对操作者不利。

6. 水基型黏合剂

水基型黏合剂主体材料限于在水中易分散的各类高分子树脂。这类黏合剂有聚醋酸乙烯类树脂、聚丙烯酸类树脂、聚氨酯类树脂等多种。

水基型黏合剂无毒、无公害、不易燃、成本低，但是在使用上还存在一定的质量差距，尚需要进一步改进。

第三节　覆膜工艺

覆膜是一项综合性的技术，它涉及许多因素，如塑料薄膜、黏合剂、溶剂、印刷品表面墨层状况、车间环境条件以及设备操作等情况。覆膜产品要获得高质量的效果，就必须在工艺过程中控制上述因素的变化及调节好这些因素之间的关系。

覆膜工艺按采用原材料及设备不同，可分为即涂覆膜工艺和预涂膜覆膜工艺两种。

为了满足客户需要，根据产品结构的特点，开发了开窗覆膜工艺。

一、即涂覆膜工艺

即涂覆膜工艺指现涂布黏合剂，经烘干后再热压完成覆膜，故也称湿式覆膜。

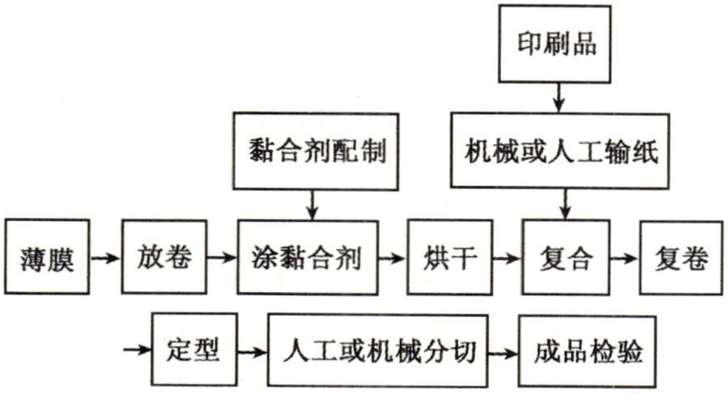

图 15－2　覆膜工艺流程

即涂覆膜加工的设备类型很多，归纳起来，主要有半自动化操作和全自动化操作两类操作工艺。半自动操作除上胶、热压复合等部分是机械操作外，输纸、分切等部分作业都由人工操作，劳动强度大、生产效率不高。全自动操作从输纸开始，经过涂胶、复合、分切、成品收集均由机械完成，省时省力、生产效率高。尽管半自动和全自动在操作上存在差异，但是它们的工艺流程却是相同的，都是使用辊涂装置将黏合剂均匀地涂布在塑料薄膜上，经过烘道与印刷品热压复合，成为纸塑合一的覆膜产品。其流程如图 15 -2 所示。

1. 工艺准备阶段

覆膜准备工作，就是为保证生产顺利进行，在正式生产之前必须事先做好的各项与生产直接相关的一些工作。主要包括：待覆印刷品的检查、塑料薄膜的选用、黏合剂的配制等。

（1）待覆印刷品的检查

印刷完毕的印刷品在覆膜之前，必须进行检查，避免发生质量差错，减少损失。

① 表面是否残留喷粉

为了防止印刷品相互粘连现象，多色高速胶印机在印刷过程中采用喷粉干燥方法。印刷品表面大都残留一定量喷粉的粉质颗粒，这层粉质颗粒不仅影响印刷品光泽，更重要的是，若直接用此种印刷品覆膜，黏合剂无法与印刷品墨层接触、黏合，而被这层粉质隔开，严重影响印刷品的覆膜质量。因此，检查待覆膜的印刷品，表面若有残留的喷粉颗粒，应该用揩布或毛刷擦拭，将其清除。其次，在印刷过程中尽量少喷粉或不喷粉。

② 墨迹是否充分干燥

由于印刷操作的原因或受印刷车间温度影响，会使印刷品上墨迹干燥速度减慢，干燥时间延长。若不经检查，将墨迹未干或干燥不彻底的印刷品直接覆膜，造成覆膜牢度不够，甚至无法黏合。

检查印迹是否完全干燥，可以用手触墨膜，以不粘手为准。

③ 印刷品是否平整

由于车间环境的温湿度变化，导致印刷品产生荷叶边或紧边变形现象，使纸张平整度发生变化。若不经过检查，这些平整度极差的印刷品直接用于覆膜。在热压时，产品边缘会起皱，严重时会造成废品。

为了避免印刷品的平整度发生变化，必须将印刷品放置在恒温恒湿的车间里或用塑料袋将印刷品加罩保管。

（2）塑料薄膜的选用

塑料薄膜的选用主要包括对塑料薄膜的质量检查和对卷料的分切。

塑料薄膜的质量检查项目对覆膜的质量提高有着十分密切的联系。

① 塑料薄膜的表面

塑料薄膜的表面能通常是很低的，如聚乙烯的临界表面张力只有 $3.1\times10^{-2}N/m$，聚丙烯的临界表面张力是 $3.4\times10^{-2}N/m$。高能表面可使液体在上面展开，而低能表面将使液体在上面形成不连续的液体。因此，为了使黏合剂能在被粘塑料薄膜表面上展开，薄膜就需要有足够的表面能或表面张力。通常，用于覆膜的塑料薄膜，其表面张力应达到 $3.7\times10^{-2}\sim3.9\times10^{-2}N/m$。

塑料薄膜的表面能主要取决于塑料薄膜表面的化学结构，许多表面处理方法都是通过不同程度地改变塑料薄膜表面化学结构来提高其表面能。

② 塑料薄膜的极性

例如聚丙烯分子中没有极性基因，是典型的非极性高分子材料。通过对塑料薄膜表面进行处理，非极性塑料薄膜表面引入极性基团，可以提高塑料薄膜表面的极性，同时也能提高其表面张力，这样既有利于改进极性黏合剂对塑料薄膜表面的润湿能力，又增加了两者分子间的作用力，从而提高了覆膜牢度。

③ 塑料薄膜的结晶性

塑料薄膜的黏合性与结晶性有关。结晶高分子处于热力学的稳定态，化学稳定性好，难以被黏合剂溶解或溶胀。因此，不能产生被粘物和黏合剂分子间的扩散作用，黏合不理想。只有通过表面处理，降低塑料薄膜表面的结晶度，才能改善结晶性塑料薄膜的覆膜牢度。

④ 塑料薄膜的弱表面层

聚烯烃等薄膜表面容易形成薄弱表面层，因为它们本身含有低分子量物质，加之在加工过程中加入助剂，如抗静电剂、增塑剂、稳定剂等，极易析出，使薄膜形成强度很低的弱表面层。由于弱表面层的内聚强度要比主体的内聚强度低得多，导致黏合破坏往往发生于弱表面层，不利于覆膜。因此，必须除了塑料薄膜表面的弱表面层，或者通过表面处理技术使塑料薄膜表面的低分子交联成大分子，从而提高了表面层的内聚强度。

⑤ 塑料薄膜的表面洁净度

由于车间环境条件差的因素，空气洁净度低、塑料薄膜的表面极易吸附空气介质中的尘光、水分、油脂等其他物质。这些附着物会阻碍黏合剂对塑料薄膜表面的浸润，减少它们之间的相互接触，就会影响覆膜的牢度。所以，要尽量避免和除去这些附着物。

（3）黏合剂的配制

单组分的黏合剂可直接使用。双组分或多组分的黏合剂，一经混合后即进行反应，而且黏合剂的黏合力随贮存时间的增加而下降，这是因为在此期间发生了表面老化。所以，配制好的黏合剂不宜长时间贮存，现配现用。若需用黏合剂量很大，应以少配、现配为原则，随配随用，以避免浪费。

黏合剂用量的估算：当知道待覆膜印刷品的幅面、张数时，可用下式估算出黏合剂的用量：

黏合剂用量 = 印刷品张数 × 印刷品面积 × 单位面积用胶量

（注：式中单位面积用胶量一般由纸张种类、印刷品表面图文情况等因素决定，此值由经验得出）。

2. 涂胶阶段

涂胶是覆膜工艺中的重要步骤。涂胶的质量与黏合剂的黏稠度、不同纸张不同印色数的印刷品、墨层厚薄、烘道温度及烘道长短、机器运行速度等因素有直接的关系。

一般表面平滑的铜片纸，如墨层适中，黏合剂的黏度应为 25 ~ 27s（4 号杯）；表面粗糙的胶版纸、白版纸、黏度为 27 ~ 35s（4 号 杯）。

不同纸张不同印色数的印刷品对黏合剂涂布干基量的要求见表 15 – 3所示。

表 15 – 3　各类印刷品对黏合剂涂布干基量的要求

纸张种类	印色数	黏合剂用量/（g/m^2）	纸张种类	印色数	黏合剂用量/（g/m^2）
胶版纸	单	5	铜版纸	四	5.5
胶版纸	双	6	铜版纸	实地	6
胶版纸	三	6.5	白版纸	单	6
胶版纸	四	7	白版纸	双	6.5
胶版纸	实地	8	白版纸	三	7.5
铜版纸	单	4	白版纸	四	8.5
铜版纸	双	4.3	白版纸	实地	9
铜版纸	三	4.6			

当墨层厚、烘道温度低、烘道短、运行速度快时，黏合剂的黏度应适当增大，反之减小。

覆膜涂布方式有多种，其中包括：滚辊逆转式涂布、凹辊涂布、刮刀涂布、热融液涂布、回转筛鼓涂布、压延涂布、喷雾涂布、挤压涂布、粉末涂布、高空卷幅涂布、浸渍涂布等。

3. 调试机器阶段

即涂型覆膜机主要由放卷部分、上胶部分、干燥部分、加压复合部分、收卷部分以及附属装置等组成。各个部分的机构调试的好坏是覆膜质量的决定因素。即涂型覆膜机结构示意如图 15－3 所示。

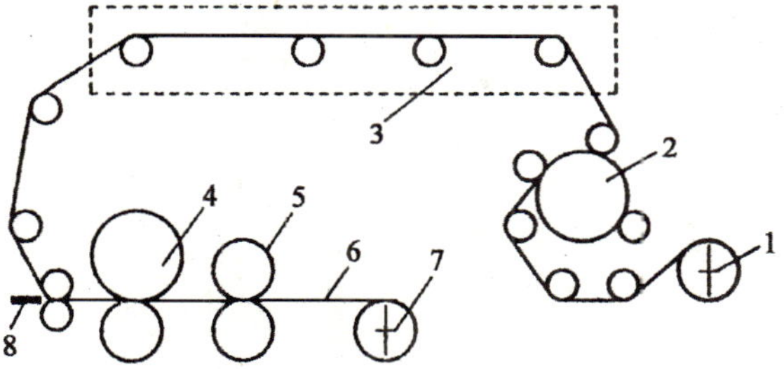

图 15－3　即涂型覆膜机结构简单示意

1—放卷部分；2—涂胶部分；3—干燥通道；4—热压复合部分；5—辅助层压部分；6—塑料薄膜；7—复卷部分；8—印刷品输纸台

（1）收卷部分调节

塑料薄膜放置在放卷轴上，合理调整张力，才能保证覆膜的质量。张力过大将使塑料薄膜产生纵向皱褶，而张力过小又容易使塑料薄膜产生横向皱褶。若产生纵、横向皱褶都会导致黏合剂涂布不均匀，最终影响复合质量。为了保证塑料薄膜张力值能够满足生产要求，一般在覆膜机放卷部分设置张力控制系统。一般有机械摩擦盘式离合器、交流力矩电机和磁粉离合器等。

（2）上胶部分调节

黏合剂涂层厚度、均匀性是由上胶部分的涂胶机构的涂布辊和刮胶辊的平行间隙以及涂胶辊的转速所决定。一般黏合剂的固体含量为 30%～35%。两辊平行间隙应控制在 4～5μm 之间。每平方米面积涂胶量为 3～7g（湿量）之间，涂料纸为 3～ 5g/m^2，非涂纸为 7～8g/m^2。

胶层厚度和均匀度与涂胶辊的速度有关，转速快胶层厚，转速慢胶层薄。涂胶辊的表面线速度与薄膜的运行速度之比控制在1.5为宜。

（3）烘道温度的调节

逆料复合膜经涂布黏合剂以后，必须使胶层经一定热风烘烤至基本干燥以后才可以进行热压复合。这种基本干燥以手感略有黏着力为原则。过分干燥或过分粘手都不利于覆膜质量。若过分干燥，说明烘道温度太高或胶层涂布太薄或胶液浓度太小，达不到黏合作用；若过分粘手，说明稀释剂挥发不彻底，多余的稀释剂若被复合在膜层之间，在一定条件下稀释剂蒸发气体压强就将迫使复合膜层发生分离。黏合牢度大小可以采用层间剥离强度来表示。烘道温度对层间剥离强度的影响趋势如图15－4所示。

一般烘道温度控制在40～60℃之间，胶层干燥温度控制在90%～95%之间。同时为了防止热能散失降低温度，烘道保温隔热板必须密封完善。

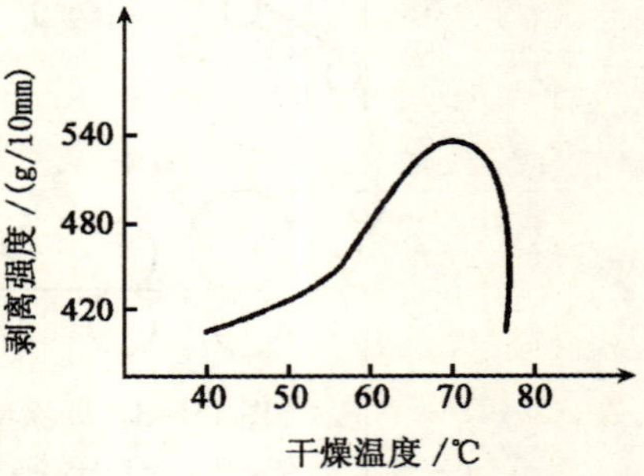

图15－4　干燥温度与剥离强度

（4）热压温度调节

热压温度应根据印刷品墨层厚度、纸质好坏、黏合剂种类和浓度、涂布量大小、复合压力、设备状况等情况进行调节。一般正常情况下，复合温度应控制在55～85℃之间，即涂胶湿式复合温度为55～65℃之间。复合温度对层间剥离强度的影响趋势如图15－5所示。

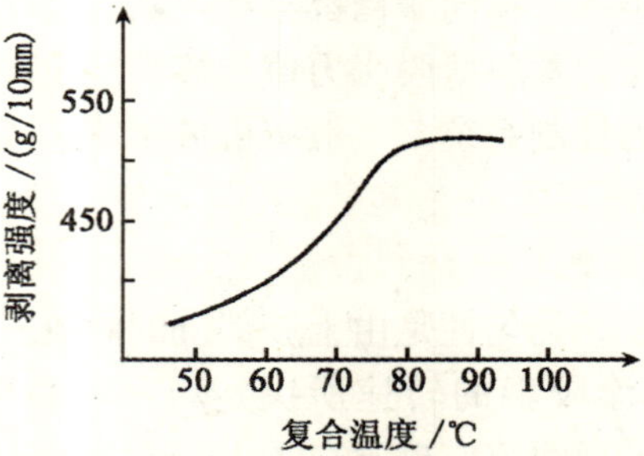

图15－5　复合温度对剥离强度的影响趋势

（5）复合压力调节

复合压力是为了使塑料薄膜和印刷品黏合而施加外力。复合压力应根据不同纸质及纸张厚度正确调节，压力过大，纸面稍有不平整或薄膜张力不完全一致，就会造成压皱、条纹的现象，并且纸张会伸长变形，导致覆膜故障。另外压力长期过大，会造成橡胶辊变形，辊筒两端的轴承也会磨损。压力过高或不均匀，则会造成覆膜不牢、脱层现象。一般表面光滑、平整、结实的印刷品覆膜的压力为19～20MPa，粗糙松软的印刷品覆膜压力为22～23MPa。

（6）机速的调节

机速的调节应该以涂布在塑料薄膜上的黏合剂充分干燥为标准，根据机型、烘道温度、黏合剂涂布量而具体决定机速大小。

一般4开以下印刷品以35～45张/分钟的机速覆膜，对开机印刷品以15～25张/分钟的机速覆膜，覆膜控制在6～10m/min为适宜。

（7）收卷部分调节

从机器热压复合辊出来的覆膜产品要拉平、松紧一致。收卷辊不可过松或过紧，过松会收不齐，过紧则会打皱。随着收卷辊直径逐渐加大，调节收卷辊控制机构旋紧，以保证适当的摩擦力，使收卷轴正常运转，不致打滑。

4. 试生产阶段

正式投入生产之前，必须进行试生产。需要加工的印刷品进行小批量的试验复合，将试验复合的样品进行测试后，才能决定是否进入大批量覆膜生产。具体测试方法如下：

（1）撕揭检验法

抽出覆膜已冷却的样张，从薄膜的一角向横宽方向撕揭，并让助手用力按紧纸张，逐步在全部宽度撕揭开的基础上，向后全面缓慢撕揭，塑料薄膜与印刷品纸张的黏合随之破坏，若印刷品表面印刷的墨色图文印迹随胶层和纸张的纤维转移到薄膜上，则说明印刷品与薄膜黏合良好，符合质量要求。

（2）烘烤试验

将产品试样放入恒温箱或烘道内，以60～65℃温度烘烤约30min，检验其黏结效果，没有起泡现象、不产生脱层、不起皱褶为合格产品。

如撕揭薄膜不能完好地与纸张分离，或薄膜如同纸张般随意撕坏，则表示黏结力较强或很强，可以按此工艺生产。

（3）油墨与稀释剂试验

用两个杯子分别倒入稀释剂和调好的印刷油墨，把覆膜后的印刷品样张放在杯子里面盖紧并用橡皮筋捆扎严密，如 15min 内不起泡、不脱层则符合质量标准。

（4）水浸法

把试样放在压痕机上试轧，如轧出的凹凸部分不脱层则为合格，或将覆膜产品沿膜面卷起放 3h 左右，不起泡、起皱和脱层的为合格。

达到以上要求才可以投入大批量生产，否则，应调整施工工艺，再进行试验。

5. 正式生产阶段

试生产阶段后，就可以投入大批量覆膜正式生产阶段。

单张纸印刷品、复合时使用薄膜，都是卷材，一般每卷的长度为 4000m。纸塑复合，就是涂布过黏合剂的卷筒薄膜对单张纸的黏合。卷筒薄膜经由放卷机构经各道展平辊子作用后，表面的平整度一致，黏合剂涂布均匀，干燥程度适宜，经热压后完成复合。

换膜和停机时要擦拭机器，以保持工作面的整洁光滑，主要是所有的光辊，以避免出现膜皱，影响膜的平整。车间必须保持环境整洁。

二、预涂膜覆膜工艺

预涂膜覆膜工艺是采用已经预先涂布好黏合剂的塑料薄膜，只要进行热压，便可完成覆膜，故也称干式覆膜。预涂膜覆膜最大优点是没有上胶涂布、干燥部分，因此该者覆膜机结构紧凑、体积小、造价低、操作方便、产品质量稳定。预涂膜覆膜工艺流程如图 15－6 所示。

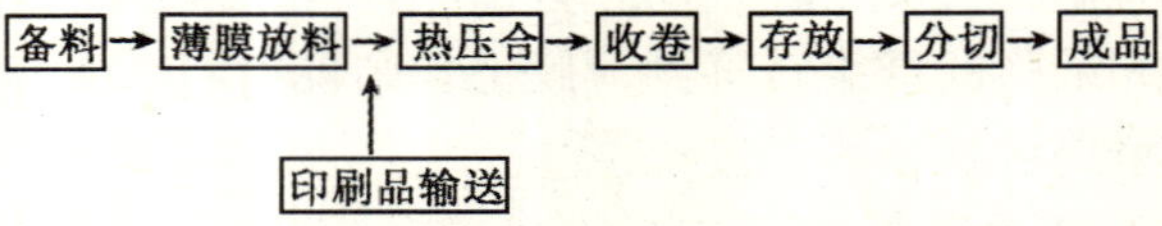

图 15－6　预涂膜覆膜工艺流程

1. 薄膜放料

根据工艺单的要求，把预先涂布在 BOPP 等基材薄膜，放在送料轴上，穿过直形展平辊、弓形展平辊并调平。

2. 覆膜温度

复合一般纸张印刷品时，预涂膜对温度要求为 85 ~ 95℃ 为适宜。复合的纸张定量高、含水量大、印刷墨层厚、色泽深的印刷品或者由于环境的变化，温度低、湿度大时，覆膜温度适当提高 5 ~ 10℃。但是温度不能太高，否则会使薄膜产生收缩，产品表面发亮起泡，导致产品发生皱褶故障。

3. 覆膜压力

预涂膜与纸张印刷品复合时，一般覆膜压力为 8 ~ 15MPa。若质地疏松的纸张，压力增加一些，反之则小一些。压力过小，黏结不牢；压力过大，易使产品造成皱褶故障。

4. 覆膜速度

覆膜的速度与覆膜的质量有着直接的关系。因此，只有按规范，特定的温度和适合压力，并控制覆膜的速度，才能保证复合的效果。一般覆膜机速度为 6 ~ 12m/min。

5. 收卷

复合产品是卷筒状，有较高的余温。因此，分切前留一定时间存放，为的是纸塑复合体应力的适应和热熔胶热塑性固化的形成，应存放在干燥、通风的地方。

三、开窗覆膜工艺

开窗覆膜是一种特殊的覆膜工艺，除了是有覆膜产品的优点时，还具有使被包装的商品可视性。

开窗覆膜是指模切开窗后的印刷品沿走纸路线经涂布胶辊涂胶后，通过上下施压辊与塑料薄膜压合，完成开窗覆膜工艺。

开窗覆膜与一般覆膜工艺的区别有两点：

第一，开窗覆膜工艺是在带有模切开窗后的印刷品上进行覆膜加工；

第二，开窗覆膜是先将黏合剂涂布在已经印刷好的印刷品表面，再将塑料薄膜覆盖在印刷品表面，最后压合成成品。

开窗覆膜工艺流程：进纸—输纸—上胶—贴膜（覆膜）加工—收集。

1. 进纸

把经过模切压痕开窗后需要贴膜（覆膜）的印刷卡纸堆放在进纸的地方，由进纸轮的分纸舌把卡纸分离，在进纸轮和托纸轮之间经过，进入输纸部分，如图 15－7 所示。

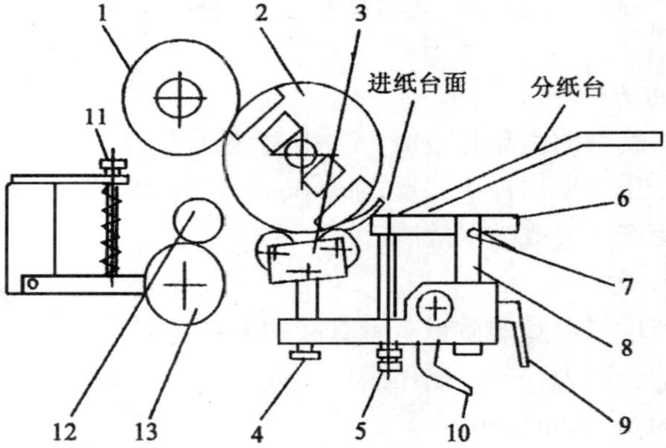

图 15－7　输纸机构

1—毛刷轮；2—进纸轮；3—托纸轮；4—螺母；5—螺杆；6—进纸板；7，9，10—手柄；8—控制块；11—调节螺杆；12，13—卡纸厚度调节轮

2. 输纸

在进入定位部分时，卡纸由链条上的推纸挡规推着其后端继续向前推送，在由调节好的上、下、左、右导轨的导向下，以正确的位置把卡纸送入上胶部分。

3. 上胶

上胶部分的送纸由 10 根带孔的皮带和吸风泵完成。吸风泵产生的吸力透过平皮带上的小孔将卡纸吸附在传动的平皮带上，使卡纸保持正确的位置进入上胶部分。胶水辊的胶传给传胶辊，使胶辊再把胶涂到版子的橡皮条上，橡皮条上的胶水通过版滚筒转移到平皮带上的卡纸上。当有卡纸通过上胶时，在电器的控制下，使橡皮条上的胶涂到卡纸上。

上胶机构如图 15－8 所示。

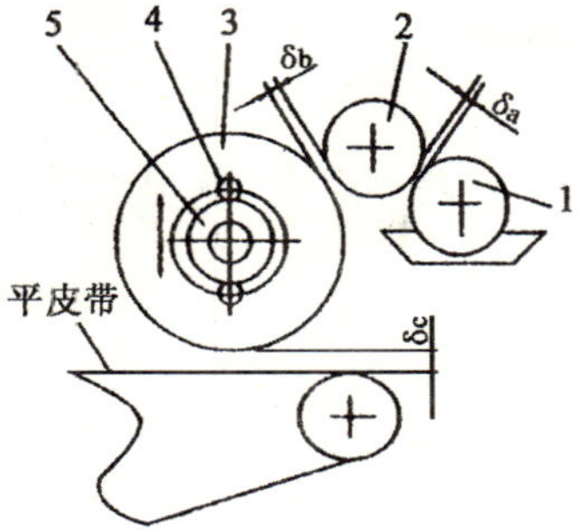

图 15－8　上胶机构

1—胶水辊；2—传胶辊；3—版滚筒；

4—螺钉；5—偏心套

4. 贴膜（覆膜）加工

印刷卡纸经过上胶在平皮带和吸风泵作用下继续保持正确的位置向前至切膜压平部分，由切刀辊裁切下来的胶片粘贴在卡纸的预定的位置上，贴平后送至收集部分。贴膜加工包括切膜压平机构，如图 15－9 所示。

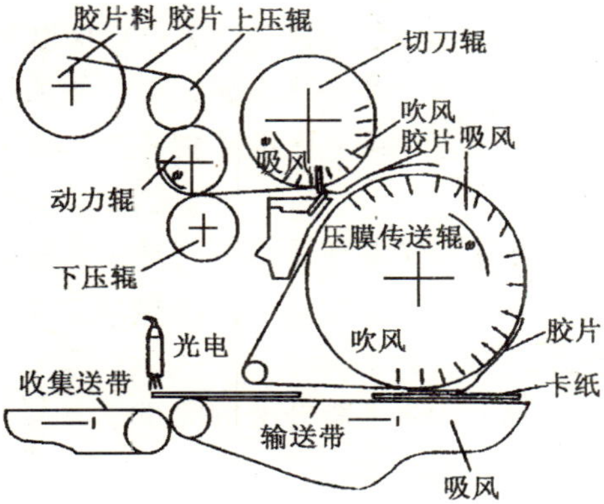

图 15－9　切膜压平机构

5. 收集

切膜压平后的卡纸由平皮带继续向前输送，随后下落到收集皮带上，由切刀辊作为曲柄的连杆机构带动收集皮带缓慢向前，完成贴膜过程。

第四节　覆膜常见故障与排除

一、黏合不牢

刚覆膜完毕，纸和塑料薄膜轻易分开；复合后第二天分切时，轻轻一撕，膜就与胶层脱离。

1. 油墨

（1）印刷油墨的墨层太厚、图文面积太大，油墨的墨层封闭了纸张的纤维毛细孔，阻碍了黏合剂的渗透和扩散，使得纸和塑料薄膜难以黏合，造成黏合不牢。

排除方法：增加黏合剂的涂布量以及增加压力。

（2）燥油太多

油墨中加放燥油太多，容易使墨层表面结成油亮光滑的界面层，黏合剂难以渗透，导致黏合不牢。

排除方法：适当控制燥油的加放量。若已经印刷完毕，如果产品数量少，可用软布蘸碳酸镁粉，在印张表面轻擦；如果数量大，可套印一次烧碱水，也可以用原版套印维利油混合物并加入磷苯二丁酯等辅料。

（3）墨层未干

由于墨层未干，在墨层中的残留溶剂与黏合剂混合。不仅使黏合剂的黏度减弱，而且使黏合剂的涂覆量被油墨和纸张吸收了很多，导致了涂覆墨不足，造成了纸塑黏合不牢。

排除方法：先加热一次再上胶并增加涂布量。

2. 操作工艺

操作工艺不规范、压力偏小、车速较快、温度偏低，导致覆膜不牢故障。

排除方法：严格按照工艺规范操作，应提高覆膜温度和压力，适当降低车速。

3. 印刷品表面残留喷粉

印刷品表面残留喷粉，导致印刷墨层表面形成一层细小的粉状颗粒，阻碍了纸与塑料薄膜的黏合牢度。

排除方法：已经喷粉的印刷品，应该用干布逐张擦去喷粉后再覆膜。

4. 塑料薄膜

塑料薄膜表面处理不够或使用超过使用期的塑料薄膜，造成覆膜不牢故障。

排除方法：塑料薄膜表面重新处理或更换塑料薄膜。

二、起泡

覆膜产品出现沙粒状、条纹状、蠕虫状、龟纹状的膜凸起空虚现象，俗称起泡故障。

1. 黏合剂

（1）涂胶不匀

涂胶不均匀，涂厚的地方黏结好，涂薄的地方黏结差。厚处溶剂量挥发慢，残留胶层中使复合品起泡。

排除方法：调整压力、调整间隙、调整刮刀等使涂胶均匀。

（2）胶层太厚或太薄

胶层涂太厚、溶剂挥发慢，残存在胶层中，造成起泡。胶层涂太薄，胶层固含量少，黏合牢度不够，造成起泡。

排除方法：适当控制涂胶层的厚度。

（3）胶液太浓或太稀

胶液太浓黏合中的固含量较大，胶液太稀固含量较少，都会造成覆膜起泡。

排除方法：适当控制胶液浓度。

2. 温湿度

环境温湿度变化，温度太高或湿度太大，都会引起覆膜起泡。

排除方法：控制环境温湿度变化，采取恒温恒湿措施。

3. 操作工艺

操作过程中，温度、压力、车速等方面造成起泡故障。

（1）辊筒温度

加热辊筒温度太高或太低，都会造成起泡故障。

排除方法：控制加热辊筒温度，一般为60～80℃之间。

（2）烘道温度

烘道温度过高或过低，都会造成起泡故障。

排除方法：严格控制烘道温度，一般为50～60℃。

（3）橡胶辊压力

橡胶辊压力过小，不能使黏合剂分子对塑料薄膜和印刷品的双向运动渗透，造成起泡故障。

排除方法：适当加大压力，一般为10～15MPa

（4）车速

车速太快，引起故障。

排除方法：适当减慢车速。

三、皱褶

皱褶故障分为膜皱、纸皱、膜与纸一起皱。

1. 膜皱

（1）膜的拉力

薄膜在输送过程中，因膜的拉力不当使薄膜的张力或大或小，造成薄膜出现斜向、纵向或横向的皱褶。

排除方法：松膜拉力，调整舒展辊，使膜层平后再压合。

（2）烘道温度

烘道温度太高，使薄膜变形，造成膜皱。

排除方法：降低烘道温度。

（3）辊筒温度

辊筒温度过高，薄膜受到热量太高，引起膨胀，导致膜皱。

排除方法：降低辊筒温度。

（4）胶层

胶层太厚、溶剂挥发不彻底、黏度过大，经压力挤压、纸张与塑料薄膜产生滑动，导致膜皱。

排除方法：调整涂胶量，增加烘道温度。

（5）传导辊

传导辊运转不良或传导辊表面有杂物，造成薄膜不能正常输送，导致膜皱。

排除方法：调整传导辊正常运行并清除传导辊表面杂质。

（6）塑料薄膜

塑料薄膜两边松紧不一致或波浪形，造成膜皱。

排除方法：更换塑料薄膜。

2. 纸皱

（1）纸张丝流

纸张的纵丝流与辊筒轴间垂直方向复合，纸张拖梢尾部易打皱。

排除方法：纸张应按横丝流方向摆放输送复合。

（2）导向辊

导向辊间隙不平衡、纸张向前输送方向与导向辊不垂直，造成纸皱。

排除方法：调整导向辊，使纸张受力均匀，调整纸张输送规矩。

（3）输送带

输送带走偏，导致纸张歪斜，造成纸皱。

排除方法：调整输送带，使送纸张方向不偏差。

（4）车间温湿度

车间的温湿度控制不当，相对湿度偏高，纸张吸潮起“荷叶边”，造成纸张起皱；车间温度偏高或覆膜温度偏高，纸张就会“紧边”，造成纸张起皱。

排除方法：严格控制车间温湿度，防止纸张变形。

（5）压力胶辊

压力胶辊变形，压力不匀，造成纸皱。

排除方法：更换压力辊。

3. 膜与纸一起皱

（1）胶辊与加热辊压力

胶辊与加热辊之间的压力不一致，压力重的一边易打皱。

排除方法：调正双辊之间压力。

（2）橡胶辊压力

橡胶辊两端压力不一致，造成打皱。

排除方法：调整压力，使两端压力一致。

（3）橡胶辊表面有黏合剂

橡皮辊表面沾有黏合剂，产生局部压力不一致，造成打皱。

排除方法：用布蘸溶剂擦洗干净，使橡胶表面保持干净。

（4）纸张上有异物

纸张上有异物，导致打皱。

排除方法：车间环境必须保持整洁，纸张上不能有异物存在。

（5）橡胶辊

橡胶辊老化或橡胶辊轴承损坏，都会造成打皱。

排除方法：更换橡胶辊或更换轴承。

四、卷曲

复合成品分切后，出现向薄膜方向的卷曲，不能保持平整状态，严重时会自动卷曲成圆筒状。

1. 湿度

车间相对湿度太大，纸张毛细孔吸湿，造成纸张变形卷曲。

排除方法：控制车间温湿度，防止纸张变形。

2. 纸张

纸张质量差，纸质疏松、纸张匀度差，容易造成卷曲变形。

排除方法：调换质量合格纸张。

3. 薄膜

薄膜拉力过紧，膜纵向拉长，造成卷曲故障。

排除方法：调整牵引力，使薄膜拉力保持平衡。

4. 温度

辊筒温度太高，使薄膜变形，造成卷曲。

排除方法：降低辊筒加热温度。

5. 压力

压力过大，使复合品变形。

排除方法：减小压力。

五、出膜或亏膜

纸塑复合成品，在印刷品的边缘有多余的薄膜，即出膜。在纵向、横向存在没有被薄膜完全覆盖的地方，即亏膜。

1. 纸张

输送复合时，纸张前后不齐。

排除方法：纸张输送，保持前后，左右一致整齐。

2. 薄膜

原装薄膜不齐，造成故障。

排除方法：调整侧挡规板或调整左、右薄膜。若不能排除故障，必须更换薄膜。

第十六章　吸塑

第一节　吸塑工艺特点与作用

吸塑工艺主要应用于商品包装，也称“泡壳”。吸塑主要是将商品吸塑在塑料泡壳和纸板中间。吸塑工艺是印刷品表面放置商品的后加工技术。吸塑工艺加工不同于一般印后的特殊加工工艺，它的突出特点是在印刷品的表面所进行的再加工，不仅大幅度地提高印刷品的艺术效果，而且是印刷品表面装饰加工技术。该技术作为印刷的延伸和印刷品的精加工的手段，被广泛地采用。

吸塑产品包装透明度高，使市场上各种电池、彩卡、刮须刀、玩具、化妆品、食品等包装品放在橱窗里一目了然。除了具有对吸塑包装商品的艺术性和保护性能方面的作用，更多地把注意力集中于商品本身的内容及质量的选择促销作用。

第二节　吸塑材料

吸塑产品主要材料：塑料薄膜、吸塑油、纸张印刷品。

一、塑料薄膜

塑料薄膜常用材料有：聚氯乙烯、聚乙烯、聚酯薄膜等。

1. 聚氯乙烯薄膜（PVC）

聚氯乙烯薄膜是一种无色透明的薄膜，特点是耐光、耐磨、耐化学药品、耐水、耐老化、耐撕裂。缺点是热稳定性差。

2. 聚乙烯薄膜（PE）

聚乙烯薄膜无色、无味、无臭、无毒、半透明。它不与湿气、油脂、化合物等发生反应。常态室温时不溶于大部分溶剂，对热的稳定性差，但能承受 -70℃ 的低温。熔接性好，对 O_2 和 CO_2 有很好的渗透性，对水蒸气的渗透性较差。

3. 聚酯薄膜（PET）

聚酯薄膜的特点是无色、高透明、高光泽、高强度、韧性好、耐磨、耐热、耐寒、耐油、化学稳定性好，对水、水蒸气及其他气体的阻隔性好。在张力作用下尺寸稳定性好，在较宽的温度范围内能保持优良的物理机械性能，但是易燃烧，燃烧时会爆裂成碎片并呈黄色火焰，边缘呈蓝色，热封性差。

吸塑薄膜一般采用 PVC、PE、PET 塑料薄膜。

常用塑料薄膜性能如表 16-1 所示。

表 16-1 常用塑料薄膜性能一览表

性能 \ 名称	PVC	PT	PET	PA	PVDC	PVA	EVAL	CA
相对密度	1.25~1.5	1.4~1.5	1.35~1.39	1.1~1.2	1.50~1.70	1.35~2.3	1.14~1.19	1.2
拉伸强度/MPa	14~100	30~100	170~290	150~250	50~120	35~80	50~72	150~200
伸长率/%	5~300	15~30	40~80	50~90	40~100	150~450	200~300	60~150
撕裂强度/N/25μm	—	0.2~1.0	1.3~3.0	2.0~5.0	1.0~2.0	—	—	2.0~4.0
透湿量/(g/24h·m² 25μm30℃90%R·H)	2.5~100	大	20	200~350	1.5~4.5	100以上	15~60	40~50
透氧量/(ml/24h·m² 25μm23℃90%R·H)	100~1500	3~5(干)	100~130	40~60	1.5~2.5	5~7	0.5~5	600~1300
最高使用温度/℃	100以下	—	120	120~150	—	—	—	90
最低使用温度/℃	视增塑剂量	—	60	60	30	—	—	60
耐油脂性	良	不透	良	好	良	好	好	良
热封温度/℃	100~180	—	—	—	—	90~170	130~180	—

二、吸塑油

1. 油性磨光吸塑油两用型

(1) 特点

主要成分为以亚克力系树脂为主的磨光及吸塑两用型功能的光油。它具有高亮度、耐磨性强，高吸塑能力等适用性能。

(2) 理化指标如表 16－2 所示。

表 16－2　吸塑油两用型理化指标

序号	项目	指标
1	外观	淡黄半透明黏稠液
2	黏度	1500 ±200CPS/25℃
3	固含量	48% ±2%

(3) 使用方法

溶剂以甲苯或醋酸乙酯稀释至所需黏度备用，稀释量根据纸张性能而定。使用比例：

吸塑油：溶剂 = 100：(30 ~ 70)

吸塑油用量同样根据纸张性能而定，一般为 5 ~ 10g/㎡（干重）。使用时吸塑油的溶剂不断挥发，造成吸塑油过浓，因此要经常对吸塑油进行检测，发现吸塑油过浓时应随时补充溶剂。这种类型的吸塑油可供磨光、吸塑或磨光吸塑产品使用。

(4) 注意问题

吸塑油应以满足纸面为标准，不足时会产生"孔点"。用于吸塑时油墨含蜡质少，不可过分稀释，否则会影响吸塑效果。这种类型的吸塑油不适宜 PBT、PET 材料吸塑。吸塑油贮存时间一般为 6 个月，过期失效。

2. 纸品吸塑油

(1) 特点

主要成分为亚克力系树脂为主体的淡色的纸品吸塑油，具有高吸塑能力等优良性能。

(2) 理化指标如表 16－3 所示。

表 16－3　纸品吸塑油理化指标

序号	项目	指标
1	外观	微淡黄半透明液体
2	黏度	150±50CPS/25℃
3	固含量	20%±2%

（3）使用方法

一般使用时不必再加溶剂稀释，若吸塑油过浓时，可用醋酸乙酯或甲苯稀释。

（4）注意问题

纸张太粗糙或太光滑，都会造成吸塑效果不好；油墨中含蜡质太多，也不易吸塑。因此，要选吸塑专用纸张以及含蜡质少的油墨。纸品吸塑油贮存时间一般为 6 个月，过期失效。这类吸塑油不适宜 PBT、PET 材料吸塑。

3. PET 吸塑油

（1）特点

主要成分以聚氨酯为主的特殊分子聚合体，具有对 PET 和印刷纸张表面高吸塑能力的特性。

（2）理化指标如表 16－4 所示。

表 16－4　PET 吸塑油理化指标

序号	项目	指标
1	外观	微黄色半透明液体
2	黏度	1500±200CPS/25℃
3	固含量	16%±1%

（3）使用方法

溶剂以丁酮或醋酸乙酯稀释至所需黏度备用，稀释量根据纸张性能而定。使用比例：

吸塑油：溶剂＝1：（0%－20%）

吸塑油用量同样根据纸张性能而定，一般为 5～10g/m^2（干重）。过油干燥后即可与 PET 热压吸塑。

（4）注意问题

纸张太粗糙或太光滑，都会造成吸塑效果不好，油墨中含蜡质太多，也不易吸塑。因此，要选吸塑专用纸张以及含蜡质少的油墨，这类吸塑油只适用于 PET 吸塑，不开封情况下保存 6 个月有效。

三、纸张印刷品

吸塑产品的纸张一般选用纸板作为印刷材料。吸塑产品对纸张主要有三点要求：

1. 符合印刷适性

纸张在印刷过程中符合印刷适性，印刷图文达到印刷质量标准。

2. 纸张平整度

若纸张平整度差，在印刷压力下油墨不可能使纸张的凹凸处完全保持均匀的接触，会显得油墨层不平整度更加明显。这种情况不仅实地印刷过程中明显，在网线印刷时也很突出，都会造成薄膜、吸塑油、油墨层、纸张之间各部分厚度的变化、应力的变化、亲和作用的变化，从而形成黏结力不一致而破坏吸塑黏结牢度，因此，纸张平整必须符合质量标准。

3. 纸张平滑度

纸张平滑度太高，会使纸面产生一层光滑的表面薄膜，阻碍吸塑油的渗透，吸塑油只能留在纸张表面，造成吸塑不牢；纸张平滑度太低，吸塑油全部渗透到纸张内层，也会造成吸塑不牢。因此，要选择介于平滑度中间指标的纸张。

第三节　吸塑工艺

吸塑工艺主要是针对纸板进行印刷，然后涂布一层吸塑油，将塑料泡壳通过吸塑机加温、加压处理，使商品在塑料泡壳里吸在纸板上。

吸塑工艺加工分为两个阶段进行，然后合三为一。吸塑工艺流程如图 16－1 所示。

图 16－1　吸塑工艺流程

一、泡壳成型

根据产品的形状和大小，设计和制造模具，然后将塑料片通过模压机形成塑料泡壳。

二、涂布吸塑油

在纸板印刷品上涂布吸塑油，干燥后待用。

三、三合一

最后将商品、泡壳、纸板一起放在吸塑机里，通过吸塑机加温、加压使三合一成为一体，形成了吸塑产品。

四、检验入库

吸塑产品成型后，按质量标准进行检验。若凭经验，用手拿起吸塑产品轻轻地在台子上敲打几下，观察是否有爆炸现象，若产品质量符合检验要求，就可以打包入库。

第四节　吸塑常见故障及排除

吸塑的常见故障主要是吸塑不牢造成产品退货或返工。吸塑不牢的原因如下：

一、吸塑油

1. 吸塑油混用

吸塑油种类较多有：

PVC 材料吸塑油、PE 材料吸塑油、PBT 材料吸塑油、PET 材料吸塑油等，若错用了则引起吸塑不牢的故障。

排除方法：各种不同的吸塑材料，必须选用相匹配的吸塑油，符合吸塑适性。

2. 吸塑油的质量

吸塑油的固含量以及其他指标不符合质量要求会造成吸塑不牢。

排除方法：更换质量好的吸塑油。

3. 吸塑油配制

吸塑油配制过程中浓度、黏度没有达到标准，导致吸塑不牢故障。

排除方法：按工艺标准，配制吸塑油，主要指标必须符合要求。

4. 涂布因素

涂布量太少或涂布不均匀都会造成吸塑不牢故障。

排除方法：增加涂布量或者调整涂布压力，使涂布均匀。

二、塑料薄膜

1. 塑料薄膜

塑料薄膜的横、纵向厚度偏差大，厚薄不均匀，造成吸塑压力不均匀，导致吸塑不牢。

排除方法：适当增加吸塑的压力，若解决不了问题，则要更换塑料薄膜。

2. 再生塑料薄膜

使用再生塑料薄膜，是造成吸塑不牢的原因。

排除方法：更换优质的塑料薄膜。

三、吸塑的温度

吸塑过程中温度偏低，造成吸塑油的热熔胶未被充分熔化，使得印刷品纸张与塑料薄膜假性黏合，产生剥落分离；若温度偏高，胶体在高温下失去黏结强度，同样会造成吸塑不牢的故障。

排除方法：吸塑的温度一般控制在 170 ~ 270℃之间，根据塑料薄膜的性能、纸张的性能、吸塑油的特性、吸塑机的性能以及压力作出决定。

四、吸塑的压力

吸塑压力不够，就会造成吸塑不牢。

排除方法：吸塑产品在热压外力的作用下，吸塑油的黏合分子的运动速度加快，只有压力加大，克服相互间的引力而被纸张、油墨的分子吸引、扩散、渗透到纸张印刷品油墨层中，才能产生较好亲和。吸塑油中所含树脂的热固化性能产生内聚力，使塑料薄膜和印刷品纸张形成牢固的结合。

五、吸塑的时间

吸塑时间太短，会造成吸塑不牢的故障。

排除方法：吸塑的时间长短会影响吸塑的牢度，只有适当增加吸塑时间，才会使吸塑增加牢度。

六、油墨印层

1. 墨层厚的实地

墨层厚的实地、色块相叠印的间色部位，吸塑油和油墨层亲和性差，容易形成膜墨分离。造成吸塑不牢。

排除方法：尽可能避开在墨层厚的实地部分吸塑。若已经成为现实情况时，只有增加压力、增加温度、延长吸塑时间等。

2. 燥油加放太多

加入过多的燥油，造成印刷晶化现象，油墨层表面光滑且竖韧，失去黏着力，吸塑油不能与其润湿亲和，严重影响吸塑牢度。

排除方法：在印刷品上再涂一次薄的吸塑油，若已经将印刷品开切成小规格的成品。则通过增加压力、增长吸塑时间、增高温度等措施来弥补。

3. 金银油墨

金银油墨的印刷品，金墨中的铜粉、银墨中的银粉比一般油墨中的颗粒大得多，而且颗粒状浮在油墨层的表面，吸塑油的涂层与其接触是点接触形成，故造成吸塑牢度差。

排除方法：尽量避开在金银油墨层上吸塑。若已经成为现实，只有增加压力，增长吸塑时间、增高温度等。

吸塑效果的好坏与吸塑的材料质量有着直接的关系。因此，在吸塑之前，不仅要对吸塑的材料进行检测工作，而且还要进行小试验，成功后再大批量投入生产，以免造成重大损失。

第十七章　上光

第一节　上光工艺特点与作用

上光是在印刷表面涂（或喷、印）上一层光色透明的涂料，经流平、干燥（压光）后，在印刷品表面形成薄而均匀的透明光亮层的加工方法。

印刷品上光是属于印刷后加工技术的范畴，综合起来，上光具有以下特点：

（1）上光后的印刷品不会卷曲变形。

（2）上光后的印刷品可以生物降解。

（3）可以联机上光、连线操作。

（4）根据产品的结构，可以局部上光。

（5）选用特殊的材料，可以实现特殊上光的效果。

上光加工是改善印刷品表面性能的一种有效方法，通过上光涂料在表面的流平，不仅可以增强其表面平滑度，而且更重要的是可以为印刷品锦上添花，具体作用如下：

1. 增强印刷品的外观

印刷品上光，使印刷品质感更加厚实丰满，色彩更加鲜艳明亮，提高印刷的光泽和艺术效果。

2. 改善印刷品的使用性能

根据印刷品的用途，选择适宜的上光工艺和上光材料，对印刷品进行上光后加工处理，改善印刷品的使用性能。

3. 增进印刷品的保护性能

经过上光的印刷品表面多了一层保护层，从而使印刷品防水、防潮、耐磨、耐折。

4. 提高印刷品的表面光泽

上光后印刷品的表面罩上一层亮膜，提高印刷品的表面光泽作用，增强了视觉效果。

5. 增加印刷品的附着性能

有些印刷品上需要压贴铜箔、银箔，可使产品显得美观，很像金色、银色的效果。若铜箔、银箔的金属表面层与基料结合得不牢，经过上光后可以增加印刷品的附着性能。

6. 提升印刷品身价和商品的档次

包装印刷品经过局部上光或特效的上光工艺处理，并与烫电化铝、压凹凸等表面整饰工艺技术相结合，可以提升印刷品身价和商品的档次。

第二节　上光材料

一、上光油的组成

上光材料主要指上光油，上光油也称亮光油。不同的印刷产品应选择不同类型的上光油。上光油的类型很多，但组成成分基本上相似，由主剂、助剂和溶剂等组成。

1. 主剂

主剂是上光的成膜物质，通常为各类天然树脂或合成树脂。印刷品上光后膜层的品质和理化特性都与成膜树脂有关。印刷品涂层的光亮度、色泽、耐磨性、耐寒性、耐塞性、耐水性、耐潮性、耐折性、耐酸性、耐碱性、耐溶性及印后加工适性等都与成膜树脂的技术指标有直接的关系。

早期的上光涂料是采用天然树脂作为成脂树脂的主剂，但由于天然树脂成膜的透明度差，时间久了容易泛黄，遇到高温、潮湿的天气，容易发生回黏现象。所以这类主剂被合成树脂逐步替代。合成树脂的成膜主剂，不但成膜性能好，具有高光泽度、高透明度，耐摩擦、耐水、耐热、耐老化，而且适用面广。现在除了溶剂型上光涂料使用以外，其他上光油涂料也都选用合成树脂作为成膜树脂。上光涂料主剂技术标及性能如表 17－1 所示。

表 17－1　主剂技术指标及性能

类别	指标及性能 / 名称	黏度	耐摩擦性	酸值	固化速度	熔点（℃）	耐光性	溶解稳定性
天然树脂	古巴树脂类	低	差	50～103	慢	70～130	差	醇、酯类溶剂、水
	松香树脂类	中	差	20～80	中	75～90	可	
合成树脂	聚酰胺树脂类	高	一般	150～195	中	140～155	—	
	丙烯酸树脂类	高	强	—	快	125～145	好	醇类、芳香烃、酯类、脂肪烃类、水
	氨基树脂类	中	强	130～140	快		好	
	聚醋酸树脂类	中	一般	—	中	195～215	可	
	乙烯类树脂类	中	一般	—	中	—	可	

2. 助剂

助剂的作用是为了改善上光涂料的理化性能及加工特性而添加的物质。

常见的助剂有固化剂、表面活性剂、消泡剂、增塑剂等。上光涂料助剂技术指标及性能如表 17－2 所示。

表 17－2　助剂技术指标及性能

类别	指标及性能 / 名称	外观	沸点/℃	HLB 值	分散性	表面张力（$\times10^{-2}$ N/m）	固化速度	固化温度	挥发性	黏度
增塑剂	邻苯二甲酸酯类	无色稠状液体	290～350							
	磷酸酯类	白色晶体	240～280							
	线型树脂类	浅黄色稠状液体								

续表

类别	指标及性能 名称	外观	沸点/℃	HLB值	分散性	表面张力（×10⁻² N/m）	固化速度	固化温度	挥发性	黏度
表面活性剂	十二烷基磺酸钠	浅黄色稠状		10～20	稳定的分散体	0.5～1.0				
	拉开粉	无色粘稠装		10～20	分散性稍差					
消泡剂	醇类	无色液体	65～140	2～5		1.0～4.0			易	
	酰胺类			3～5		0.5～4.5			不易	
	脂肪烃类		80～200			1.0～6.5			易	
固化剂	脂肪烃类						快	常温固化		低
	芳香烃类						一般	室温固化		适中
	有机酸酐类						一般	加温固化		低

（1）固化剂。为了改善成膜树脂的成膜性，增加涂膜内聚强度，加入少量固化剂。

（2）表面活性剂。为了降低上光涂料的表面张力，提高其流平性，加入少量表面活性剂。

（3）消泡剂。为了防止在合成树脂和涂布中产生气泡，加入少量消泡剂。

（4）增塑剂。为了提高膜层弹性，增强耐水性、耐折性，加入少量增塑剂。

各类助剂的用量一般不超过上光油总量的3%。尽管助剂的用量比例很小，但是上光油涂料的各项性能受其影响却很大。

3. 溶剂

溶剂也称分散剂，溶剂的主要作用是分散、溶解主剂和助剂。上光油涂料对溶剂的溶解性、挥发性等指标要求较高。上光油涂料的毒性、气味、干燥性、流平性等一些理化性能的指标同溶剂的选用有直接的关系。

常用的溶剂有：芳香类如甲苯、二甲苯；醇类如乙醇、丁醇、异丙醇、甲醇；酯类如乙酸乙酯、乙酸丁酯等。芳香类、酯类溶剂蒸发热量比较低、挥发速度快，上光机烘道的干燥温度不需要太高，烘道也不要太长，印刷品表面的上光膜层干得快，但是，这两类溶剂的毒性大，会污染环境，对操作者的健康有害，而且是易燃物质，使用时要注意安全、防火。

醇类溶剂的溶解性能好，无毒、无味、无污染，但是挥发速度比芳香类、酯类慢，上光机的烘道要加长，烘道温度也要高一些，否则涂层干燥达不到要求，很容易发生粘连故障，造成上光产品的报废损失。

常用部分溶剂的相对挥发速度，如表 17－3 所示。

表 17－3　常用部分溶剂的相对挥发速度

溶剂	相对挥发速度	溶剂	相对挥发速度
甲苯	100	甲醇	254
二甲苯	34	乙醇	117
乙酸甲酯	500	异丙醇	96
乙酸乙酯	260	丁醇	19
乙酸正丁酯	42	甲乙酮	70

近年来国内外都在开发、应用水性上光油涂料，水性溶剂不仅价廉，而且水是无毒、无味、无污染、不易燃、省资源、安全环保的物质，会更多地被应用于各类上光油涂料溶剂。

二、上光涂料的类型

1. 溶剂挥发型上光涂料

溶剂挥发型上光涂料依靠涂料中溶剂挥发干燥成膜，在涂布、干燥、成膜过程中具有较好的流平性，适用于各种档次大批量印刷品的上光加工。由于溶剂采用苯类、酯类和醇类，溶剂挥发和残留在印刷品上，都会造成对环境的污染，对人体有害。因此，溶剂挥发型上光涂料的应用范围受到一定的限制，逐步被其他上光涂料取代。

2. 氧化聚合型上光涂料

氧化聚合型上光涂料主要靠与空气中的氧发生氧化聚合反应结膜干

燥。这种类型的上光涂料是早期胶印机上光使用的涂料，其性质与胶印油墨的性质相同，适用于小批量的一般印刷上光产品。胶印用的上光涂料也称亮光油。亮光油又分为普通亮光油和快固亮光油两类，前者干燥速度慢，后者干燥速度快，两者适用于不同产品的要求。

3. 热固化型上光涂料

热固化型上光涂料依靠成膜树脂中高分子结构所含有的活性官能基团和涂料中的催化剂，遇热发生交联反应干燥成膜，固化快，生产效率高。适用卷筒纸多色胶印轮转印刷机联机上光。印刷后可立即上光，印刷机带有烘道装置，印刷、上光后即可以折页成帖，进行流水线操作。

4. 光固化型上光涂料

光固化型上光涂料是通过吸收辐射光能量后，涂料分子内部结构发生聚合反应而干燥成膜，其上光涂层的光泽度高，膜层的耐磨性、耐折性、耐热性能都比较好，适用于高档次印刷品的上光加工。

5. 水性上光涂料

水性上光涂料以水为溶剂，涂布干燥过程中无有机溶剂挥发物，所以无色、无味、无毒、无刺激气味，对环境无污染，对操作者无害。

水性上光涂料主要由水性成膜树脂、助剂和纯净水组成，干燥速度快、涂层透明、光泽好、耐磨、耐水、耐化学、耐热等。适用于烟草、药品、食品、化妆品等商品包装的上光加工。

三、上光涂料的技术要求

1. 涂层要无色、透明、不变色

无色、透明是印刷品上光质量的前提，同时不能因日晒或使用时间长而变色泛黄。

2. 上光涂料流平好、结膜平滑

为了使上光涂料在不同的产品表面都能形成平滑的膜层，要求上光涂料流平性好、成膜后膜面光滑。

3. 涂层具有一定的耐磨性

有些上光的印刷品还要通过糊盒机进行加工成型处理。因此，要求上光后的涂层具有一定的耐磨性。

4. 具有一定的弹性和柔韧性

任何一种上光涂料在印刷品表面形成的光膜都必须保持较好的弹性，才能与纸张或纸板的柔韧性相适应，不致发生破损、干裂、脱落的现象。

5. 涂层耐环境性能好

上光后的产品有些用于加工各类包装纸盒，要求上光涂层适应环境性能好，必须具备防潮、防霉的性能。

6. 印后加工适应性

印刷品上光后，一般还需要经过后工序加工处理，如模切压痕、烫印电化铝等，所以要求上光后的涂层在后加工过程中，适应性强、耐热性好、耐溶剂性好，干燥后的涂层不能受后加工的影响出现起泡、打皱和发粘现象。

7. 上光涂料要符合环保和安全性

上光过程无毒气排放、无毒气体残留在印刷品上，印刷品可回收再生利用，在储存、运输、生产过程中安全、可靠。

常用上光涂料的理化性能比较，如表 17－4 所示。

表 17－4　常用上光涂料的理化性能

涂布方式	涂料种类（名称）	膜层平滑度	光泽度	耐水性	耐磨性	附着强度	防粘连性	化学稳定性	涂布适性	泛黄
脱机上光	氧化聚合上光涂料	2	3	2	2	2	3	2	1	3
	溶剂挥发型涂料	1	2	3	4	3	3	3	1	2
	热固化型涂料	3	2	2	3	3	2	1	1	—
	光固化型除料	1	1	2	3	2	3	3	2	3
	水性上光涂料	3	2	4	2	2	—	4	2	3
联机上光	水性上光涂料	2	2	3	2	2	—	3	1	3
	丙烯酸酯树脂涂料	2	2	3	1	1	3	2	2	3
	硝基树脂涂料	—	2	2	—	2	—	3	1	—
	UV 涂料	1	1		3	2	—	2	1	—
	氨基醇树脂涂料	—	1	2	—	3	2	2		3
	聚酯醇树脂涂料	3	1	1	1	2	3	2	1	4

注：1－好，2－良好，3－一般，4－稍差。

四、上光涂料配方

1. 上光底胶

配方一

干酪素	100g	甘油	1.5ml
水	500ml	洗净剂	1.5ml
荧光增剂	1.2g	氨水	7.5ml

配方二

聚乙烯醇	50g	拉开粉	8g
水	800ml	荧光增白剂	5g

配方三

过氯乙烯树脂	15g	丙酮	20g
乙酸乙酯	33g	丁醇	10g
甲苯	20g	邻苯二甲酸二丁酯	2g

上光底胶的目的是为了改善上光涂料与油墨层的黏合力，或提高表面适性较差的印刷品的上光较果，可以在上光涂料之前，先在印刷品表面涂布底胶层。

2. 溶剂型上光涂料配方

配方一古巴胶上光涂料

古巴胶	32.5kg
香蕉水	20kg
乙醇	47.5kg

配方二 422 号树脂上光涂料

422 号失水苯果酸改性树脂	2kg	乙醇	0.5kg
醇酸树脂	1kg	丁醇	0.5kg
乙酸乙酯	2kg	硝化棉溶液	2kg
乙酸丁酯	1.5kg	邻苯二甲酸二丁酯	150ml

配方三丙烯酸酯上光涂料

丙烯酸酯共聚树脂（以 MMA 为主）	20%～40%
其他树脂	5%～10%
溶剂（醋酸酯及醇类）	50%～80%

3. 水性上光

配方一

丙烯酸树脂溶液	40%	消泡剂	1%
丙烯酸树脂乳液	28%	异丙醇	8%
蜡乳液	12%	水	11%

配方二

苯丙乳液	79%	防腐防霉剂	0.5%
蜡乳液	5%	消泡剂	0.2%
成膜助剂	3%	润湿剂	0.5%
水	11%	抗冻剂	0.8%

4. 具有代表性 UV 上光涂料配方

丙烯酸酯类低聚物	40%～55%
丙烯酸酯类反应型稀释剂	40%～55%
光引发剂	3%～5%
其他助剂（流平剂、消泡剂等）	约 1%
阻聚剂	0.5% 以下

UV 上光油种类较多，根据底色墨类型，分为 UV 油墨，用 UV 上光油、油性油墨用 UV 上光油、两者兼用型 UV 上光油。还可根据涂布加工方式分为脱机型 UV 上光油、联机型 UV 上光油或两者兼用型 UV 上光油。

在 UV 油墨上光涂布，因 UV 油墨和 UV 上光油的组成结构是基本相同的，因此在套印、干燥性、光泽、附着性、气味、后加工适性、耐摩擦性、变黄性等各方面都能得到较好的效果。

在油性油墨上涂布 UV 上光油，可减少喷粉工序，提高耐摩擦性等，但必须选择适合底色油性油墨的 UV 上光油类型，否则会影响套印、光泽、干燥性、附着性等。

5. 压光涂料配方

（1）压光涂布底胶配方

过氯乙烯树脂	12%	甲苯	20%
乙酸乙酯	35%	丁醇	11.5%
丙酮	20%	邻苯二甲酸二丁酯	1.5%

在涂料压光工艺中，由于纸张和油墨的原因，必须先涂一层底胶，以填充较粗糙纸张的毛孔和解决某些油墨中含有较多的助剂而影响压光树脂的结合附着力的问题。

（2）压光涂料配方

甲基丙烯酸甲酯	33.74%	偶氮二异丁腈	1.23%
苯乙烯	9.2%	硬脂酸	0.62%
丙烯酸	12.27%	溶剂	36.8%
丙烯酸丁酯	6.14%		

溶剂可以是乙醇、丁醇、乙二醇乙醚等，也可以采用混合溶剂。根据使用溶剂的不同，反应温度和控制条件也有所不同。

按常规的溶液聚合方法得到的液体树脂，用乙醇稀释至需要的黏度和固含量，再补加少量的脱模剂、清泡剂等配成可以涂布使用的涂料压光树脂（磨光油）。

第三节　上光工艺

印刷品的上光工艺包括上光油的涂布和压光两大操作工艺流程。

一、上光油涂布操作工艺

上光油涂布操作工艺主要分为专用上光机上光、印刷机上光、联机上光。

- 上光
  - 专用上光机上光
    - 普通辊涂式上光机（手工输纸）
    - 压光机
    - 自动上光机
      - 自动专用上光机
        - 溶剂型上光
        - 水性上光
        - UV 上光
      - 组合上光机
        - 溶剂型、水性两用上光
        - 上光、压光一体化机
        - 水性、UV 两用上光机
  - 印刷机上光
    - 胶印机上光——整幅面上光、局部上光
    - 凹印机上光——局部上光
    - 柔印机上光——整幅面上光、局部上光
    - 丝网印刷机上光——局部上光
  - 联机上光
    - 胶印机联机上光
      - 多色胶印机 +1 组上光装置——整面上光、局部上光
      - 多色胶印机 +2 组上光装置——整面上光、局部上光、水性上光、UV 上光
    - 凹印机联机上光：多色凹印机 + 上光装置——局部上光
    - 柔印机联机上光：多色柔印机 + 上光装置——整幅面上光、局部上光
    - 丝网印刷机联机上光：胶、凹、柔组合印刷 + 丝网印刷——局部上光

1. 专用上光机上光

专用上光涂布机操作系统：包括传输系统、涂布系统、干燥系统。上光涂布机结构如图 17－1 所示。

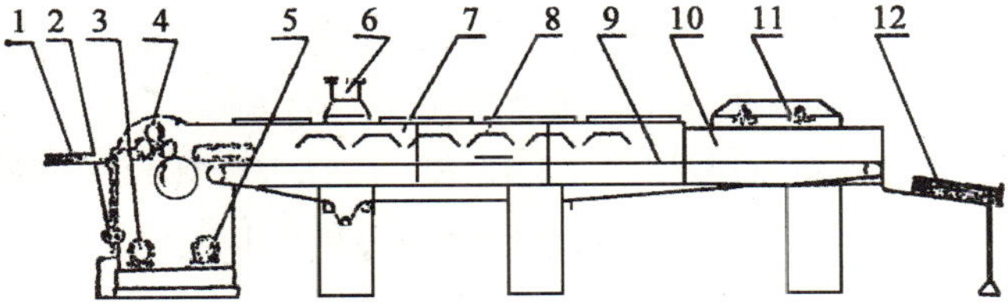

图 17－1　上光涂布机结构图

1—印刷品输入台；2—涂料输送系统；3—涂布动力机构；4—涂布机构；5—输送带传动机构；6—排气管道；7—烘干室；8—加热装置；9—印刷品输送带；10—冷却室；11—冷却送风系统；12—印刷品收集

（1）传输系统

专用上光涂布机的传输系统按其印刷品输入方式可分为半自动机即人工续纸和全自动机即机械输纸两种形式。半自动机的结构简单、投资少、使用方便灵活，全自动机的结构复杂、自动化程度强、工作效率高、劳动强度低。

（2）涂布系统

专用上光涂布机的涂布系统由涂布装置和涂料输送装置组成。常见的涂布方式分为三辊直接涂布式、浸式逆转涂布式等方法。

①三辊直接涂布式

三辊直接涂布式的涂布装置一般由计量辊、施涂辊、衬辊等组成，结构和工作原理如图 17 –2 所示。

上光涂料由出料孔或喷嘴（一般为可移动）均匀地喷在计量辊和施涂辊之间，由于计量辊的定向、定速转动，且同施涂辊转动方向相反，使施涂辊表面上的涂料层均匀一致。施涂辊表面涂层的厚度取决于两辊之间的间隙。

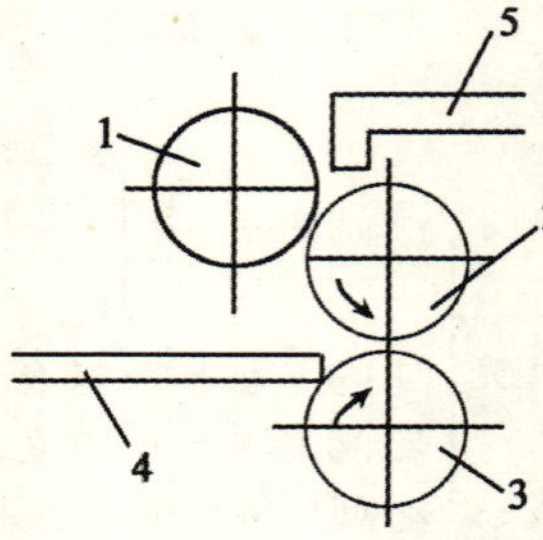

图 17 –2　三辊直接涂布示意图
1—计量辊；2—涂布辊（施涂辊）；3—衬辊；4—印刷品输送台；5—出料孔

涂层厚度除受施涂辊与计量辊间的间隙控制之外，还受施涂辊与衬辊两者间的速比控制，这个速比称为“楷抹比”，其值通常在 0.8 ~4 之间。该比值越大，施涂辊相对于印刷品速度而言的转速就越快，涂布的涂料量也越大。为了在全运行过程中保持相同的涂布量，也就必须使楷抹比保持不变，即使印刷品的速度有变化。

另外，涂层的厚度还同涂料层的流变性质有关，当计量辊同施涂辊间隙及“楷抹比”不变时，涂料黏度值大，涂层厚；黏度值小，涂层薄，即两者之间呈正比例关系。

②浸式逆转涂布式

浸式逆转涂布式是应用最多的上光机涂布方式。涂布装置由贮料槽、上料辊、匀料辊、施涂辊、衬辊等组成，其结构和工作原理如图

17 –3 所示。

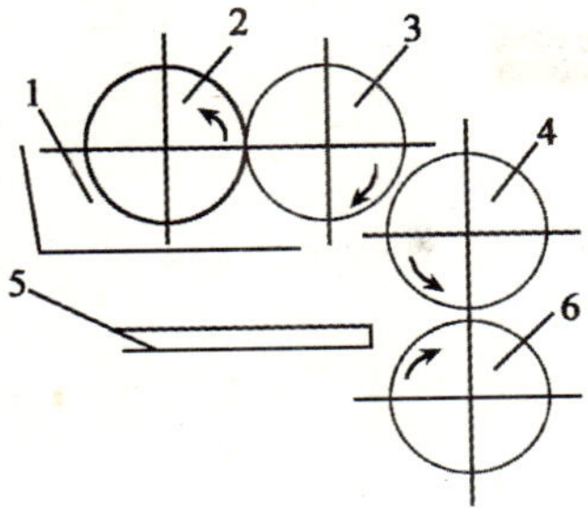

图 17 –3　料槽供料逆转式涂布示意图

1—贮料槽；2—上料辊；3—匀料辊；

4—施涂辊；5—输纸台；6—衬辊

涂布过程中，涂料由自动液泵输送至贮料槽，上料辊浸入料槽一定深度，随着上料辊的定速转动，在黏度的作用下，涂料不断黏附于辊表面，并经匀料辊传递至施涂辊。由于各辊的转速一定，工作间隙一定，所以保证了涂布中的涂布量基本不变。

若要改变涂层厚度，可以通过调整各辊之间的间隙或改变涂布机速度以及涂料的流平特性实现。

为了获得满意的涂布质量，无论哪类涂布方式，都必须要配备涂料输送自动循环装置。最常用的是液泵自动循环装置，一般由液泵、贮料槽、输出管道、输入管道等组成，其结构和工作原理如图 17 –4 所示。

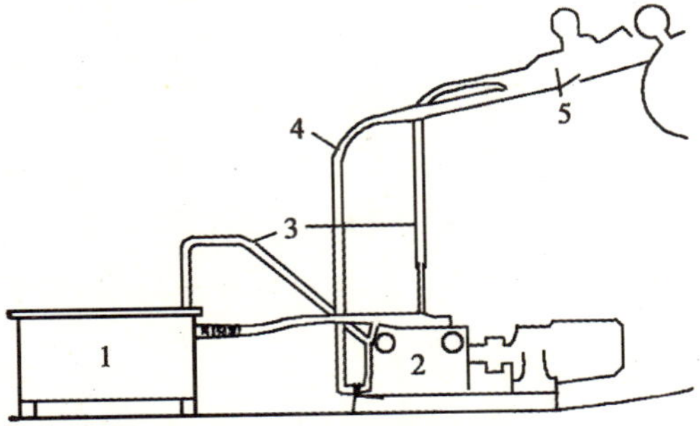

图 17 –4　涂料循环

1—涂料贮存容器；2—输料泵；3—涂料输出管道；

4—涂料输入管道；5—涂布槽

（3）干燥系统

①上光干燥的基本要求

a. 上光干燥要确保印刷品的油墨和上光涂层快速结膜干固，不发生粘脏、粘连现象。

b. 上光干燥后，不会造成印刷油墨、上光涂层变色以及纸张变形的现象。

c. 上光干燥系统要符合上光工艺和印刷适性的条件。

②上光干燥的形式

a. 固体加热传导干燥

干燥加热源为普通的电热管、电热棒、电热板等。加热源由电能转化为热能，热能在密封的干燥烘道中，使空气升温达到一定温度，印刷品表面的涂层受到周围高温空气的影响，涂层内部分子运动加剧，从而使涂层中的溶剂挥发速度增大，达到迅速干燥的目的。

固体加热传导干燥装置比较简单，成本低、使用维修方便，但是能量消耗大，干燥效率不高。

b. 红外线辐射干燥

红外线干燥是将红外线辐射印刷品表面的上光涂层干燥固化。红外线加热器对施加高强度热流是很有用的，特别在要求快速升温时更显出其优势。

红外线干燥系统由电辐射器、控制部件、反射器、空气循环装置等组成。当红外线辐射到涂层表面时，一部分被涂层表面反射，其余部分就进入涂层。进入涂层的红外线中，有一部分透过涂层，余下部分被涂层吸收，转变为热能。任何物质的原子和分子在受热时，运动就会加剧，原物质原子中处于基态的电子，有可能被激发而跃迁到高的能级，这个能量差用波数表示，如果红外线的波数恰好与涂料分子中原子跃迁的波数相同，则产生激烈的分子共振，使涂层温度升高，达到了加速干燥的作用。

c. 紫外线辐射干燥

紫外线是一种电磁波，波长范围在0.2～0.4μm之间。紫外线干燥机理是，紫外线辐射到印刷品表面的上光涂层，涂层中的光引发剂被引发，产生游离基与预聚物或与不饱和单体中的双键发生聚合、交联反

17－3 所示。

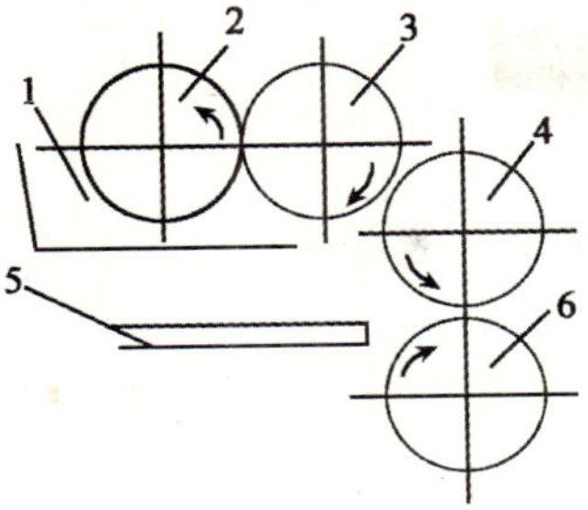

图 17－3　料槽供料逆转式涂布示意图

1—贮料槽；2—上料辊；3—匀料辊；
4—施涂辊；5—输纸台；6—衬辊

涂布过程中，涂料由自动液泵输送至贮料槽，上料辊浸入料槽一定深度，随着上料辊的定速转动，在黏度的作用下，涂料不断黏附于辊表面，并经匀料辊传递至施涂辊。由于各辊的转速一定，工作间隙一定，所以保证了涂布中的涂布量基本不变。

若要改变涂层厚度，可以通过调整各辊之间的间隙或改变涂布机速度以及涂料的流平特性实现。

为了获得满意的涂布质量，无论哪类涂布方式，都必须要配备涂料输送自动循环装置。最常用的是液泵自动循环装置，一般由液泵、贮料槽、输出管道、输入管道等组成，其结构和工作原理如图 17－4 所示。

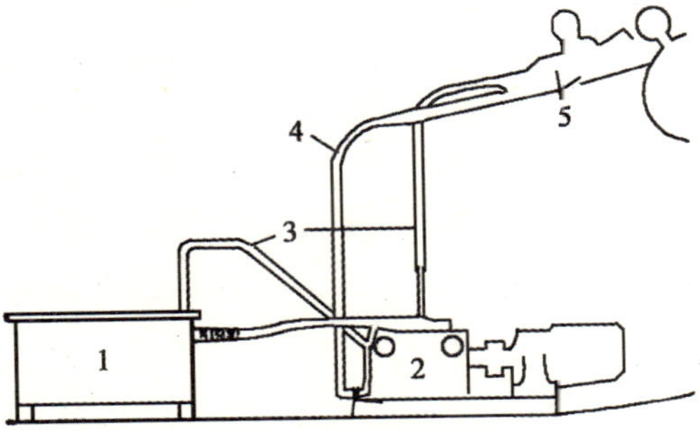

图 17－4　涂料循环

1—涂料贮存容器；2—输料泵；3—涂料输出管道；
4—涂料输入管道；5—涂布槽

（3）干燥系统

①上光干燥的基本要求

a. 上光干燥要确保印刷品的油墨和上光涂层快速结膜干固，不发生粘脏、粘连现象。

b. 上光干燥后，不会造成印刷油墨、上光涂层变色以及纸张变形的现象。

c. 上光干燥系统要符合上光工艺和印刷适性的条件。

②上光干燥的形式

a. 固体加热传导干燥

干燥加热源为普通的电热管、电热棒、电热板等。加热源由电能转化为热能，热能在密封的干燥烘道中，使空气升温达到一定温度，印刷品表面的涂层受到周围高温空气的影响，涂层内部分子运动加剧，从而使涂层中的溶剂挥发速度增大，达到迅速干燥的目的。

固体加热传导干燥装置比较简单，成本低、使用维修方便，但是能量消耗大，干燥效率不高。

b. 红外线辐射干燥

红外线干燥是将红外线辐射印刷品表面的上光涂层干燥固化。红外线加热器对施加高强度热流是很有用的，特别在要求快速升温时更显出其优势。

红外线干燥系统由电辐射器、控制部件、反射器、空气循环装置等组成。当红外线辐射到涂层表面时，一部分被涂层表面反射，其余部分就进入涂层。进入涂层的红外线中，有一部分透过涂层，余下部分被涂层吸收，转变为热能。任何物质的原子和分子在受热时，运动就会加剧，原物质原子中处于基态的电子，有可能被激发而跃迁到高的能级，这个能量差用波数表示，如果红外线的波数恰好与涂料分子中原子跃迁的波数相同，则产生激烈的分子共振，使涂层温度升高，达到了加速干燥的作用。

c. 紫外线辐射干燥

紫外线是一种电磁波，波长范围在0.2～0.4μm之间。紫外线干燥机理是，紫外线辐射到印刷品表面的上光涂层，涂层中的光引发剂被引发，产生游离基与预聚物或与不饱和单体中的双键发生聚合、交联反应，使涂层结膜干固。紫外光光源的波长范围应与 UV 上光涂料接受波长的峰值相一致，否则会影响干燥速度，浪费能源。

d. 电子束干燥

电子束（EB）通过电真空器件产生聚合束密集的、具有一定方向的电子流。当电子束冲击到上光涂层时，动能变为热能，产生的能量使油墨和上光涂层最大程度地交联和聚合，而无溶剂的残留。

e. 紫外光/电子束组合干燥

采用紫外光/电子束（UV/EB）组合干燥是新型干燥方式。低能、低热的紫外光可以固化涂层表面，而涂层的深处则被电子束干燥。表层和深层的固化同时进行，不会发生彩印变色的现象，同时也避免了涂层的热收缩变形的现象。

2. 印刷机上光

(1) 胶印机上光

①利用润湿系统上光

高宝利必达单张纸平版多色印刷机配置能互相转换的润湿与上光装置，如图 17－5 所示。可根据印刷作业的实际需要变换润湿与上光的功能。若转换到上光作业状态后，润版液变换为上光液。

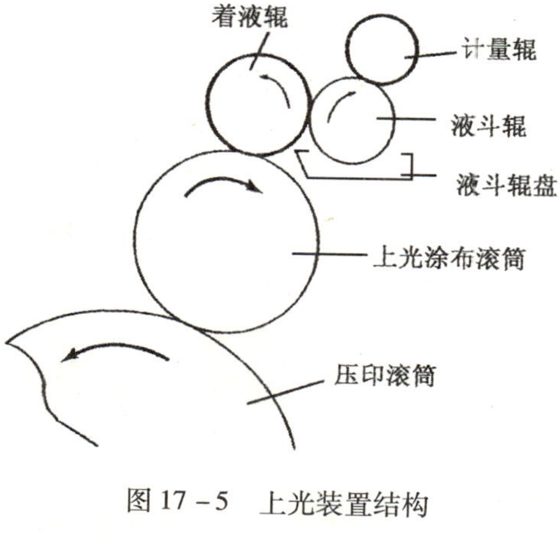

图 17－5　上光装置结构

上光装置结构一般有两种形式：第一种是顺向运转上光（润湿）形式，即着液（水）辊与传液（水）辊呈顺向运转状态，如图 17－6 所示。

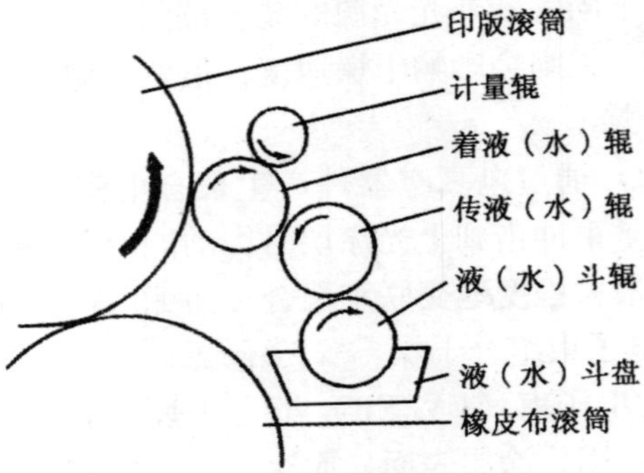

图 17－6　顺向运转作业状态

由于水槽中的水斗辊转速慢，为传水辊转速的 1/3～2/3。上光涂料的涂布量多少是通过调整水斗辊的转速来控制的。

第二种是逆向运转上光（润湿）形式，即着液（水）辊与传液（水）辊呈逆向运动状态，如图 17－7 所示。

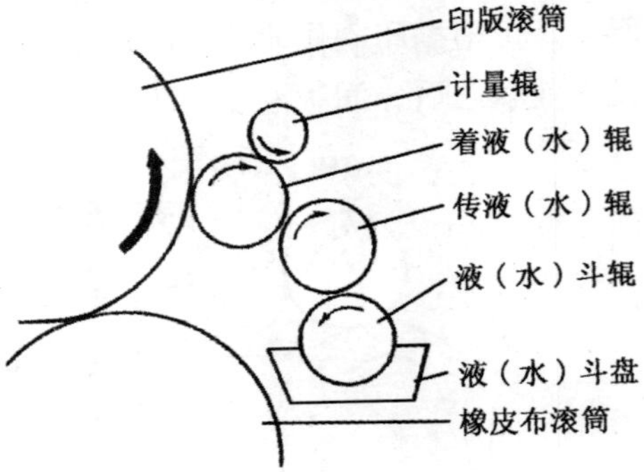

图 17－7　逆向运转作业状态

这种形式能获得更为均匀的上光涂层，并能消除鬼影现象，特别是在局部上光时，更显示出优越性。

②利用输墨系统上光

利用印刷机的输墨系统进行上光就如同油墨印刷一样，把上光涂料先放在墨斗槽中，经过输墨系统、印版、橡皮布，将上光涂料转移到印刷品上。采用输墨系统涂布上光，可涂布油性、水性上光涂料和 UV 上光涂料。涂布 UV 上光涂料必须在印刷机后部安装 UV 干燥装置。

（2）凹印机上光

单张纸凹印机是一种性能优良、操作简便、工作稳定可靠的自动化印刷机，可用于胶版纸、铜版纸、白卡纸、金卡纸、银卡纸等单色或多色套印，也能用上光油，完成上光功能。在选配 UV 固化系统后，可进行 UV 仿金属蚀刻印刷和 UV 上光。

单张纸凹印机上光灵活性大，可以整幅画上光，也可以局部上光，上光质量高，适用于多品种、小批量印刷品。可以由多种印刷工艺相结合进行生产，如胶、凹结合，凹印与丝印结合的印刷品宜采用单张纸凹印机印刷及上光。凹印机上光装置如图 17－8 所示。

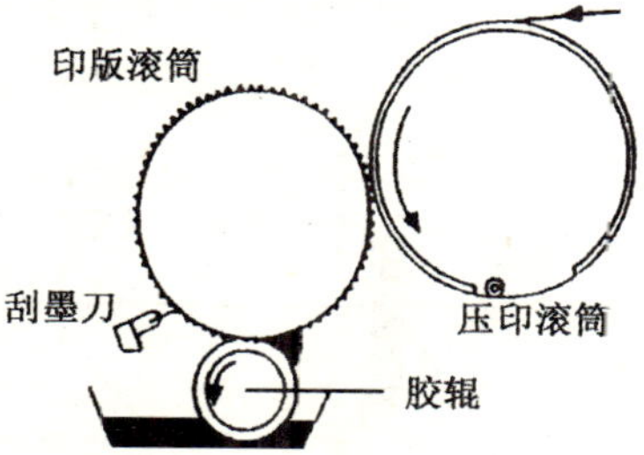

图 17－8　凹印机上光

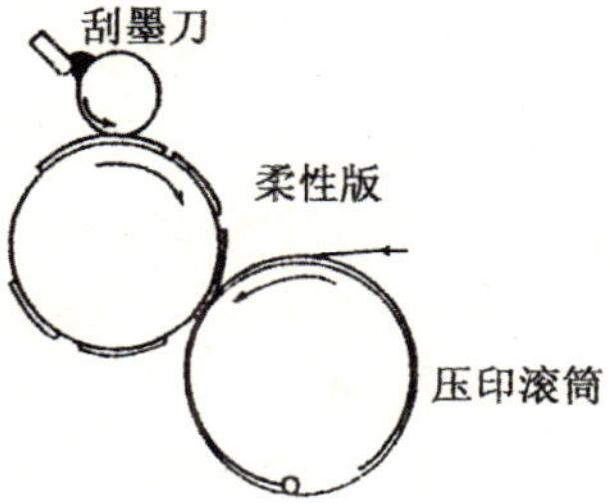

图 17－9　柔印机上光

（3）柔印机上光

柔性版印刷上光的优势来自版材，柔印机印版是凸版，上光涂料从印版到印刷品表面只经过一次分离，所以柔性版印刷上光的涂层比胶印的涂层厚。另外，柔性版印刷又同胶印相似，印刷是在一软一硬的状态下进行涂层转移，柔性版是高分子橡胶型凸版，传墨性能好，以较小的压力能获得良好的涂料传递，印刷涂层饱满、均匀、细腻，所以柔性版印刷上光是以最简单的工艺获取较厚的涂层。柔印机上光装置如图17－9所示。

（4）丝网印刷机上光

丝网印刷上光同丝网印刷工艺一样，不同的是，丝网印刷使用印刷油墨，丝网印刷上光使用印刷光油。丝网印刷机上光的涂层厚，能产生浮凸效果，立体感强。丝网印机上光一般分为平压平式和圆压圆式两种机型。

①平台丝网印刷机（平压平式）上光

平台丝网印刷机上光即采用平面网版对平台面上的印刷品进行上光，如图 17－10 所示。

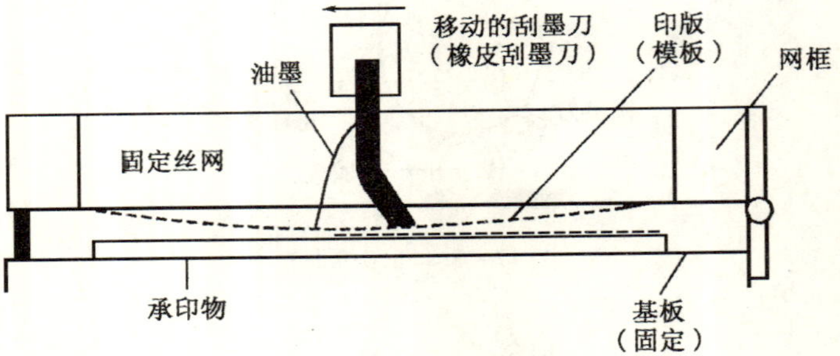

图 17－10　平压平式丝网印刷机

丝网紧绷在网框上，镂孔的印版紧贴在丝网上。印版、丝网、承印物处在平行状态，通过刮墨板的往返移动，将光油漏印到印刷品表面。

②轮转丝网印刷机（圆压圆式）

轮转丝网印刷机的丝网印版是圆网滚筒，压印滚筒也是圆的，印刷纸张通过两滚筒时接受圆网印版滚筒漏下的上光涂料。

轮转丝网印版的末端是开口的，刮墨板从开口处插入，光油通过输油管抽入丝网内。在组合式印刷系统中，轮转丝网印刷机组既可以用于丝网印刷，也可以用于丝网印刷上光。如图 17－11 所示。

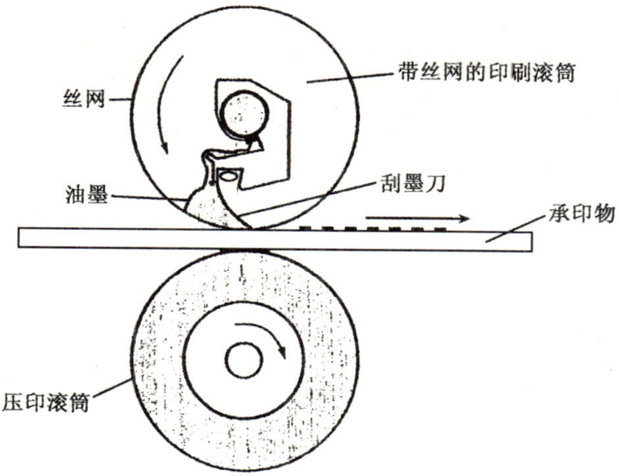

图 17－11　圆压圆式丝网印刷机

3. 联机上光

(1) 胶印机联机上光

胶印机联机上光是指上光机组与印刷机组联合成一条完整的生产线，在完成印刷工序后，立即进入上光加工。如图 17－12 所示。

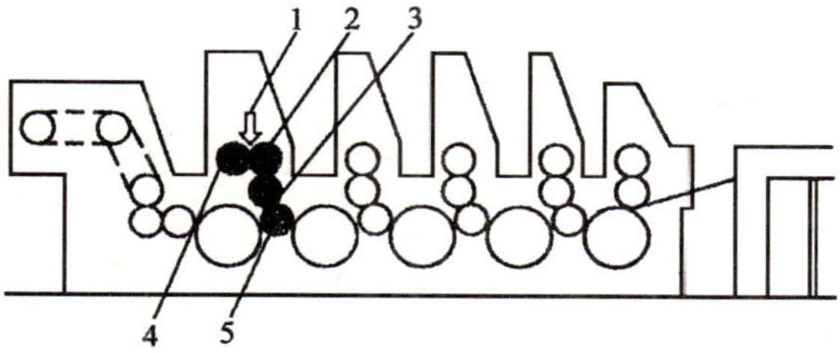

图 17－12　联机上光机组结构示意图

1—出胶口；2—送料辊；3—匀料辊；

4—计量辊；5—涂布辊

联机上光的特点是速度快、效率高、加工成本低，减少了印刷品的搬运，克服了由喷粉所引起的各类质量故障，但是，联机上光对涂料种类、干燥装置和上光方式有相当高的要求。

胶印机联机上光可以达到薄涂层、高光泽的目的。若是采用UV固化或红外线干燥方式，印刷品可以快速干燥，并具有较强的耐摩擦性，可直接进行后续的整饰加工。胶印机联机上光装置有3种：辊式（润湿辊）上光装置、机组式（塔式）上光装置、橡皮滚筒或压印滚筒上光装置。

（2）凹印机联机上光

卷筒纸轮转凹版印刷机适合印刷批量大的产品，特别是烟包包装印刷满版产品，多数采用卷筒纸轮转多色凹印生产线，配备上光、模切后加工装置，如图17－13所示。

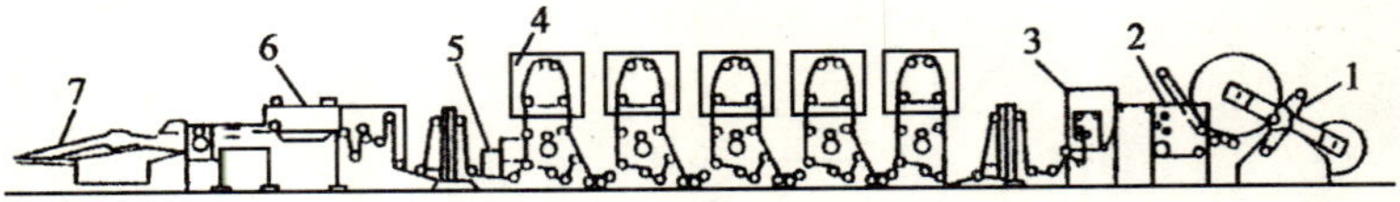

图17－13　凹印轮转机上光、模切联机

1—放卷台；2—自动给纸装置；3—张力调整；

4—UV涂布装置；5—UV干燥装置；6—模切；7—收纸

凹版印刷上光多数是联机上光，速度快、生产效率高。凹版印刷上光采用雕刻凹版进行上光，涂层均匀、光亮度高、一致性好；凹版印刷上光的光油黏度低、涂布量小、上光成本低。

（3）柔印机联机上光

窄幅机组式柔版印刷生产线集多色印刷、上光、覆膜、烫电化铝、凹凸压痕、模切等工序为一体，纸张一次通过完成印刷及印后加工各道工序。其中，上光机组是该生产线中的一个重要组成部分。

（4）丝网印刷机联机上光

丝网印刷机联机上光一般应用于联机网印上光和组合印刷中的网印特效上光，如折光、磨砂效果等。卷筒纸轮转式网印上光机，如图17－14所示。

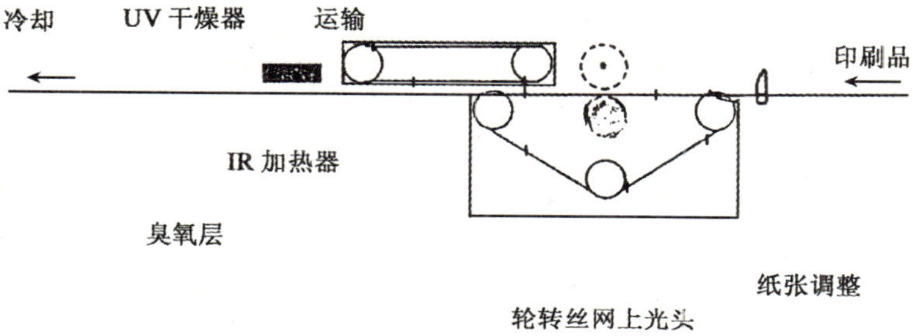

图 17－14　卷筒纸轮转式丝网上光生产线

卷筒纸轮转式网印上光机使用圆形网版，借下方圆辊的承托，对卷筒印刷品进行高速、连续上光。

二、压光操作工艺

压光也称磨光，是采用涂敷热塑性压光涂料与压光机相结合的上光方法，即用普通上光机先在纸张印刷品上涂布压光涂料，待干燥后再经压光机压光。该技术可以大幅度地提高上光涂层的平滑度和光泽度，使印刷品表面的膜层形成镜面的高光泽效果。

1. 压光工艺

压光是采用特殊的设备和特殊的涂料形成了特殊的操作工艺。

压光机由印刷品输送机构、机械传动、不锈钢光带、加热和冷却系统以及电器控制系统等部分组成，如图 17－15 所示。

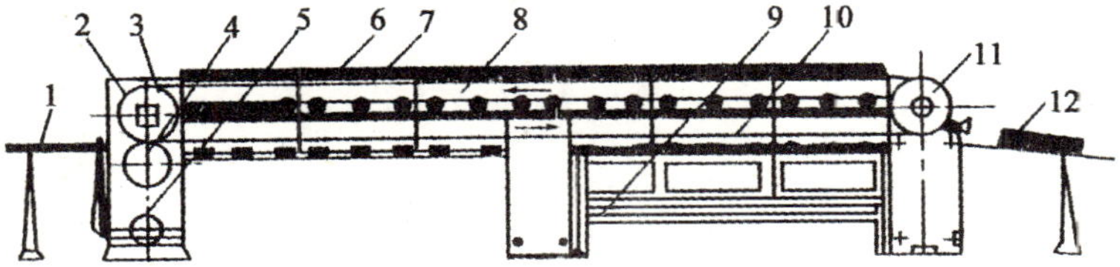

图 17－15　压光机

1—印刷品输送台；2—手动高压油泵；3—热压液筒；4—加压滚筒
5—调速驱动电机；6—压光钢带；7—冷却箱；8—观察门
9—冷却水槽；10—通风循环系统；11—传输滚筒；12—印刷品收集台

压光机一般为连续滚压式，压光加工过程中印刷品由输送台输入加热辊和加压辊之间的压光带，在温度和压力的作用下，涂层贴附于压光带表面进行压光。压光后的涂料层逐渐冷却后形成一层光亮的表面膜层。压光带是经特殊抛光处理后的不锈钢带焊接成环状带，在机械传动机构驱动下做定速传动。环形带的松紧度由张紧机构调整，为了延长使用寿命，需要安装安全保护装置。

（1）压光涂料

①压光涂料的黏度

压光涂料黏度对涂布过程的流平性、涂层厚度、干燥性能和涂布质量等方面都有很大的影响。在涂布过程中，必须根据产品要求、纸张情况和设备条件对压光涂料的黏度进行调整。

②压光涂料的涂布量

压光涂料的涂布量要适当，涂层要均匀。压光后的印刷品的光泽度好。

（2）压光温度

压光工作温度可由电器控制系统调定，温度传感器自动反馈仪直接显示，实现压光中温度的恒温控制。

压光的温度控制直接与压光的质量有密切的关系。压光过程一般分为 3 个阶段：热压、上光和冷却剥离。各个阶段的分布情况如图 17－16 所示。

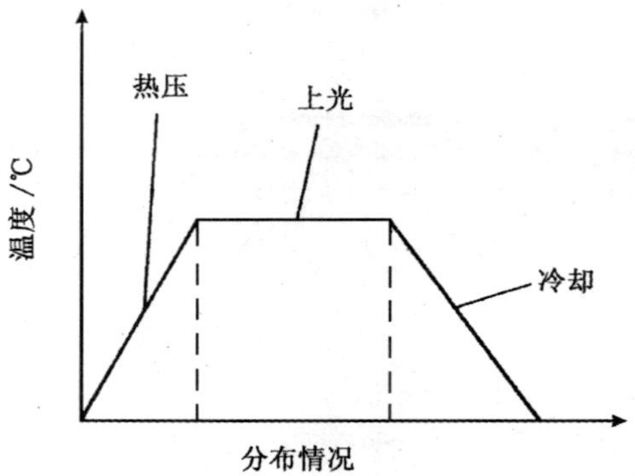

图 17－16　压光温度分布

压光中各阶段温度必须满足工艺要求，合适的温度下，涂料膜层分子热运动能力增加，使扩散速度加快，有利于涂料中助剂分子对印刷品表面的二次润湿、附着和渗透，增强了两者之间的接触效果。另外，适当的温度会使印刷品与上光带之间形成良好的黏附作用，在一定温度条件下，涂料膜层塑性提高，在压力的作用下表面平滑度大大增强。

压光温度调整是否合适，可通过压光加工中的某些现象粗略判断。若印刷品能与压光带紧密黏附，经压光、冷却后能在收料端容易地被剥离下来，印刷品表面的膜层平滑而光亮、可判断为温度合适；若印刷品未到收料终端部就自动滑落，或到收料端部剥离困难，印刷品表面膜层又有各类缺陷，可判断为温度太低或太高。

另外，压光温度的调整必须根据压光机的速度、印刷品表面特性、涂料的种类等实际情况综合考虑。

（3）压光压力

加压辊压力一般采用电气液压式调压系统，可精确地满足压光要求。在可能达到压光效果的情况下，尽量使用最小的压力，这样不仅有利于压光印刷品的质量和加工，而且可以延长压光机压力机构各部件的寿命。

（4）压光速度

压光速度由调速驱动电机或滑差电机经减速传动系统实现控制，可根据不同的压光加工要求实现变速。

压光速度的确定应综合考虑上光涂料的种类、印刷品特性、压光机的性能及压力、湿度等因素。

2. 压光适性

印刷品的压光适性，主要是印刷品承印纸张及印刷图文性能对压光适性的影响。

（1）纸张性能

纸张或纸板的平滑度、吸收性是影响压光效果和质量的主要因素。平滑度高、结构致密、吸收性较小的纸张或纸板容易取得高质量的镜面光泽效果，而平滑度低、表面粗糙、结构疏松、吸收性强的纸张或纸板则会造成压光树脂被大量渗透吸收，涂布表面难以形成连续的成膜涂层，出现发花及光泽效果差的现象。

（2）油墨性能

油墨的性能也是影响压光质量的另一个因素。油墨层的润湿作用以及油墨颗粒度等都会影响压光涂料的涂布质量和流平性。

另外，压光工艺还要求油墨具有一定的耐溶剂和耐热性能，以避免在热压和树脂受热软化过程中造成油墨变色和起皱。

第四节　上光常见故障及排除

一、溶剂型上光

1. 涂层表面出现条痕或起皱

（1）上光涂料的黏度太高

排除方法：加入适量的稀释剂，降低上光涂料的黏度。

（2）上光涂料的涂布量大

排除方法：减少上光涂料的涂布量。

（3）上光涂料对印刷品墨层润湿性差

排除方法：降低涂料表面张力值，改善涂料对墨层的润湿性。

（4）上光涂料流平性差

排除方法：调整涂料配比工艺参数，使其同上光涂料适性匹配。

2. 印刷品粘连

（1）涂料干燥性能差

排除方法：调整涂料干燥性能或更换涂料。

（2）涂布膜层太厚

排除方法：降低涂布量，减薄涂料膜层。

（3）上光涂布加工温度低

排除方法：提高上光涂布加工温度，使膜层彻底干燥。

3. 膜层光泽度差

（1）印刷纸张粗糙，吸收性强

排除方法：在纸张上先涂一层上光油底油，待干燥后再涂一层上光油。

(2) 涂料质量差

排除方法：更换优质的上光涂料。

(3) 喷粉太多

排除方法：减少喷粉用量或尽量不喷粉。

(4) 涂料浓度低

排除方法：提高涂料浓度，适当加大涂布量。

(5) 涂布干燥温度低

排除方法：增加干燥温度或增长烘道长度。

(6) 涂料黏度太高

排除方法：增加稀释剂，降低黏度。

(7) 油墨添加剂太多

排除方法：减少添加剂或不用油墨添加剂。

4. 涂层不均匀，有气泡、麻点

(1) 涂料表面张力大

排除方法：降低上光涂料表面张力值，加入表面张力值较低的溶剂或加入表面活性剂。

(2) 油墨层出现晶化

排除方法：在上光油中加入 5% 的乳酸，搅拌后涂布到印刷品表面，由于乳酸能破坏油墨晶化表面，使上光涂料均匀涂布。

5. 上光变色

油墨连结料黏度太低。

排除方法：减少使用对油墨层有化学作用的溶剂，提高干燥速度。

二、UV 上光

1. 光泽和亮度差

(1) 黏度小、涂层薄

排除方法：适当提高 UV 光油的黏度，增加涂布量。

(2) 纸张粗糙、平滑度差、吸收性强

排除方法：先涂一层底油，再上 UV 上光油。

(3) 乙醇等非反应型溶剂稀释过度

排除方法：尽量减少非反应型稀释剂的加入，以免影响 UV 光油的彻底固化。

（4）UV 上光油质量差

排除方法：换用高质量的 UV 上光油。

（5）光源老化

排除方法：及时更换灯管，必须使 UV 上光油充分固化。

2. 条痕和起皱

UV 光油太稠、涂布量过大。

排除方法：降低 UV 光油的黏度，加入适量的酒精溶剂稀释。

3. UV 光油变稠或有凝胶现象

（1）储存时间太长

排除方法：按规定时间使用，一般为 6 个月。

（2）未能避光贮存

排除方法：严格避光储存。

（3）储存温度太高

排除方法：储存温度必须控制在 5～25℃范围内。

（4）UV 光油中光引发剂加入过量

排除方法：如产品尚未完全交联，可以过滤后适当稀释使用。

4. 表面发黏

（1）紫外光强度不足或机速太快

排除方法：固化速度小于 0.55 机速时，紫外光功率应不小于 120W/cm。

（2）UV 光油储存时间太长

排除方法：加入一定量的 UV 光油固化促进剂或更换上光油。

（3）不参与反应的稀释剂加入太多

排除方法：注意合理使用稀释剂。

5. 耐磨性和耐刮擦性差

（1）光油固化不彻底

排除方法：确保 UV 光油的充分光固化。

（2）油墨没有充分干燥

排除方法：印刷品表面墨层必须充分干燥。

三、水性上光

1. 表面发黏

（1）水性上光油涂布太厚

排除方法：适当减少涂布量。

（2）上光油黏度太高

排除方法：调整降低上光油黏度，稀释剂采用乙醇和水 1∶1 的混合溶液。

（3）烘道温度太低

排除方法：加大烘道温度和热风。

（4）机速过快

排除方法：根据产品需要情况，合理调整机速。

2. 光泽度差、亮度不够

（1）涂布量不足、涂层太薄

排除方法：适当增加涂布量。

（2）黏度小、固含量低

排除方法：提高光油黏度和固含量。

（3）印刷品表面油墨不干

排除方法：上光前应使印刷品油墨彻底干燥。

（4）涂布环境温度低、湿度大

排除方法：合理控制涂布环境的温、湿度。

（5）纸张粗糙

排除方法：在纸张表面先涂一层底油，待干燥后再涂布水性上光油。

3. 出现条纹或橘皮

（1）光油黏度太高

排除方法：适当降低光油黏度。

（2）光油涂布量太大

排除方法：适当控制减少涂布量。

（3）油墨干燥不彻底

排除方法：上光前油墨必须充分干燥并清除粉尘。

4. 气泡多

（1）光油黏度太高

排除方法：降低光油黏度。

（2）循环搅拌过度

排除方法：适量加入水性消泡剂，并充分混匀。

（3）机速太快

排除方法：适当减慢涂布速度。

四、压光

1. 膜层光泽度差

（1）膜层光泽度差

排除方法：纸张表面先涂一层底油，待干燥后再涂压光油。

（2）涂料质量差

排除方法：提高涂料浓度，加大涂布量，若解决不了问题，可以更换优质涂料。

（3）压光温度太低

排除方法：调整压光温度。

（4）压光压力不够

排除方法：适当增大压光压力。

（5）压光带磨损，自身光泽度下降

排除方法：更换压光带。

2. 膜面起泡

（1）压光带温度太高

排除方法：适当降低压光带温度。

（2）压光压力太大

排除方法：调整压光压力。

（3）印刷品油墨干燥不彻底

排除方法：压光前印刷品油墨必须彻底干燥。

（4）纸张水分太大

排除方法：压光前如发现纸张水分太大，必须对纸张进行调湿处理。

3. 印刷品不粘压光带

（1）涂层太薄

排除方法：增加涂布量。

（2）涂料黏度太低

排除方法：提高涂料的黏度值。

（3）压光温度太低

排除方法：适当提高压光温度。

（4）压光压力太小

排除方法：适当提高压光的压力。

4. 印刷品出现起皱

（1）压力太大或压力不匀

排除方法：调整压力，使其均匀一致。

（2）纸张水分太大

排除方法：压光前对纸张进行调湿处理。

（3）胶辊变形、胶辊老化

排除方法：变形胶辊必须进行重新磨圆、磨平或更换。

5. 印刷品变色

（1）油墨干燥不良

排除方法：待印刷品干后再进行压光加工。

（2）油墨层被溶剂溶解

排除方法：减少涂料中的溶剂用量或更换溶剂。

（3）涂布层干燥不彻底

排除方法：降低车速，提高干燥湿度，减少涂布层内部的溶剂残油量。

6. 表面易折裂

（1）温度太高

排除方法：降低压光工作温度。

（2）压力太大

排除方法：减轻压光压力。

（3）压光涂料本身柔韧性差

排除方法：更换优质的压光涂料。

（4）压光后加工适性不良

排除方法：调整后加工工艺条件。

第十八章 热蜡

第一节 热蜡的特点与作用

热蜡是指以不同方法将材料（主要为石油衍生物的蜡）热施到各种纤维基材上。热蜡处理的主要用途是涂蜡包装纸、瓦楞纸板、折叠纸盒、纸杯、冷冻食品箱、杯形容器等，从而提高包装质量，改进其使用性能。

用机器包裹面包的上蜡纸的历史可追溯到19世纪。1950年后冷冻食品已越来越为包装工作者和消费者所接受。在蜡纸包装的上蜡折叠纸盒中装入冷冻食品，是蜡类在瓦楞箱和面包包装用途上的自然延伸和推广。随着纸箱改良，蜡混合物和应用技术也逐渐得以发展。涂布蜡的纸箱，像以前运输物品那样迅速占领了冷冻产品运输市场。它们取代了原来使用的老式木箱，并开始将上蜡瓦楞箱用于运输其他产品。

热蜡工艺应用于各种物品的包装和纸箱的外包装，不仅能够满足成品包装在外观挺度、湿强度、光泽度、抗磨损，另外易在高速生产设施中加工并具有阻隔蒸汽、臭味、香气的传递的特点。此外，热蜡处理是将100%固态蜡在90~200℃的熔融状态下进行涂蜡，而在冷却后回到固态。它给予成品包装独特的实用功能。

热蜡包装商品具有防潮性能、成本价格较低。随着包装行业的发展和挑战的机遇，热蜡工艺的应用范围越来越广，具的一定推广价值，其作用更加突出。

一、包装箱

热蜡处理的纸板包装箱、瓦楞材料包装箱、家禽装运箱、冷冻食品折叠箱等取代了过去铁丝捆扎木箱、金属铁箱，也替代了部分钙塑箱。

二、软包装

糖果蜡纸包装、谷类食品包装、五金另件蜡纸包装等具有防潮、隔离的作用。

三、纸容器

纸杯、涂蜡各种容器起到更换部分产品使用玻璃瓶的作用。

第二节 热蜡工艺材料

蜡涂布后的材料一般存在着脆性、强度不够、容易脱皮等弱点，随着科学技术的发展，现在已增强了蜡涂布和浸蜡材料的特性。

热蜡工艺中的蜡料添加剂混合成分的配方非常重要，这些组成绝大多数用于食品直接接触的包装，其组分本身及配制成的蜡料都必须符合食品卫生的要求。蜡料配方组分的分类，如表 18－1 所示。

表 18－1 蜡料配方组分的分类

项　目	含量/%	项　目	含量/%
石蜡（主要组分）	50～100	各种树脂（碳氢化合物、多萜烯或木树脂）	0～25
微品蜡	0～15	脂肪酸胺（油十六酰胺等）	0～1
聚乙烯（低分子量）	0～15	抗氧化剂（BHT 等）	0～0. 1
共聚物（例如乙基醋酸乙烯酯或乙基丙烯酸乙酯）	0～35		

一、石蜡

蜡的来源可分为植物蜡、动物蜡、矿物蜡和合成蜡四类。

石蜡是属于矿物蜡中的一种。石蜡是从石油中提炼出来的，将含蜡馏分经冷榨或溶剂脱蜡等而制得。它是白色至微黄固体，主要成分为直链烷烃，含少量支链烷烃，直链烷烃含量为 75%～100%。石蜡无确定的分子式，分子式中碳原子数 n = 17 ~ 36，n 越大，石蜡的熔点越高。石蜡的熔点在 52 ~ 70℃，相对密度为 0.86 ~ 0.94，相对分子质量为 240 ~ 450。比重差别很大，说明它的级别之多。一般分为三大类，精制蜡的含油量在 0.5% 以下，强度为 11 ~ 28kg/cm^2。半精制的含油量在 0.6% ~ 3% 之间，强度为 3 ~ 14kg/cm^2。粗级蜡的含油量在 3% 以上，强度为 3 ~ 7kg/cm^2。精制石蜡的特性如表 18 – 2 所示。

表 18 – 2　精制石蜡的特性

项目	数据
颜色	25 ~ 30
针入度（0℃）	16
闪点（℃）	201
黏度（100℃）	39
密度	0.880 ~ 0.915

黏度很低的石蜡能容易地渗入多孔的原纸中。对浸渍瓦楞纸板那样的应用场合，好处是明显的，此时要求蜡料只是一种表面涂料，低黏度蜡料可大量地渗入。在这类用途中，石蜡的作用主要是控制混合料黏度及作为廉价载体和其他组分如共聚物的分散剂。

当石蜡从熔融状固化时，形成大晶体。这些大晶体是石蜡薄膜能很好阻隔水汽传递的原因。对许多上蜡用途而言，单靠石蜡本身太脆。尽管某些用途上这个制约因素并没有太大影响，但在石蜡中加入极少量添加剂的石蜡混合料，却使其性能大大改善。

二、微晶蜡

微晶蜡是石蜡的一个分支，因制造方法不同而质量也有差异。微晶蜡也可以说是石蜡的提纯物，它的晶形更小，更硬而柔韧，强度与熔点也更高，与油及溶剂的拼混性也更好，拼混后更不容易使这些液体渗出。

微晶蜡在化学组成上也是长链的饱和碳氢化合物，含大量分布有 36 ~ 65 个碳原子的支链蜡和环状碳水化合物分子。微晶蜡相对分子质量为 500 ~ 800。不同的化学组成使得微晶蜡有比石蜡具有更大的柔韧性和胶黏性。因此，将它们加入到石蜡中可改善这方面的性能。例如，将微晶蜡加到石蜡中，当原纸弯曲或打折时，使蜡料的完善作用更有效。

微晶蜡比起石蜡来，其性能更为多样化，它的熔点比石蜡高，在硬度方面，它可硬于或软于石蜡。它的黏度为石蜡的两倍。微晶蜡的特性如表 18－3 所示，表中是两个不同产品的数据。

表 18－3　微晶石蜡的特性

项　目	数　据	
	1	2
熔　点/℃	63	72～85
颜　色	白～浅黄	白～墨
闪　点/℃	>260	>260
黏　度/100℃	75～85	75～100
密　度/15℃	0.90～0.92	0.92～0.94
残余油含量	0.3～13	

微晶蜡加入蜡料中的作用；

1. 光泽度

有些包装产品要求上蜡后有很光亮的表面，则微晶蜡加入到石蜡中，将会因微晶蜡中的高熔点直链分子的长处而有助于保持光泽度。

2. 抗黏结性

微晶蜡加入到石蜡中能改善上蜡原纸的抗黏结性。

3. 抗磨性

微晶蜡的加入会增加抗磨性，使涂蜡的表面能抵抗运输过程中摩擦所引起的蜡料损坏。

4. 防脱皮

加入高熔点微晶蜡，涂蜡层就不会转移到其他表面或脱皮。

5. 水汽传输速率

微晶蜡的加入增加了石蜡的表面水汽传输速率。

三、聚乙烯

低分子量的聚乙烯加入蜡料作为添加剂可具有更好的耐磨性、润滑性、抗油脂能力。

四、共聚物

共聚物是指乙基醋酸乙烯醋（EVA）和乙基丙烯酸乙醋（EEA），它们不可以互换。一般说，用性能不同。加入（EVA）是改善柔韧性而加入（EEA）则改善黏结性。

共聚物的相对分子质量很高，在120℃时黏度有约几百个毫帕。它可用在一定蜡料中的数量，一般受该用途黏度极限的制约。

正常配置的含共聚物的混合料可使蜡料生产出具有最佳使用特性的产品。它们与石蜡在混合料中的存在，实际上确保了不会发生任何水汽穿透，以及使涂上这种材料的纸盒实现热密封。该材料不仅增加强韧性和黏附力，同时还形成很大的柔软性，而且又增加抗油脂和抗固结作用，但对光泽度有负面影响。

五、树脂

蜡料中加入树脂成分是根据用途的性能而制定配方。低分量树脂，例如木材树脂和稳定的酯化树脂、多萜烯、苯乙烯共聚物和氧杂茚树脂，是用于改进黏附力并将良好的光泽度特性和表面硬度赋予共聚物——石蜡混合料。它们增加摩擦因数又降低抗油脂和抗固结力。萜烯树脂可保持卓越的光泽度和密封强度。这些树脂在蜡料中还有助溶功能，特别是也存在微晶蜡时的作用明显。

在石蜡中加入稳定的木材树脂和碳氢化合物树脂，可增加材料的挺度和湿压强度，在高湿环境中效果特别好，但是碳氢化合物树脂一般保持光泽度的能力较差。

六、脂肪酸衍生物

脂肪酸衍生物如油十六酰胺，加入量很少，其作用是作为光滑剂改进摩擦特性，将蜡料的摩擦因数降低到在高速包装设备的折叠机或胶粘机中不损坏蜡的表面层。该光滑剂加入蜡料中不影响其他使用性能。

七、抗氧化剂

在蜡料中加入少量的抗氧化剂如丁羟基甲苯（BHT），其作用是防止蜡料在贮存、加热和应用时变质。

第三节　热蜡工艺

一、纸制品热蜡处理工艺

1. 瓦楞容器纸板

瓦楞容器纸板热蜡处理工艺一般有三种方法：充分蜡浸渍、部分蜡浸渍、幕帘涂布。

（1）充分蜡浸渍饱和

这种瓦楞纸箱要暴露在有水的状况下，就应该对其进行充分的蜡浸渍饱和处理。例如，用水冷却的新鲜农作物，为了保持新鲜度，盛装了农作物的纸箱要浸泡在冷却水中达数分钟，然后使某些农作物如芹菜、洋葱等达到冰冻点，其他农作物如甘蓝菜、洋蓟、胡萝卜和红萝卜则也要达冰冻点，这样的纸箱必须在所要求的液体和水汽环境中保持它们的结构强度。

充分蜡浸渍饱和处理工艺是将已经印刷、模切和粘连着的纸箱用蜡进行浸渍处理，以使瓦楞芯与挂面均被涂蜡饱和。蜡用量一般为原纸箱重量的40%～50%。通过纸箱浸入一个约105℃的蜡处理槽中或在随着输送带移动的纸箱进行喷淋处理，以达到纸箱全部饱和的目的。

（2）部分蜡浸渍

这种纸箱应用于环境较好的场所，不大可能碰到恶劣的液体或水汽情况，可使用部分蜡浸渍纸箱的方法。

部分蜡浸渍处理工艺是直接在互楞成型机上用辊式涂布机或喷淋头进行。任何合乎需要的瓦楞元件即瓦楞芯与挂面纸板均可在组合一起前进行处理。挂面更经常的做法是在组合后进行处理。与充分浸渍饱和所用的浸量相比较，这些处理用蜡只是原纸箱重的5%～20%，它可使叠层的纸箱在中等湿度条件下保持其强度，但最终纸箱对水汽的阻抗力并不比未处理过的纸板强多少。

（3）幕帘涂布

幕帘涂布包括已经模切、开槽与纸箱坯料的一面或两面，施加一薄层高添加剂蜡料。其工艺是使坯料通过一个精密控制的熔融液处理幕帘。幕帘涂布两面需要有两个喷涂装置。每面每平方米要用20～40g。虽然这种纸箱不像充分蜡饱和的纸箱那样有很大结构强度，但它可以抵抗相当严重的潮湿条件，并有良好的视觉效应。内衬层的幕帘涂布还有助于保持纸箱内存放物如仪表、器具和大小原件免被擦损和划伤。

对瓦楞箱纸板或其他组件进行热蜡处理的主要目的是在潮湿环境中推迟强度的损失。热蜡处理并不是完全不吸水和不会丧失结构强度，这种处理基本上是降低了吸水速率。最终即使是充分饱和的浸渍纸箱，如果它长期地浸泡在水中，也会丧失其结构强度。

2. 折叠纸盒

折叠纸盒的上蜡材料的用量比瓦楞纸箱的市场要小得多。因为折叠纸盒大多用于冷冻食品，它们一般不暴露在液体中，但它们必须有非常高的阻隔水汽、氧、气味和香气的能力。此外上蜡处理必须提供悦目的光泽度、鲜艳的图案、抗划伤能力及低温韧性。这种蜡料必须是高添加剂材料，以便获得特殊的使用性能。其工艺是借使用不同辊子组合的各种机器，将上蜡处理应用于已经印刷的纸盒上。有些纸盒是两面上蜡处理，而另一些则是处理一面上蜡，有些纸盒的产品在两面上蜡需要采用不同的处理方法，每面所用蜡的量可有所不同。一般讲，如果纸盒的两面均加以处理，对于非热封型纸盒约为20g/㎡，可热封型纸盒为30g/㎡。

可热封处理用的材料有两种功能，即用作表面涂布的和用作密封盒盖的黏合剂。黏合剂功能必定要求有较高的施加量，如要对纸盒密封时，用加热条使盒盖边上的蜡复原即回熔，从而完成黏合功能。

3. 软包装

软包装的蜡处理材料主要是含多量微晶蜡和少量共聚物的石蜡。软包装的蜡处理功能是尽量阻隔香气而同时不让外来异气侵入。各种片幅涂布机可进行一面或两面上蜡处理。单面总的上蜡材料量为 5～20g/m^2。

软包装的蜡处理有几种方法：干上蜡和湿上蜡。在干法上蜡的工艺过程中，纸上蜡后通过一个加热辊，使蜡渗透进纸内而不是仅留在表面，如图 18－1 所示。

图 18－1　干法上蜡

在湿法上蜡的工艺过程中，上蜡后的纸迅速通过水浴，使之在纸的表面骤冷而不使它渗透进纸内，从而形成光泽的表面。如图 18－2 所示。

图 18－2　湿法上蜡

在干法上蜡中，纸在上蜡后再加热，使蜡渗进纸内，而湿法上蜡是未渗进纸内前就将其冷却。

软包装蜡处理适用于饼干和谷类食品的内包装、口香糖包装、面包包装纸、肥皂包装纸和某些冷味食品纸盒的外包装。

4. 纸杯和杯形容器

用于纸杯和杯形容器的上蜡材料的配方以石蜡为主，外加少许低分子量聚乙烯。

在小规格容器上的上蜡处理与塑料类材料有激烈的竞争。上蜡处理更适合用于大规格杯子，因为大杯子有刚度的需要。大杯子获得了出乎意料的流行，这类大杯子还扩大应用于快餐食品行业。

一般用锥形喷洒器将蜡料喷到杯子内部，而用扇形喷洒器涂覆杯子的顶部。旋转杯子，以除去多余的蜡料。

二、纸制品热蜡处理工艺的设备

1. 浸蜡器设备

浸蜡器设备是对瓦楞纸板箱坯料进行蜡料浸渍饱和的半自动化机械

操作流水线装置，包括：行车、蜡槽、烘道、输送轴、自动温度控制及时间控制的系统。

浸蜡操作工艺流程是把已经印刷、开槽、模切等成型的瓦楞纸箱，打成纸捆放在纸箱框架里，在很短的时间约数分钟之内，按顺波纹垂直浸入熔融蜡料的蜡槽里，具体时间根据原纸和蜡料配方而定。然后由行车吊勾从蜡槽里取出纸捆，进入温热环境的烘道滤除掉纸捆中多余的蜡料，纸捆随着输送轴的移动，温度也随之下降。

充分浸渍饱和纸箱，含有 40% ~50% 的蜡料（以原未上蜡纸箱为准）。

鉴于纸板对蜡料的接受能力，改变蜡料配比或浸渍时间与温度，效果也不大。

2. 喷淋器设备

喷淋器设备也是对已经印刷、开槽、模切成型的瓦楞纸箱进行蜡料的充分浸渍饱和的一种设备装置，如图 18 –3 所示。

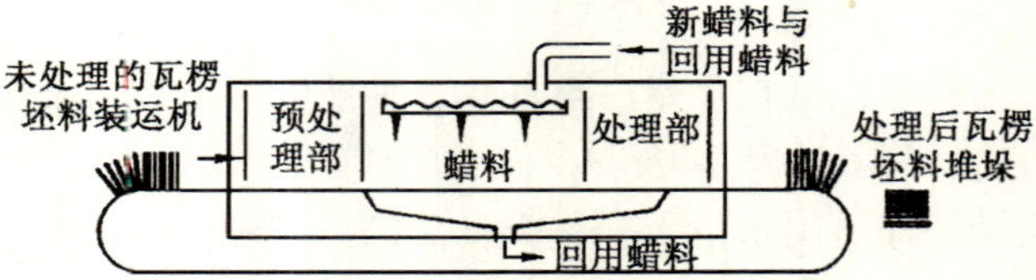

图 18 –3　喷淋器设备

喷淋器设备操作工艺流程是该设备运送各个纸箱坯料，每个坯料都是顺波纹重直排列，并靠一个齿条系统互相隔开，经过一个由溢流堰或喷嘴所形成的蜡料溢流或喷淋点。来自上涂和沥滤部分的多作熔融蜡料，集中在装置的底部并循环回用。整个系统以这样的方式封闭运行，即进入的纸板可用温热空气预热，淋蜡后坯料趁热沥滤，然后冷却、包装、入库。每条生产线产量一般比浸渍系统略少一些。吸蜡量也是原纸板重量的 40% ~50% 。

新型的喷淋器设备装置使操作工能够获得比浸渍器设备更多的调节控制，可以控制用蜡量的下限，还具有生产干法上蜡制品或湿法上蜡制品的灵活性。此外，喷淋器设备可生产外观更好、更均匀的产品表面，坯料的单个冷却，可以消除邻近坯料粘在一起的弊病。

3. 幕帘涂布机

幕帘涂布机得名，是因为它在机器的横向形成一个精密控制的、细薄均匀的下注液蜡“幕帘”，若该幕帘落在原纸表面并让其固化，就形成一个厚度均匀的涂层。

幕帘涂布机的普及推广紧紧伴随着黏度从几毫帕到几千毫帕（在120℃）的高添加剂蜡料的发展。这样的蜡料即使涂层非常薄（0.013～0.13mm），也具有非常理想的性能，如防护阻隔、抗磨损、柔韧、良好外观等。此外，如原纸粗糙度需要，可用较厚的涂层。

幕帘涂布机一般有两种装置。最常用的幕帘涂布机，如图18—4所示，即将热（120～175℃）蜡液泵入流槽，溢流过堰板，靠重力降下。

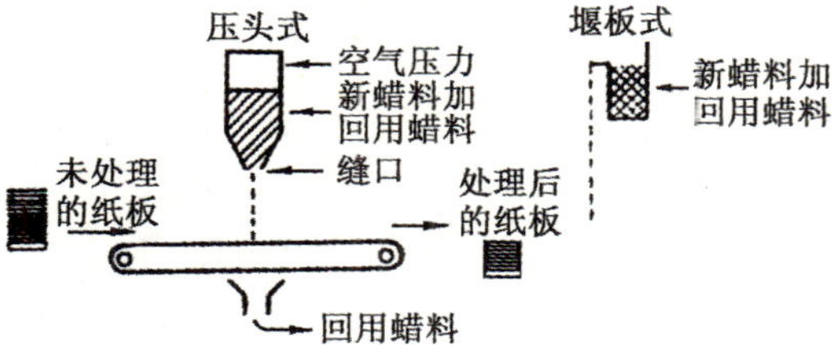

图18－4　幕帘涂布机

另一种是将热蜡液泵入一个在底部有可变缝口的封闭贮槽中。在热蜡液上方有气垫，维持所希望的压力。这种液压系统与堰板式比较，可操作更高黏度的蜡液。封闭的液压系统也可以在较低压力下操作，以降低幕帘流速并有可能在低速下运行而不增加蜡料量。

幕帘涂布机在涂布过程中必须注意事项：

（1）幕帘涂布时，会产生气流，气流具有破坏性。为了预防，适当的屏蔽是必要的。

（2）在送料到压头槽的管线中，必须有过滤器。

（3）空气进入熔融蜡料中，将使涂层中产生孔隙，为了避免空气混入，回用蜡料必须脱气，而且接受回用蜡料的回收槽中的湍流必须尽量减小。

（4）高添加剂蜡料的成本高，所以要密切注意保持恰当的幕帘，以获得合理的涂层厚度。

（5）蜡料温度和压头高度（决定幕帘的终端流速）是易变的，这会影响涂层的质量。

（6）片幅以幕帘法涂布时，涂层必须充分冷却，以避免片幅卷绕在卷取辊上被粘住。

4. 辊式涂布机

辊式涂布机包括一组具有各种功能的圆柱形辊子，如图 18－5 所示。

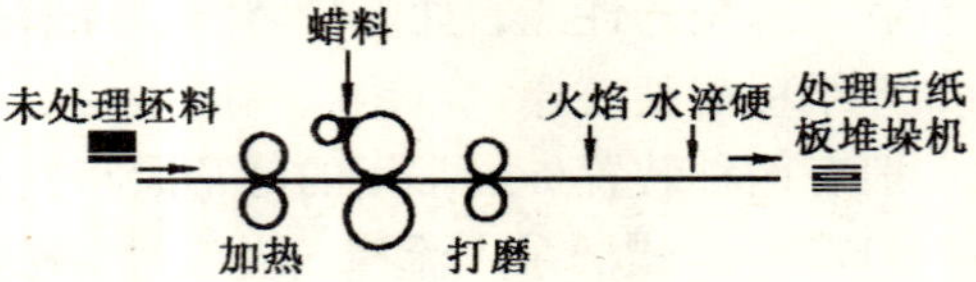

图 18－5 辊式涂布机

辊式涂布机的功能如下：

（1）计量——将适当量的蜡料施加到上涂辊上。

（2）上涂——将蜡料涂在原纸上，上涂辊可以是镌刻或浮雕的，这样就只有部分原纸上涂。

（3）第二组计量与上涂辊可位于原纸行走平面的下面，这样原纸两面均可上涂。

（4）打磨——将原纸上的蜡料磨平。打磨辊的转动方向一般与原纸相反。

（5）对特定的原纸与蜡料组合要求有很高的光泽度，已上蜡的原纸表面可以再熔化并迅速用冷水约 5℃催硬。

5. 片幅涂布机

片幅涂布机操作工艺是将被处理的原纸输送到第一辊筒上，该辊筒可加热以预热原纸，或者也可以作张紧辊、定位辊等之用。片幅涂布机，如图 18－6 所示。

图 18－6 片幅涂布机

计量辊与上涂辊吸取熔融（120 ~ 175℃）的蜡料，并将其转移到原纸的一面或两面上涂。可在蜡料用量范围内施加蜡料以提供特高性能的涂层。

在操作工艺中，必须要注意涂料的配方、蜡料黏度、上涂设备特性和原纸性能之间的关系，以获得使用性能良好的成品。高黏度上涂蜡料用于提高生产率时的涂布量在 3 ~ 60g/m^2 范围内，能够得到优良的涂层。

第四节　常见故障及排除

一、涂蜡纸箱太脆

1. 浸泡时间

纸箱在蜡浸渍器的蜡槽里浸泡时间太长，原纸水分除去过多，造成处理后纸箱太脆。

排除方法：纸箱在蜡槽里浸泡时间不能太长，避免原纸水分除去过多。

2. 浸泡温度

纸箱在蜡浸渍器的蜡槽里浸泡温度太高，原纸水分除去过多，造成处理后纸箱太脆。

排除方法：纸箱在蜡槽里浸泡温度不能太高，避免原纸水分除去过多。

二、纸箱粘连

纸捆的纸箱坯料从蜡槽中取出后，纸箱坯料之间粘连在一起，纸捆像“砖块”一样。其原因是纸箱坯料从蜡槽中取出，在烘道中沥滤过程中温度太低，通常在温度低于蜡料熔点 10℃时，就会造成粘连现象，甚至出现纸捆像“砖块”一样的故障。

排除方法：纸箱从蜡槽中取出后，在沥滤过程中，烘道温度不能低于蜡料熔点 10℃，必须逐级冷却。

三、蜡层厚度不均匀

涂蜡后纸箱的蜡层厚度不均匀，纸箱一边蜡重一边蜡轻的现象。其原因是浸蜡过程中温度太低或在沥滤过程中温度突然下降。

排除方法：浸蜡过程中必须控制适当的温度、不能太低，在沥滤过程中温度也不能太低。

第十九章　模切压痕

第一节　模切压痕的特点与作用

包装装潢印刷品除了一般常见的平面、直线造型以外，还有各种立体的、曲线的异型造型。各种各样的异型弯构、曲线造型产品，用一般的工艺方法无法加工，只能用模切、压痕工艺才能完成。

模切压痕工艺除了能够制作平面、直线造型产品外，同时还能制作各种各样的立体、曲线组成的异型产品，造型别致，用途广泛。

随着包装装潢印刷技术的迅速发展，包装装潢印刷产品的品种、造型琳琅满目，如各种纸盒、商标、吊牌、压敏胶贴、旅游纪念品等包装装潢产品，不论在质量上和数量上都达到了新的水平，促进了模切压痕技术的发展。

包装装潢产品采用模切压痕工艺的加工以后，使用价值和艺术价值都提高了。

1．增强产品的艺术效果

精美的设计图案，高质量印刷的包装装潢产品，再加上精巧的造型，起着锦上添花的作用，使包装装潢产品更富有艺术效果，增强了商品的竞争能力。

2．增加了使用价值

各种各样的包装装潢盒，经过模切压痕的加工，不仅造型美观，而且使用方便，增加了实际使用价值。

3．充分合理利用材料

模切压痕不需裁切量，可以充分利用套裁的原理，使各种材料能得到合理的使用，甚至连各个空余部位或边角材料，都能得到充分的利用。

模切压痕工艺加工的产品，可以归纳为下列不同类型。

1. 立体型

纸板、卡纸材料经过模切压痕加工后，再经过手工或机械制盒工艺加工，便形成各种形状的成型装潢纸盒，如圆柱形、长方形、正方形、棱锥形、多边形等，广泛用于各种食品、医药、鞋帽、电器、仪表等商品包装。

立体型纸盒的优点是造型美观，能有效地保护商品，并对包装的产品起防压、防震的作用。

2. 折叠型

纸类印刷品经过模切压痕加工后，再经手工或机械制盒工艺加工，便形成各种造型的包装纸盒。这些纸盒可以撑开，也可以折叠，并适合包装机械自动包装的需要。

折叠型纸盒的优点是加工方便、产量高、折叠后体积小，便于储存和运输。但是折叠型纸盒的造型简单，只适宜常规产品，而异型盒一般不适宜做折叠式纸盒。

3. 单张平面型模切

各种不同种类、不同规格、结构繁简不一、造型各异的（如正方形、长方形、三角或多角形、梅花形、椭圆形以及任何异形）商标、吊牌等，都可以用压痕模切方法加工，其特点是以平面形为特征，单张使用，适用性极广。

模切压痕的工艺过程为：

设计→打样→刀具加工→排刀（版）→装版→塞橡皮→垫版→模切→整理→成品出厂

第二节　模切压痕制版工艺

一、包装装潢产品的造型结构

由于包装装潢印刷品品种繁多、形状各异、造型美观，所以对模切压痕版的排制（排刀、排线）提出了很高的技术要求。

常见包装装潢产品的结构形式，分为罩盒式、摇盖式、双插口式、封底插口式、拎攀搭勾式等多种。

1. 罩盒式纸盒

纸盒分下盒和上罩（或称上盖）两层，可以相互分开，自由套合，所以又称“天地盖”式纸盒，属轻型软包装。上罩平面和侧边可以印刷图文。罩面上也可制成透明天窗，直接明示商品的特色。例如常见的各种服装、衬衫、玩具、食品、盒装糖果等纸盒，都是采用罩盒式纸盒包装。

罩盒式纸盒的上罩和下盒，其规格应相互配合。罩面和盒底松紧要适宜，罩面的规格小于盒底时，罩面就套不上盒底，不能使用。罩面的规格过大，罩在盒底上就会晃动，不但不紧凑、不美观，而且容易损坏商品。一般来讲，罩面的长宽两边应比盒底各大两层纸盒材料厚度，排版时必须注意。

2. 摇盖式纸盒

纸盒分盒底和盒盖两部分。盒底、盒边和盒盖相互连成一块，盒盖面上与盒边都可以印刷图文、商标。纸盒可撑开，也可折叠。使用时，将盒盖撑开，如铰链状摇动。盒盖的舌头塞在盒内，就成为完整的立体型纸盒。

摇盖式纸盒的盒盖上可以制成天窗，以明示包装物品的特色。摇盖式的盖底与盖面的规格相等，塞舌应小于塞进盒边的两层以上纸盒材料厚度，但塞舌的宽度要适中，塞舌过宽（或称过深），装配困难，过狭（或称过浅），则装配不牢固。摇盖式纸盒常用作食品、文具用品、针剂药品等商品的包装盒。

3. 双插口式纸盒

包装纸盒的两端均用塞舌装配，而纸盒的中缝常用胶粘材料粘牢。平时折叠，使用时撑开，尤其适合机械自动包装。见图 19－1。

双插口式纸盒属小包装盒，使用灵活方便，常用于牙膏、鞋油、瓶装药品等物品的包装。

4. 封底插口式纸盒

封底插口式纸盒的特点是：一端为塞舌插口式，另一端用粘接材料粘牢或用铁丝钉钉牢，成为封闭式盒底。

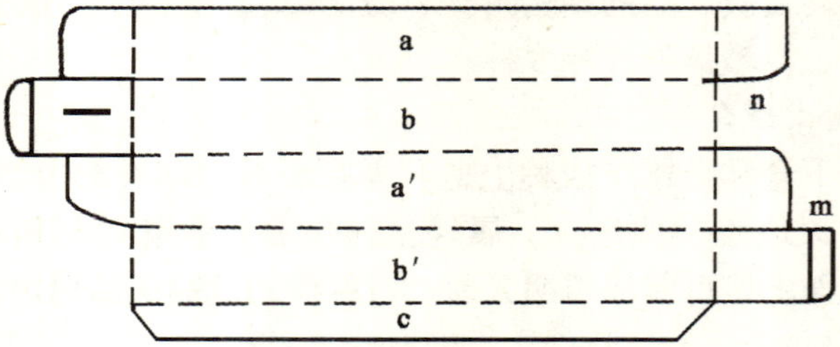

图 19－1　插口式包装盒展开示意图

封底插口式纸盒装拆方便，坚实牢图，使用安全可靠，故常用于器皿、光学仪器、化妆品、成药药品等物品的包装。

5. 拎攀搭勾式纸盒

拎攀式纸盒的结构常为摇盖式与拎攀相结合的双重装潢。摇盖具有塞舌。纸盒的四边各长出若干距离，两对边为摇盖，另两对边作为拎攀。底部作为封闭式粘牢或钉牢，使用安全可靠。

拎攀不用时，可以摊开覆在盒盖的下面，再将摇盖按常见方法装配后，就成为封底摇盖式纸盒。启用拎攀时，可将摇盖翻出，仍将摇盖按常见方法装配，然后把拎攀拼拢，就成为纸盒的拎攀。

拎攀式纸盒造型新颖、美观，使用方便。如设计合理，图文考究，则更具艺术风采。

二、模切压痕制版

模切压痕的制版，称为排版。为区别于活字印刷的排版，常称为排刀。排刀是将钢刀、钢线、衬空材料拼组成压痕模切印版的工艺过程。

排刀方法可分为机械排刀和手工排刀两种。

机械排刀：机械排刀是根据设计打样的规格和造型，先用特殊锯刀在木板上锯出与钢线厚度相同的槽缝，然后将加工成型后的钢刀、钢线插塞在槽中，组成模切印版。

手工排刀：手工排刀是根据设计打样的规格和造型，用手工方法将加工后的钢刀、钢线及衬空材料拼组成模切印版，或称模切定型刀具。

模切压痕是由压痕和模切两种不同的刀具，经过压力作用，达到不同加工要求的。压痕只要求在盒料上压成深深的影痕，而不允许断裂，以便于造型加工。模切则要用锋利的刃口，将盒料压切断裂，不允许连牢。

压痕时，应将印料压出明显的线痕或模切断裂，需要较强的压印力，因此，刀具材料就比标准活字的高度还高。钢线的规格为厚 2 点，高 23mm；钢刀的厚为 2 点，高 23.80mm。根据模切的材料不同，钢刀的材料可分硬性、中硬性和软性三种，可根据需要灵活选用。

1. 精确计算包装内径尺寸规格

任何一个商品包装的内径尺寸，必须根据所装商品的最大外形尺寸来确定，同时还应了解所装商品的不同特点。由于各种商品的形状、品种、性质各不相同，对包装的要求也不同。

单个商品包装材料内径尺寸的计算方法为：

内径规格：长度 = 商品最大外形宽度 + 长向公差系数；

宽度 = 主商品最大外形宽度 + 宽向公差系数；

高度 = 商品最大外形高度 + 高向公差系数。

复数商品包装材料的内径尺寸计算方法为：

内径规格 =（单个包装外径尺寸 × 排列数）+（1mm × 排列系数 - 1）+ 公差系数。

2. 公差系数的选择

由纸张厚薄、横直丝缕和包装盒的内在联系等因素确定的一个数据，称为公差系数。一般情况下，长度与宽度的公差系数取 3 ~ 5mm，高度的公差系数取 0 ~ 2mm。

选取公差系数时，必须有全面的考虑，除纸张的伸缩外，对不同产品应有不同要求。如：对服装等可压缩性物品的公差系数可以取小些；对玻璃器皿、仪表、食品等不可压缩的物品，公差系数应取大些。

3. 规格的决定

包装材料内在尺寸选择与内在的联系，关系到盒子形成后结构是否合理，造型是否美观、庄重。

包装盒、罐、筒等装潢材料的内径规格确定以后，即可以内径尺寸为基础选取外层规格。包装材料外层长、宽、高的尺寸都要各大于内径长、宽、高一层或两层纸料的厚度。

包装盒部位规格确定后，可以采用打样试装成型的办法，验算、核对规格的合理性、美观性、艺术性后，再正式制版。

4. 排刀常用材料和工具

模切排刀用的材料与活字排版基本相同，但使用的工具略有不同。印版的精度要求较高。

模切印版常用材料与工具有：

钢线：钢线（圆口或快口），高 23mm，厚 0.70mm，作压痕（轧折）线用。

钢刀：钢刀（有单面刀口，细齿和粗齿等多种规格），高23.80mm，厚2点（即合0.70mm），模切用。

钢刀是模切印版的主要材料，应具有锋利、耐磨损、弯曲度大等特性。硬性钢刀的耐模切率大，但弯曲度较小，而软性钢刀耐模切率较小，但弯曲度较大。

衬空材料：固定刀型的衬空材料有空铅、衬铅和铅条三种不同类型，规格与活字用衬空材料相同。

铡刀机：断切钢线、钢刀、铅条等排刀材料的专用工具。

弯刀机：钢刀造型的专用工具。弯刀机可以在一定圆度内，将刀、钢线弯曲成任何弧形。

打孔机：将版基木打孔的钻具，可用小功率的钻床代替。

锯板机：将版基木按嵌入的刀具造型锯缝的机械。

辅助材料和工具：排刀常用辅助材料和工具有铁框、木条、铁台、锤子、圆规、角尺、钢锯、锤刀、砂轮等。

5. 刀具成型

模切刀排刀前，先将模切钢刀、钢线按设计打样的规格与造型，分成若干成型线段，然后进行刀型加工。

刀型加工时，整个图形轮廓的刀口以尽量少拼接为宜。必须拼接的刀口，选择适当的拼接位置，以不影响造型美观为原则。

刀具成型后，一般是不宜铡切的，因此在成型前，必须计算好单位钢刀（线）的准确长度，再进行弯曲成型。工具成型加工时，不论弯曲成任何弧度，都必须使钢刀或钢线的刀口与刀底（铁台）相互平行（同等弧度），不允许有歪斜。只有使刀口与刀底相互平行，才能使钢刀或钢线刀锋面上的各点都处于同一平面，获得相同的压力。因为任何斜面的垂直线总是短于原来的直线距离。成型后，斜边部分的压力就轻，而且无法用垫版的方法来调整（纠正）。

6. 排刀

根据设计规格和造型，画好规格样，确定用刀要求，并与印刷图文核对无误后，才能正式开始排刀操作。根据印刷品的叼口规矩，确定模切版面的排刀位置。

配好钢刀和钢线规格，弯曲造型后，根据版面规定的要求排列成版面。如果是没有直线的异形图案版面，则应先将异形图案版面排好，再浇注铅液固定。如果版面是由多个异形图案组成，就应先将单个异形图案成型后，再逐个排列定型，最后浇铅固定。

排列的模切印版，其纵向和横向必须相互垂直，各边线要互相平行，才能使版面平整。衬空材料与刀模的规格一致，用塞紧固后，整个版面中不允许有衬空、刀具掉落或松动。模切印版经试样无误后，才能上模切机轧压。

第三节　模切压痕工艺

模切压痕机主要有立式、卧式两种，按尺寸规格分四开、对开、全开等。

一、装版

将压痕模切的印版固定在模切机版框中，并按规定位置定位。调节好模切压痕的效果，使模切产品符合设计要求的工艺过程，称为装版。

装版的操作工序为：塞橡皮→铺压印平版→糊平版→垫版→定规矩位置→试模切→检查模切质量→签样投产。

在钢刀的刀缝和刀沿塞进橡皮，利用橡皮的弹性作用，将被模切的印料从刀口间推出，避免钢刀被嵌牢而影响操作的方法，称为塞橡皮。在生产实际中，模切用的橡皮一般分硬性、软性两种。

橡皮的形状与规格，可以根据版面的具体情况选定。硬橡皮和软橡皮的高度以高出刀口 3 ~5mm 为宜。

硬橡皮塞在钢刀刀口下沿的空档上，软橡皮可粘在浇铅部分的刀口下沿处，或钢刀之间的缝隙中。内胎橡皮更软，可塞在刀口夹缝的下沿处。如果钢刀刀口之间的空隙过小，如小于 1.5mm 就不宜塞橡皮。

塞橡皮工作看起来较简单，没有深奥的学问，但对模切生产的正常进行，影响较大。橡皮的密度要适中，不可过疏，主要钢刀刀口部位不可遗漏，否则，被模切的材料就不能顺利地与版面分离，从而影响生产的顺利进行。

二、垫版

1. 铺垫模切版

模切压痕机的模切版，可以从压印机构中自由拆卸，使用时调换或装上。为使版面的钢刀刀口各点获得均匀的模切压力，模切版表面要保持平整、光滑、清洁。

2. 垫版

用大于模切印版版面的纸板（可选用 400 ~500g/m^2）和 60g/m^2 牛皮纸覆在模切版面，进行试压。接着调整版面模切压力。调整的方法为：根椐版面钢刀或钢线的压力情况（用墨辊在版面施墨或覆以复写纸压印后的印迹），用局部或全部逐渐增加或减少（挖去）牛皮纸层数的办法，使版面的压力均匀。

模切印版中，钢刀和钢线的比例、印版的面积、新钢刀与旧钢刀等不同，垫版的要求也不相同。压力过分轻的钢刀，可以在印版后面的相应位置增垫薄的铁条或铁皮，以调整其压力。

3. 垫线

钢线比钢刀低 0.80mm(23.80mm - 23.00mm = 0.80mm)。从压痕和模切效果的实际情况出发，钢刀要将印料模切断裂，而钢线只要将印料压出明显的折痕。为了使钢刀和钢线获得较理想的压力，应将钢线根据印料特点进行压力调整。

在生产实际中，印料的质量不同，钢刀与钢线需要垫纸的厚度就不一样。

从理论上讲，垫纸的厚度应按下列公式计算：

$$x = (23.80 - 23.00) - h$$

式中　x——垫纸厚度；

h——印料实际厚度。

(23.80 - 23.00)是钢刀与钢线高度之差。

垫纸的操作方法为：根据印料质量，选用适当厚度的纸料贴在印版的反面，然后挖去钢刀下面的垫纸。这样，钢刀与钢线的实际高度就基本上相等了。钢线垫好后，再试压，并检查产品各钢线的压痕和钢刀的模切情况，作必要的压力调整，使版面压力符合模切的要求。

4. 定位

根据印料的图文规格，选择好规矩位置后，即可开始压痕模切加工，模切压痕的输料、压印和取料方法，与图版装潢印刷方法相同。

5. 整理

经模切压痕加工后的产品，要根据产品特点，作成型规格、质量检验。

如果印版规格不精确，成型加工的规格也不准确，则制盒加工时就无法成型。

模切压力不够，印料模切不透；断裂边不光洁，清废发生困难；压痕压力不够，印料痕迹压得不深，成型加工就比较困难，成品不挺。

清废整理时，还要进行仔细的检查，发现质量问题，及时处理。

第四节　模切压痕常见故障及排除

模切压痕的质量，应该以规格正确、造型优美、模切断裂光洁、压痕清晰为标准。该连接的部位不断裂，而该断裂的部位不粘连。常见的质量故障有规格不精确、造型不美观，或压痕不清晰、模切边不光洁等。

1. 印版规格不精确

(1) 印版规格计算不精确。若商品包装材料各边的规格不精确，则成型后与加工要求、成品规格不符。所以，制版（排刀）之前，成品规格的各边距离必须严格按客户加工的要求计算，并且做出实样进行测量、审核和送客户审定合格后，才能正式排版（排刀）。模切压痕印版排成后，也应试压（打样），做出试样送审，以防因误差而影响使用。

（2）排版规格不精确。若印版中的衬铅松动或落出，钢刀或钢线发生顶线（过长），也会影响印版的精确程度。印版排好后要反复核对版面规格、用料规格和线与刀之间的规格；修正刀、线过长部位的端面，纠正接线部位的平整度，保持模切压痕印版各部分规格的精确程度。

（3）刀、线脱开或重叠。刀、线铡得不垂直，或计算不精确，排成印版后接口不平整，造成脱开（接不密缝）或重叠（超过顶线），将影响模切压痕质量。发生刀、线接口不精、不准时，应取出刀、线，检查刀口铡切是否垂直，接缝是否齐、密，装版效果是否合理，重新修正后，再装版。

（4）成品套斜或重叠。若模切压痕产品制成包装成品有歪斜或重叠，则影响艺术性和使用效果。造成成品歪斜或重叠的原因，是版面不成直角、装版质量差、衬铅不准、装版材料不准、版框规格不准等。解决的办法是重新装版，使印版四周成直角。

2. 纸张丝缕方向的影响

（1）丝缕方向与刀、线平行。在一般情况下，纸张丝缕方向与模切压痕的主刀、线相平行，模切时就容易断裂，压痕时线痕不够理想；若丝缕方向与刀、线方向相直，则压印时纸张就不易断裂，必须加重模切的压力。为此，装版时，要根据纸张丝缕的方向进行调节。生产过程中，应将不同丝缕的纸张分开堆放，分批模切。

（2）纸张丝缕方向与变形。纸张丝缕不同，印刷品的变形（伸缩）情况也不同。一般情况下，纵向丝缕的纸张伸缩性大。纸张变形后，对压痕位置的精确程度应作适当的调整。

3. 模切压痕刀痕不光洁

造成模切压痕刀痕不光洁的原因主要有以下两个。

（1）压印平板底面黄板纸粘接不牢。压印机构的垫纸、黄板纸底面和石膏层的位置都准确而平整，但是由于浆糊黏结不牢，使垫纸或石膏层脱落、脱壳，压痕或模切时发生移位，造成模切刀痕或压痕不光洁。发生垫料位移后，应立即调整。

（2）压印平板划线未经常修正。压印平板划线加工完成后正式投产一段时间，要进行修正，才能保持模切、压痕的效果。若不经常修正，也会产生模切刀痕或压痕不光洁现象。

后　记

从印刷发明的开始，就存在装潢印刷，可以说没有装潢加工的印刷品不是一件好的印刷品。随着印刷技术的发展，消费者对商品包装装潢的认可度也逐渐提高。在这种时期，重视研究装潢印刷的发展，具有重要的意义。

《装潢印刷工艺》一书曾于 1995 年出版，该书的出版填补了相关图书市场的空白，得到了广大读者的好评。随着技术的进步，应广大读者需求，特修订本书，并更名为《实用装潢印刷工艺》，于 2007年 7 月出版。

本书的作者杜维兴老师、张步堂老师，从事印刷工作多年，都是我国著名的包装装潢印刷专家，对我国研究包装装潢印刷在理论上和实践上做出了一定的贡献。杜维兴老师曾任上海凹凸彩印厂厂长、外贸印刷厂厂长、上海印刷技术协会秘书长、中国印刷技术协会全国平印技术委员会主任；张步堂老师曾任上海烟草印刷厂技术科长及技术副厂长、界龙印刷器材有限公司总经理、上海印刷技术协会理事，曾获森泽信夫奖。两位老师在百忙之中编著本书，将多年的经验、技术汇聚于此，特表示感谢。

恳切希望广大读者一如既往地支持我们的工作。您宝贵的意见和建议将为我们的工作带来莫大的帮助。值此《实用装潢印刷工艺》出版之际，再次对广大关心和支持我们的读者表示忠心的感谢！

印刷工业出版社

2007 年 7 月